AF551702

EUL
VERLAG

FINANZIERUNG, KAPITALMARKT UND BANKEN

Herausgegeben von Prof. Dr. Hermann Locarek-Junge, Dresden, Prof. Dr. Klaus Röder, Regensburg, und Prof. Dr. Mark Wahrenburg, Frankfurt

Band 89
Christian Langkamp
Corporate Credit Risk Management
Lohmar – Köln 2014 ◆ 324 S. ◆ € 62,- (D) ◆ ISBN 978-3-8441-0309-0

Band 90
Sven Loßagk
Die Bewertung nicht börsennotierter Unternehmen – Eine empirische Untersuchung zur Erklärung des systematischen Risikos mittels rechnungswesenbasierter Daten
Lohmar – Köln 2014 ◆ 336 S. ◆ € 63,- (D) ◆ ISBN 978-3-8441-0313-7

Band 91
Hauke Christian Öynhausen
Nutzung Kollektiver Intelligenz am Kapitalmarkt – Entwicklung eines alternativen Informations- und Entscheidungsmodells für das Asset Management
Lohmar – Köln 2015 ◆ 392 S. ◆ € 66,- (D) ◆ ISBN 978-3-8441-0433-2

Band 92
Marion Hippchen
Anleihefinanzierung im Mittelstand – Eine empirische Analyse zu Mittelstands- und Fananleihen
Lohmar – Köln 2016 ◆ 436 S. ◆ € 80,- (D) ◆ ISBN 978-3-8441-0487-5

Band 93
Eva Maria Kreibohm
The Performance of Socially Responsible Investment Funds in Europe – An Empirical Analysis
Lohmar – Köln 2016 ◆ 316 S. ◆ € 68,- (D) ◆ ISBN 978-3-8441-0482-0

Band 94
Svenja Mangold
Die Realoptionsmethode als Steuerungsinstrument eskalierenden Commitments – Eine empirische Untersuchung
Lohmar – Köln 2017 ◆ 268 S. ◆ € 62,- (D) ◆ ISBN 978-3-8441-0513-1

JOSEF EUL VERLAG

Reihe: Finanzierung, Kapitalmarkt und Banken · Band 94

Herausgegeben von Prof. Dr. Hermann Locarek-Junge, Dresden, Prof. Dr. Klaus Röder, Regensburg, und Prof. Dr. Mark Wahrenburg, Frankfurt

Dr. Svenja Mangold

Die Realoptionsmethode als Steuerungsinstrument eskalierenden Commitments

Eine empirische Untersuchung

Mit einem Geleitwort von Univ.-Prof. Dr. Raimund Schirmeister, Heinrich-Heine-Universität Düsseldorf

Bibliografische Information der Deutschen Nationalbibliothek

Die Deutsche Nationalbibliothek verzeichnet diese Publikation in der Deutschen Nationalbibliografie; detaillierte bibliografische Daten sind im Internet über <http://dnb.d-nb.de> abrufbar.

Dissertation, Heinrich-Heine-Universität Düsseldorf, 2017

D 61

ISBN 978-3-8441-0513-1
1. Auflage Mai 2017

JOSEF EUL VERLAG GmbH
Brandsberg 6
53797 Lohmar
Tel.: 0 22 05 / 90 10 6-80
Fax: 0 22 05 / 90 10 6-88
https://www.eul-verlag.de
info@eul-verlag.de

Bei der Herstellung unserer Bücher möchten wir die Umwelt schonen. Dieses Buch ist daher auf säurefreiem, 100% chlorfrei gebleichtem, alterungsbeständigem Papier nach DIN 6738 gedruckt.

Geleitwort

Entscheidungen über hochwertige Investitionen sichern in Unternehmungen den nachhaltigen Erfolg, sind aber stets mit ausgeprägten Risiken behaftet, weil erhebliche Mittel längerfristig gebunden werden. Ein a priori seltener bedachter Risikofaktor ist dabei das Verhalten der Entscheidungsträger, nachdem die Realisierung des Vorhabens bereits begonnen hat: Das Festhalten an der ursprünglich getroffenen Entscheidung ist per se als positiv anzusehen, da es als Motivator dient, das Projekt voranzutreiben und unvermeidliche Hindernisse und Schwierigkeiten bei dessen Umsetzung zu überwinden. Als problematisch, auch weil es in der Praxis nicht immer klar abgrenzbar ist, erweist sich allerdings das Festhalten an der einmal getroffenen Entscheidung, wenn eingetretene oder zuvor nicht erkannte Schwierigkeiten zur Unwirtschaftlichkeit der Investition führen. Beispiele von öffentlichen wie privatwirtschaftlichen Vorhaben, die diesen Sachverhalt erfüllen, sind in großer Zahl bekannt und werden regelmäßig in den Medien breit ausgebreitet. Ein derartiges *eskalierendes Commitment* ist bereits Gegenstand einiger Studien, insofern in den wissenschaftlichen Grundlagen gut strukturiert. Weniger analysiert sind hingegen Maßnahmen, wie diese Eskalationen in der Planungs- wie in der Realisierungsphase gesteuert bzw. vermieden werden können. Hier setzt die vorliegende Monografie von Frau *Dr. Svenja Mangold* an, indem die Modellunterstützung bei der Ermittlung der Vorteilhaftigkeit eines Vorhabens mittels *Realoptionen* untersucht wird. Diese erweisen sich, etwa im Vergleich zum Kapitalwert, bei der Behandlung der interessierenden Fragestellung als adäquater, lösen natürlich aufgrund ihrer höheren Komplexität neue Wirkungen aus. Insofern wird eine Verbindung zwischen der modellgestützten Entscheidungsvorbereitung von (strategischen) Investitionen und der *Behavioral Finance* hergestellt. Methodisch erfolgt hierbei eine wissenschaftlich überzeugende Fundierung der angestrebten Thesen, die anschließend in Form einer schriftlichen Befragung von Studierenden der Betriebswirtschaftslehre empirisch getestet werden. Auch und gerade in Bezug auf die Verhaltenskomponente zeigt sich hierbei insbesondere der überlegene, ja unverzichtbare Einsatz von (mathematischen) Modellen jedweder Art. Demzufolge wendet sich diese Untersuchung primär an die an dieser wissenschaftlichen Thematik Interessierten und mit deren Konzepten Vertrauten, die die Ausführungen mit großem Gewinn lesen werden.

Düsseldorf, im April 2017 Univ.-Prof. Dr. Raimund Schirmeister

Vorwort

Die vorliegende Arbeit entstand während meiner Tätigkeit als wissenschaftliche Mitarbeiterin am Lehrstuhl für Betriebswirtschaftslehre, insb. Finanzierung und Investition, an der Wirtschaftswissenschaftlichen Fakultät der Heinrich-Heine-Universität Düsseldorf. Sie wurde im Wintersemester 2016/2017 als Dissertation angenommen.

Zahlreiche Personen haben zum Entstehen und Gelingen dieser Arbeit beigetragen: Mein besonderer Dank gilt meinem Doktorvater, Herrn Univ.-Prof. Dr. Raimund Schirmeister, der mich fachlich und persönlich immer unterstützt hat und an dessen Lehrstuhl ich eine sehr lehrreiche wie auch schöne Zeit verbracht habe. Für seine stetige Gesprächs- und Diskussionsbereitschaft sowie wertvollen Anregungen im Rahmen meines Promotionsvorhabens bin ich ihm sehr dankbar. Herrn Univ.-Prof. Dr. Christoph J. Börner gilt mein Dank dafür, dass er sich als Zweitgutachter meiner Dissertationsschrift zur Verfügung gestellt und mich im letzten halben Jahr meiner Mitarbeitertätigkeit sehr freundlich in sein Lehrstuhlteam aufgenommen hat. Herrn Univ.-Prof. Dr. Heinz-Dieter Smeets danke ich für die Übernahme des Prüfungsvorsitzes im Rahmen meiner Disputation.

Bei meinen Kollegen am Lehrstuhl und auch sämtlichen anderen Kollegen an der Wirtschaftswissenschaftlichen Fakultät der Heinrich-Heine-Universität möchte ich mich herzlich für die freundliche und angenehme Arbeitsatmosphäre bedanken. Gemeinsame Unternehmungen im Kollegenkreis und auch persönliche Gespräche haben den Arbeitsalltag stets bereichert. An meine Promotionszeit, in der aus Kollegen auch Freunde wurden, werde ich mich daher immer sehr gerne zurückerinnern. Hervorheben möchte ich darüber hinaus auch Frau Marina Seibert, die als „gute Seele“ des Lehrstuhls mit ihrer herzlichen, fröhlichen und hilfsbereiten Art jederzeit eine besonders harmonische Atmosphäre geschaffen hat.

Meiner Familie bin ich unendlich dankbar für ihre bedingungslose Unterstützung und Förderung während meines gesamten bisherigen Ausbildungsweges. Insbesondere meinen lieben Eltern, Vera und Walter Mangold, sowie meiner Schwester Linda Mangold möchte ich von ganzem Herzen danken: Ihr seid mir stets eine emotionale Stütze. Mein Lebensgefährte, Dr. Florian Zapkau, stand mir in jeder Situation mit aufmunternden Worten, Verständnis und der Bereitschaft zum fachlichen Austausch zur Seite. Hierfür gilt ihm mein liebevoller Dank.

Düsseldorf, im April 2017 Svenja Mangold

Inhaltsverzeichnis

Geleitwort V

Vorwort VII

Inhaltsverzeichnis IX

Abbildungsverzeichnis XIII

Tabellenverzeichnis XV

Abkürzungsverzeichnis XVII

Symbolverzeichnis XIX

I. Grundlegung 1

A. Notwendigkeit einer Begrenzung von eskalierendem Commitment 1

B. Wissenschaftstheoretische Einordnung des Forschungsvorhabens 6

C. Gang der Untersuchung 10

II. Die Eskalation von Commitment unter Berücksichtigung der Realoptionsmethode 15

A. Theoretischer Rahmen einer Zusammenführung der Eskalationsforschung mit der Realoptionsbewertung 15

1. Eskalierendes Commitment als behaviorale Verzerrung von Investitionsentscheidungen 15

a) Eskalation von Commitment als reales Phänomen in Politik, Wirtschaft und Alltag 15

b) Bestimmungsgründe für ein eskalierendes Commitment in sequentiellen Investitionsprojekten 19

2. Relevanz der Einbindung von Realoptionen in den Prozess der Investitionsentscheidung 29

a) Grundgedanken einer realoptionstheoretischen Betrachtung von Investitionsprojekten 29

b) Zusätzlicher Nutzen des Realoptionsansatzes als Instrument der flexiblen Investitionsplanung ... 36

3. Sequentielle Investitionsprojekte als verbindendes Element von eskalierendem Commitment und Realoptionen ... 42

B. Die Realoptionsmethode als Instrument zur Verhinderung eskalierenden Commitments ... 48

1. Wirkungsrichtung einer Realoptionsbetrachtung auf die Eskalation von Commitment in Abhängigkeit des Realoptionstyps ... 48

a) Verstärkung eskalierenden Commitments durch den Einbezug von Warte- und Wachstumsoptionen in die Investitionsbewertung ... 49

b) Verminderung der Eskalation von Commitment durch Berücksichtigung von Abbruchoptionen in der Investitionsbewertung ... 53

2. Der Einfluss von Bewertungsansätzen auf eskalierendes Commitment unter Berücksichtigung situativ spezifischer Projekteigenschaften ... 61

a) Veränderung der Eskalationstendenzen durch das Projektrisikoniveau im Kontext der Realoptionsbewertung ... 61

b) Fertigstellungsdruck in Abhängigkeit der irreversiblen Kosten und des Fertigstellungsgrades eines Projektes ... 66

3. Moderierende Effekte persönlicher Eigenschaften des Entscheidungsträgers auf den Zusammenhang zwischen Eskalationstendenzen und dem Bewertungsansatz ... 70

a) Überschätzung des Investitionserfolges durch optimistische Entscheidungsträger ... 71

b) Unterschätzung negativer Projektaussichten aufgrund individueller Steuerungs- und Kontrollillusionen ... 73

c) Intoleranz gegenüber riskanten und ungewissen Zukunftsszenarien als Auslöser von Projektabbrüchen ... 78

d) Antizipiertes Bedauern entgangener Realoptionen als emotionale Begründung der Eskalation von Commitment ... 81

C. Zusammenführung von konkurrierenden Hypothesen im Forschungsmodell ... 86

III. Empirische Untersuchung des Zusammenhangs zwischen dem Bewertungsansatz und eskalierendem Commitment 89

A. Methodische Konzeption des empirischen Forschungsprojektes 89

1. Rahmenbedingungen der experimentellen Untersuchung 89

a) Festlegung des Untersuchungsdesigns 89

b) Auswahl der Probanden 92

2. Erstellung des Fragebogens als Erhebungsinstrument 94

a) Entwicklung der Szenarien als Grundlage des Experimentes 94

b) Bestimmung geeigneter Messskalen für die latenten Konstrukte 98

3. Durchführung der experimentellen Untersuchung 102

B. Statistische Auswertung der Befragungsergebnisse 104

1. Bestimmung der Gütekriterien der latenten Konstrukte im Skalenbereinigungsprozess 104

a) Explorative Faktorenanalyse zur Überprüfung der Konvergenzvalidität als Voraussetzung der Eindimensionalität der Messskalen 105

b) Messung der internen Konsistenz mithilfe von Cronbachs Alpha zur Feststellung der Reliabilität der Messskalen 110

c) Prüfung der Diskriminanzvalidität durch eine konstruktübergreifende explorative Faktorenanalyse 115

2. Allgemeine statistische Deskription der gewonnenen Daten 120

a) Beschreibung der Stichprobenzusammensetzung 120

b) Deskriptive Statistiken der Experimental- und der Referenzgruppe unter Berücksichtigung der Manipulationserfolge 122

c) Ausprägung der latenten Konstrukte in der Stichprobe 128

3. Statistische Analysen zur Beurteilung der Hypothesen 131

a) Bestätigung eines mindernden Effektes der Realoptionsbewertung auf die Eskalation von Commitment 131

b) Homogenität des eskalationsmindernden Einflusses der Realoptionsmethode unter Berücksichtigung situativ spezifischer Projekteigenschaften 138

c) Unabhängigkeit der eskalationsmindernden Wirkung der Realoptionsmethode von persönlichen Eigenschaften des Entscheidungsträgers 144

C. Diskussion der Analyseergebnisse zur Ableitung von Handlungsimplikationen 154

1. Zusammenführung der Ergebnisse im Forschungsmodell 154

2. Konkretisierung der Ergebnisse in Prinzipien der objektiven Rationalitätssicherung für das strategische Investitionsmanagement 155

3. Übertragbarkeit der experimentell gewonnenen Ergebnisse auf reale Investitionsprojekte 160

IV. Fazit 169

Anhang 173

Literaturverzeichnis 201

Für eine verbesserte Darstellung ist der Anhang unter folgendem Link zum Download bereitgestellt: https://www.eul-verlag.de/pdf-wz/9783844105131_Anhang.zip

Abbildungsverzeichnis

Abbildung 1: Gang der Untersuchung ... 13
Abbildung 2: Forschungsmodell ohne Interaktionshypothesen ... 61
Abbildung 3: Forschungsmodell inklusive Interaktionshypothesen ... 86
Abbildung 4: Deskriptive Auswertung demografischer Daten der Experimental- und der Referenzgruppe ... 123
Abbildung 5: Ergebnisse der empirischen Untersuchung ... 155

Tabellenverzeichnis

Tabelle 1: Korrelation von Optionspreisparametern und Optionspreis am Beispiel der Kaufoption ... 41

Tabelle 2: Grundtypen von Realoptionen ... 45

Tabelle 3: Dreifaktorieller Versuchsplan ... 97

Tabelle 4: Kaiser-Meyer-Olkin-Maß der Messskalen für die latenten Konstrukte ... 107

Tabelle 5: Faktorladungen der Messitems des Konstruktes *Optimismus* ... 108

Tabelle 6: Faktorladungen der Messitems des Konstruktes *Selbstwirksamkeitserwartung* ... 108

Tabelle 7: Faktorladungen der Messitems des Konstruktes *Kontrollüberzeugung* ... 109

Tabelle 8: Faktorladungen der Messitems des Konstruktes *Bedauern* ... 109

Tabelle 9: Faktorladungen der Messitems des Konstruktes *Ungewissheitsintoleranz* ... 110

Tabelle 10: Faktorladungen der Messitems des Konstruktes *Risikointoleranz* ... 110

Tabelle 11: Cronbachs Alpha für die Messskala des Konstruktes *Optimismus* ... 112

Tabelle 12: Cronbachs Alpha für die Messskala des Konstruktes *Selbstwirksamkeitserwartung* ... 113

Tabelle 13: Cronbachs Alpha für die Messskala des Konstruktes *Kontrollüberzeugung* ... 114

Tabelle 14: Cronbachs Alpha für die Messskala des Konstruktes *Bedauern* ... 114

Tabelle 15: Cronbachs Alpha für die Messskala des Konstruktes *Ungewissheitsintoleranz* ... 115

Tabelle 16: Cronbachs Alpha für die Messskala des Konstruktes *Risikointoleranz* ... 115

Tabelle 17: Rotierte Faktorladungsmatrix (a) ... 117

Tabelle 18: Rotierte Faktorladungsmatrix (b) ... 118

Tabelle 19: Rotierte Faktorladungsmatrix (c) ... 119

Tabelle 20: Fachsemester der Probanden nach Studiengängen ... 121

Tabelle 21: Verteilung der Probanden auf die Szenarien im Versuchsplan ... 122

Tabelle 22: Fachsemester der Probanden in der Experimental- und der Referenzgruppe nach Studiengängen ... 122

Tabelle 23: Ausprägung der latenten Konstrukte in der Gesamtstichprobe sowie der Experimental- und der Referenzgruppe ... 129

Tabelle 24: Korrelationsmatrix der unabhängigen Variablen des Regressionsmodells ... 132

Tabelle 25: Ergebnisse der hierarchischen linearen Regression der Fortführungsentscheidung auf die Bewertungsmethode und die Kontrollvariablen (Modelle 1a und 1b) ... 133

Tabelle 26: Ergebnisse der hierarchischen linearen Regression der Fortführungsentscheidung auf die Bewertungsmethode und die Kontrollvariablen (Modelle 2a und 2b) ... 135

Tabelle 27: Ergebnisse der linearen Regression der Fortführungsentscheidung auf die Bewertungsmethode, das Risiko, deren Interaktionsterm und die Kontrollvariablen (Modelle 3a und 3b) ... 140

Tabelle 28: Ergebnisse der linearen Regression der Fortführungsentscheidung auf die Bewertungsmethode, den Fertigstellungsgrad, deren Interaktionsterm und die Kontrollvariablen (Modelle 4a und 4b) ... 141

Tabelle 29: Ergebnisse der linearen Regression der Fortführungsentscheidung auf die Bewertungsmethode, den Optimismus, deren Interaktionsterm und die Kontrollvariablen (Modelle 5a, 5b und 5c) ... 145

Tabelle 30: Ergebnisse der linearen Regression der Fortführungsentscheidung auf die Bewertungsmethode, die Kontrollüberzeugung, deren Interaktionsterm und die Kontrollvariablen (Modelle 6a, 6b und 6c) ... 146

Tabelle 31: Ergebnisse der linearen Regression der Fortführungsentscheidung auf die Bewertungsmethode, die Selbstwirksamkeitserwartung, deren Interaktionsterm und die Kontrollvariablen (Modelle 7a, 7b und 7c) ... 147

Tabelle 32: Ergebnisse der linearen Regression der Fortführungsentscheidung auf die Bewertungsmethode, die Risikointoleranz, deren Interaktionsterm und die Kontrollvariablen (Modelle 8a und 8b) ... 149

Tabelle 33: Ergebnisse der linearen Regression der Fortführungsentscheidung auf die Bewertungsmethode, die Risikointoleranz, deren Interaktionsterm und die Kontrollvariablen (Modelle 9a, 9b und 9c) ... 150

Tabelle 34: Ergebnisse der linearen Regression der Fortführungsentscheidung auf die Bewertungsmethode, das Bedauern, deren Interaktionsterm und die Kontrollvariablen (Modelle 10a, 10b und 10c) ... 151

Tabelle 35: Ergebnisse der linearen Regression der Fortführungsentscheidung auf die Bewertungsmethode, das Bedauern, deren Interaktionsterm und die Kontrollvariablen (Modelle 11a, 11b und 11c) ... 152

Abkürzungsverzeichnis

BWL	Betriebswirtschaftslehre
EG	Experimentalgruppe
EUR	Euro
f.	folgende
Hrsg.	Herausgeber
Jg.	Jahrgang
Mio.	Million(en)
RG	Referenzgruppe
S.	Seite
u.	und
Vgl.	Vergleiche
VIF	Varianzinflationsfaktor
z.B.	zum Beispiel

Symbolverzeichnis

B	nicht standardisierter Regressionskoeffizient
d	konstanter Faktor einer Abwärtsbewegung in einer multiplikativen Binomialverteilung; Prüfgröße des Durbin-Watson-Tests auf Autokorrelation
df	Freiheitsgrade
€	Euro
F	Prüfgröße des Levene-Tests auf Varianzhomogenität und des Tests auf Innersubjektkontraste
n	Teilstichprobengröße
K_{gg}	Szenario: Kapitalwertmethode, Risiko gering, Fertigstellungsgrad gering
K_{gh}	Szenario: Kapitalwertmethode, Risiko gering, Fertigstellungsgrad hoch
K_{hg}	Szenario: Kapitalwertmethode, Risiko hoch, Fertigstellungsgrad gering
K_{hh}	Szenario: Kapitalwertmethode, Risiko hoch, Fertigstellungsgrad hoch
KS	Prüfgröße des Kolmogorov-Smirnov-Tests auf Normalverteilung einer Variablen
p	Wahrscheinlichkeit einer Aufwärtsbewegung in einer multiplikativen Binomialverteilung; Signifikanzniveau
R^2	Bestimmtheitsmaß (erklärter Anteil der Varianz einer abhängigen Variablen in einem linearen Regressionsmodell)
$\overline{R}^2$	korrigiertes Bestimmtheitsmaß
R_{gg}	Szenario: Realoptionsmethode, Risiko gering, Fertigstellungsgrad gering
R_{gh}	Szenario: Realoptionsmethode, Risiko gering, Fertigstellungsgrad hoch
R_{hg}	Szenario: Realoptionsmethode, Risiko hoch, Fertigstellungsgrad gering
R_{hh}	Szenario: Realoptionsmethode, Risiko hoch, Fertigstellungsgrad hoch
r_{rf}	Zinssatz für eine risikolose Anlage
t	Prüfgröße des t-Tests auf Mittelwertunterschiede zweier Stichproben
u	konstanter Faktor einer Aufwärtsbewegung in einer multiplikativen Binomialverteilung
$\bar{x}$	arithmetischer Mittelwert einer Variablen
Z	Prüfgröße des Kolmogorov-Smirnov-Z-Tests auf gleiche Verteilung einer Variablen in den Grundgesamtheiten zweier unabhängiger Stichproben
α	Cronbachs Alpha

μ	Erwartungswert
ρ	Korrelationskoeffizient
σ	Standardabweichung
χ^2	Prüfgröße der Chi^2-Tests nach Pearson auf Unabhängigkeit und Gleichverteilung zweier Variablen

I. Grundlegung

A. Notwendigkeit einer Begrenzung von eskalierendem Commitment

Die Tendenz zum Festhalten an Entscheidungen und daraus abgeleiteten Handlungsverläufen ist tief in Individuen verwurzelt.[1] Sie beruht meist auf einer Bindung zwischen dem Entscheidungsträger und einer gewählten Entscheidungsalternative.[2] Insbesondere bei Investitionsprojekten besteht dieses Commitment in der bindenden Allokation von Ressourcen. Neben diese Ressourcenbindung tritt zudem möglicherweise eine persönliche und emotionale Verbundenheit des Entscheidungsträgers gegenüber einem Projekt.

Dieses Commitment gegenüber einem Investitionsprojekt kann einerseits eine positive Wirkung erzeugen, wenn es die Projektbeteiligten zur Überwindung kleinerer Widerstände und zur Erreichung eines allgemein höheren Anstrengungsniveaus motiviert.[3] Andererseits birgt es die Gefahr der Fortführung eines Investitionsprojektes über einen ökonomisch gerechtfertigten Zeitpunkt hinaus. In diesem Fall eskaliert das Commitment, wenn die im Projekt gebundenen Ressourcen nicht deutlich reduziert, sondern sogar ausgeweitet werden.[4]

Eskalierendes Commitment ist ein Phänomen, welches bereits unter verschiedensten Entscheidungsrahmenbedingungen empirisch nachgewiesen werden konnte und zumeist mit hohen Kosten einhergeht.[5] Aufgrund der Kostenintensität bei gleichzeitiger Verschwendung von knappen Ressourcen an ein scheiterndes Investitionsprojekt gilt die Eskalation von Commitment als ineffizient.[6] Entsprechend wird die Eskalationsentscheidung eines Projektverantwortlichen häufig als irrational betrachtet.[7] Somit steht die Eskalation von Commitment im Widerspruch zur Rationalitätsannahme der klassischen Entscheidungstheorie,[8] gemäß derer Individuen nach monetärer Nutzenmaximierung streben und daher zu deren Erreichung unter fehlerfreier Informationswahrnehmung sowie -verarbeitung stets die effizienteste sowie

1 Vgl. Statman/ Caldwell (1987), S. 11.
2 Vgl. z.B. Sull (2003), S. 84; Moser/ Hahn/ Galais (2000), S. 439.
3 Vgl. Statman/ Caldwell (1987), S. 14.
4 Vgl. z.B. Staw/ Fox (1977), S. 432; Staw (1976), S. 28 f.
5 Vgl. Flyvbjerg (2014), S. 10; Sleesman et al. (2012), S. 541; Denison (2009), S. 133.
6 Vgl. z.B. Kunz (2013b), S. 206; Sivanathan et al. (2008), S. 2; Keil/ Flatto (1999), S. 119.
7 Vgl. z.B. Bazerman/ Moore (2013), S. 119; Sivanathan et al. (2008), S. 2; Keil/ Flatto (1999), S. 119.
8 Siehe zur Annahme rationaler Individuen in der klassischen Entscheidungstheorie z.B. Beck (2014), S. 1 f.; Welling (2013), S. 10; Simon (1955), S. 99; Edwards (1954), S. 381.

zweckdienlichste Strategie verfolgen.[9] Dieses Rationalitätsverständnis impliziert die strikte Befolgung nutzenmaximierender Entscheidungsregeln im Rahmen eines Entscheidungsmodells.[10]

Entgegen der Unterstellung eines solchen rationalen Entscheidungsträgers, der Entscheidungen annahmegemäß auch unbeeinflusst von Emotionen oder persönlichen Eigenschaften trifft,[11] unterliegen Individuen in der Realität aber sehr wohl einer begrenzten ökonomischen Rationalität und wählen mitunter ineffiziente Entscheidungsalternativen aus.[12] Folglich ist das utopische Rationalitätsverständnis in klassischen wirtschaftswissenschaftlichen Theorien eine Ursache für deren unzureichende Prognosefähigkeit in Bezug auf das Verhalten und die Entscheidungen von Individuen im Rahmen ökonomischer Fragestellungen.[13] Zur Verbesserung der Prognosefähigkeit und zur Erklärung der Abweichungen von ökonomisch rationalem Entscheidungsverhalten nimmt daher die Verhaltensökonomie Abstand von einer strengen Rationalitätsannahme.[14] Sie integriert die Forschungsziele der Soziologie und Psychologie, welche insbesondere nach dem ‚Wie' und ‚Warum' des Verhaltens und der Entscheidungen von Individuen fragen, in die betriebswirtschaftliche Forschung.[15] Im speziellen Kontext finanzwirtschaftlicher Forschung hat sich dementsprechend die sogenannte Behavioral (Corporate) Finance etabliert, die das Verhalten von Akteuren auf dem Finanzmarkt sowie auch das Finanzierungs- und Investitionsverhalten in Unternehmen zu erklären versucht. Ihre Ansätze basieren auf der Erkenntnis nicht vollkommen rationaler Individuen, deren Entscheidungen kognitiven Verzerrungen sowie emotionalen Einflüssen unterliegen.[16]

Es ist jedoch grundsätzlich zu unterscheiden, ob ein Entscheidungsträger in einem Investitionsprojekt unbewusst eine ökonomisch nicht rationale Entscheidung trifft oder ob ein subjek-

---

9 Vgl. z.B. Beck (2014), S. 2; Dixit/ Skeath/ Reiley (2009), S. 29 f.; Osterloh (2007), S. 83 f.; Drummond (1998), S. 915; von Neumann/ Morgenstern (1961), S. 9.

10 Vgl. hierzu und zu Beispielen solcher Entscheidungsregeln z.B. Laux/ Gillenkirchen/ Schenk-Mathes (2014), S. 34; Simon (1955), S. 103.

11 Vgl. z.B. Beck (2014), S. 2; Kunz (2013b), S. 208.

12 Gemäß dem Rationalprinzip müsste sich ein Individuum aber immer für die nutzenmaximierende Entscheidungsalternative entscheiden (vgl. z.B. Wöhe/ Döring (2010), S. 33).

13 Vgl. z.B. Kunz (2013b), S. 206; Subrahmanyam (2008), S. 12.

14 Vgl. z.B. Baker/ Wurgler (2013), S. 358 f.; Fairchild (2010), S. 277; Barberis/ Thaler (2003), S. 1055; De Bondt/ Thaler (1995), S. 387.

15 Vgl. z.B. Beck (2014), S. 9-13; Kunz (2013b), S. 209; Ricciardi/ Simon (2000), S. 27; Goldberg/ von Nitzsch (2000), S. 26.

16 Vgl. z.B. Statman (2014), S. 65; Beck (2014), S. 2-4.

tiv rationaler Grund für die Wahl einer ineffizienten Entscheidungsalternative vorliegt.[17] So kann auch für die Eskalation von Commitment eine subjektive Rationalität nicht immer ausgeschlossen werden.[18] Diese wird jedoch meist als retrospektive Rationalität beschrieben und gilt sogar als eskalationsverstärkend.[19] Der Begriff der Irrationalität sollte aber dennoch im Rahmen der Eskalationsforschung auf eine objektive und ökonomische Irrationalität eingegrenzt werden.

Auch wenn die Eskalation von Commitment also aufgrund eines subjektiv rationalen Kalküls erfolgen kann, führt sie aber letztlich zu einer suboptimalen Ressourcenallokation in Unternehmen und ist daher im Sinne einer übergeordneten Zielsetzung der Wirtschaftswissenschaft zu unterbinden. Denn als Erfahrungsobjekt der Wirtschaftswissenschaft wird im Allgemeinen der Umgang mit knappen Ressourcen, und somit das ökonomische Handeln, betrachtet.[20] In der Betriebswirtschaftslehre gilt konkret der Betrieb als Erfahrungsobjekt und als Forschungsziel kann der Erkenntnisgewinn über das Wirtschaften in Betrieben ausgemacht werden.[21] Diese Erkenntnisse sollen sodann „der Bewältigung von Knappheitsproblemen auf betrieblicher Ebene (…) und der Optimierung der damit einhergehenden Planungen und Entscheidungen“[22] dienen. So ist es auch verständlich, dass die Reduzierung oder gar Verhinderung der Eskalation von Commitment in Investitionsprojekten aufgrund ihrer Ineffizienz im Forschungsinteresse der Betriebswirtschaftslehre steht.[23] Denn auch wenn mit den Ansätzen der Behavioral (Corporate) Finance häufig eine Erklärung des realen Verhaltens von Wirtschaftssubjekten angestrebt wird, darf doch durch die Beachtung psychologischer Aspekte

---

17 So unterscheidet z.B. auch Müller (2008) zwischen Rationalitätsdefiziten im Finanzmanagement, die entweder auf kognitive Verzerrungen oder auf eigeninteressiertes Handeln zurückführbar sind (vgl. Müller (2008), S. 225).

18 Vgl. ähnlich Chulkov/ Desai (2008), S. 325; Sivanathan et al. (2008), S. 2; Staw/ Ross (1987b), S. 70; Whyte (1986), S. 313; Staw (1976), S. 41. In einer Studie stellen Wong/ Kwong/ Ng (2008) sogar fest, dass die Entscheidung zur Eskalation des Commitments gegenüber einem scheiternden Projekt positiv mit einer grundsätzlich rationalen Denkweise des Entscheidungsträgers korreliert (vgl. Wong/ Kwong/ Ng (2008), S. 254, 259, 262 f.). Eine eher rationale Denkweise wird als bewusst, relativ langsam, analytisch, kontrolliert, regelgeleitet, mühevoll und relativ emotionslos beschrieben und ist damit von einer unbewussten, schnellen, mühelosen und eben eher emotionalen Denkweise abzugrenzen (vgl. Certo/ Connelly/ Tihanyi (2008), S. 114; Stanovich/ West (2002), S. 436-438; Pacini/ Epstein (1999), S. 972).

19 Vgl. Staw/ Ross (1978), S. 44. Für eine ausführlichere Erläuterung sei auf Kapitel II.A.1.b) verwiesen.

20 Vgl. z.B. Schierenbeck/ Wöhle (2012), S. 8; Fülbier (2004), S. 266; Chmielewicz (1994), S. 22-24; Schneider (1969), S. 1.

21 Vgl. z.B. Wöhe/ Döring (2010), S. 33; Kornmeier (2007), S. 14; Picot (1977), S. 144.

22 Fülbier (2004), S. 267.

23 Der Verhinderung eskalierenden Commitments wurden bereits viele Forschungsvorhaben gewidmet (vgl. Denison (2009), S. 135; Wong/ Kwong/ Ng (2008), S. 249) und auch Statman/ Caldwell (1987) betonen bereits, dass eine Reduzierung des Commitments gegenüber scheiternden Projekten erstrebenswert ist (vgl. Statman/ Caldwell (1987), S. 11).

und Fragestellungen nicht die optimale Ressourcenallokation als Zielsetzung der Betriebswirtschaft vernachlässigt werden.[24]

Aus diesem Grund reiht sich diese Untersuchung in die Studien ein, die eine ökonomische Rationalitätssicherung im Sinne einer optimalen Ressourcenallokation in Unternehmen durch die Verringerung von eskalierendem Commitment zu ihrem Ziel machen.

Als Ansatzpunkt zur Verhinderung einer Eskalation von Commitment werden Investitionsbewertungsverfahren gewählt. Diese bieten grundsätzlich die Basis für eine gemäß dem ökonomischen Prinzip sinnvolle Auswahl und Steuerung von Investitionsprojekten.[25] Darüber hinaus vermögen sie die Informationswahrnehmung und -verarbeitung von Entscheidungsträgern positiv zu beeinflussen, worin wiederum eine Voraussetzung der Rationalitätssicherung besteht.[26] Etablierte und standardisierte Bewertungsregeln für Investitionsprojekte können mithin zur Rationalisierung der Entscheidungsfindung beitragen und könnten auch speziell die Tendenzen eines Entscheidungsträgers zur Eskalation von Commitment verringern.[27]

Gewiss kann kein Investitionsbewertungsverfahren einem Entscheidungsträger die Investitionsentscheidung abnehmen oder gar eine gute Entscheidung garantieren.[28] Aber umso wichtiger ist unter der Erkenntnis begrenzter Rationalität von Entscheidungsträgern die richtige Auswahl eines geeigneten Verfahrens als Entscheidungsunterstützungsinstrument, wenn eine konkrete Ursache einer Entscheidungsverzerrung kompensiert werden soll.

Eine der häufigsten Ursachen von Entscheidungsverzerrungen ist eben die begrenzte Informationswahrnehmung und -verarbeitung von Individuen.[29] Dabei kann grundsätzlich unterstellt werden, dass die Sammlung und Verarbeitung einer größeren Menge an relevanten und korrekten Informationen ceteris paribus zu einer Verbesserung von Entscheidungen führen. Denn eine erweiterte Informationsbasis kann zum einen zu einer gesteigerten Aussagekraft und Sicherheit bereits berücksichtigter Entscheidungsparameter beitragen. Zum anderen können neuartige Informationen weitere entscheidungsrelevante Faktoren offenbaren. Daher ist anzu-

---

24 Vgl. ähnlich Kunz (2013b), S. 214.

25 Vgl. Hommel/ Lehmann (2001), S. 113. „Das ökonomische Prinzip verlangt, das Verhältnis aus Produktionsergebnis (Output, Ertrag) und Produktionseinsatz (Input, Aufwand) zu optimieren. (…) Aus ökonomischer Sicht haben alle betrieblichen Entscheidungen dem ökonomischen Prinzip zu gehorchen. Erst so wird der Betrieb zur planvoll organisierten Wirtschaftseinheit“ (Wöhe/ Döring (2010), S. 34).

26 Vgl. Müller (2008), S. 228 f.; Pritsch/ Weber (2001), S. 19.

27 Vgl. ähnlich Müller (2008), S. 235, 237 f.; Zardkoohi (2004), S. 116.

28 Vgl. Triantis (2005), S. 13; Lander/ Pinches (1998), S. 542.

29 Vgl. Staw (1981), S. 578.

nehmen, dass solche Investitionsbewertungsmethoden, die zu einer erweiterten Informationssammlung und -verarbeitung zwingen, andere Methoden in der Verhinderung von Entscheidungsverzerrungen dominieren. Dieser Argumentation folgend, wäre die Realoptionsmethode, welche ein im Vergleich zu der bei Investitionsbewertungen in der Praxis häufig angewendeten Kapitalwertmethode[30] erweitertes Bewertungsmodell zugrunde legt, ein überlegenes Instrument zur Reduzierung von Entscheidungsverzerrungen.[31]

Sollte diese Schlussfolgerung auch im Falle eskalierenden Commitments Gültigkeit besitzen, so wäre nicht nur die Integration und Steuerung von Realoptionen im Rahmen der Investitionsplanung unternehmenswertsteigernd.[32] Der Realoptionsansatz wäre zugleich durch seine negative Wirkung auf die Eskalation von Commitment effizienzstiftend. Diese Annahme, dass der Realoptionsansatz im Vergleich zur Kapitalwertmethode Ineffizienzen im Rahmen von Investitionsentscheidungen, und zwar konkret die Eskalation von Commitment, als Folge begrenzter objektiver ökonomischer Rationalität von Entscheidungsträgern reduzieren kann, soll in dieser Forschungsarbeit gezeigt werden.

Die Funktion des Realoptionsansatzes zur Steuerung der Eskalation von Commitment besitzt aber insbesondere dann eine Relevanz, wenn die negative Wirkung auf eskalierendes Commitment stabil unter verschiedenen Kontextbedingungen besteht. Aus diesem Grund werden theoriegeleitet ausgewählte situative Eigenschaften von Investitionsprojekten sowie Persönlichkeitsmerkmale von Entscheidungsträgern als Moderatorvariablen in die Analyse des Wirkungszusammenhangs einbezogen.[33] Die Untersuchung solcher Interaktionseffekte erlaubt ein größeres Verständnis für die Wirkungsbeziehung zwischen dem Bewertungsansatz und der Eskalation von Commitment, indem die Bedingungen, welche eine Voraussetzung für die Existenz oder ein konkretes Ausmaß des eskalationsmindernden Einflusses sind, offenbart werden.[34] Dabei wird in dieser Untersuchung deutlich, dass die Reduzierung der Eskalation von Commitment durch Anwendung des Realoptionsansatzes ein äußerst stabiler Effekt ist und somit Ineffizienzen im Rahmen von Investitionsprojekten abgebaut werden können.

---

30 Ryan/ Ryan (2002) stellen in ihrer empirischen Studie fest, dass für Investitionsbewertungen in der Praxis am häufigsten die Kapitalwertmethode herangezogen wird (vgl. Ryan/ Ryan (2002), S. 358-361).

31 Vgl. zu der Annahme einer Reduzierung von Entscheidungsverzerrungen durch Anwendung der Realoptionsmethode z.B. auch Smit/ Moraitis (2014), S. 9; Poerink (2013), S. 21; Pritsch/ Weber (2001), S. 23 f.

32 Vgl. zur Unternehmenswertsteigerung durch das kontrollierte Management von Realoptionen z.B. Driouchi/ Bennett (2012), S. 43.

33 Die Realoptionstheorie basiert grundsätzlich auch auf der Annahme eines rationalen Entscheidungsträgers und ignoriert daher Einflüsse von persönlichen Eigenschaften (vgl. Huang/ Tan/ Zhong (2014), S. 1).

34 Vgl. für den Erkenntnisgewinn durch die Analyse von Interaktionseffekten z.B. Andersson/ Cuervo-Cazurra/ Nielsen (2014), S. 1064.

Die methodische Vorgehensweise des Forschungsvorhabens zur Erlangung dieses Erkenntnisgewinns kann aus der Einordnung der Untersuchung in einen wissenschaftstheoretischen Kontext abgeleitet werden.

B. Wissenschaftstheoretische Einordnung des Forschungsvorhabens

Die Ziele der Wissenschaft bestehen grundsätzlich in der Erklärung der Realität, der Prognose zukünftiger Ereignisse und der Hilfe bei der Realitätsgestaltung.[35] Als Metawissenschaft stellt die Wissenschaftstheorie die Frage nach der methodischen Vorgehensweise, die zur Erreichung der Wissenschaftsziele beiträgt.[36] Dabei wird die Auswahl einer Forschungsstrategie und der entsprechenden Forschungsmethoden insbesondere von der zugrunde gelegten Forschungsphilosophie, welche Annahmen über den Prozess des wissenschaftlichen Erkenntnisgewinns trifft, beeinflusst.[37]

In der Mehrzahl der betriebswirtschaftlichen Forschungsvorhaben, und so auch in dieser Untersuchung, wird einer primär positivistischen Forschungsphilosophie gefolgt.[38] Diese unterstellt eine beobachtbare Realität, die zur Überprüfung von theoriegestützten Hypothesen erhebungsfähige Daten bereitstellt, deren Auswertung wiederum zu generalisierbaren wissenschaftlichen Aussagen führt.[39] Gemäß einer positivistischen Forschungsphilosophie führt der Wissenschaftler daher insbesondere, aber nicht ausschließlich, auf Basis quantitativer Daten Kausalanalysen[40] durch.[41] Durch eine stark strukturierte Datensammlung und große Stichprobenumfänge soll die Generalisierbarkeit der gewonnenen Erkenntnisse unterstützt werden. Zudem unterstellt der Positivismus eine objektive Weltanschauung des Wissenschaftlers. Diese impliziert eine objektive Datenerhebung, die somit unabhängig von den Präferenzen des Wissenschaftlers erfolgt, sowie eine wertfreie Analyse und Ergebnisinterpretation. Ob Wis-

35 Vgl. Schauenberg (2005), S. 49.

36 Vgl. z.B. Kornmeier (2007), S. 6 f.; Fülbier (2004), S. 266; Frank (2003), S. 278 f.; Scherer (2003), S. 312.

37 Vgl. Saunders/ Lewis/ Thornhill (2011), S. 108; Scherer (2003), S. 313.

38 Grundsätzlich kann keine Forschungsphilosophie als richtig, falsch oder dominant bezeichnet werden. Die angemessene Wahl einer Forschungsphilosophie ist vielmehr von der konkret zu untersuchenden Forschungsfrage abhängig (vgl. Saunders/ Lewis/ Thornhill (2011), S. 108 f.; Scherer (2003), S. 311-313; Wolff (2003), S. 120-122).

39 Vgl. z.B. Saunders/ Lewis/ Thornhill (2011), S. 113 in Verbindung mit Remenyi et al. (1998), S. 32.

40 Es sei darauf hingewiesen, dass in betriebswirtschaftlichen Fragestellungen keine strengen Kausalitäten im Sinne von Gesetzmäßigkeiten existieren. Die betriebswirtschaftliche Forschung stellt daher in ihrem Erkenntnisstreben vielmehr auf theoretisch begründete, statistisch signifikante Ursache-Wirkungs-Beziehungen ab. Die daraufhin unterstellten ‚kausalen' Abhängigkeiten sind aber nicht als strenge Kausalitäten zu interpretieren, sondern beruhen allein auf relativen Häufigkeiten, die tendenzielle Schlussfolgerungen erlauben.

41 Vgl. hierzu und im Folgenden z.B. Robson/ McCartan (2016), S. 21; Saunders/ Lewis/ Thornhill (2011), S. 119.

senschaftler diese idealisierte Vorstellung objektiver Forschung erfüllen können, ist zumindest fraglich. Sie kann aber dennoch im Sinne des Positivismus als erstrebenswertes Ideal gelten.

Mit einer positivistischen Forschungsphilosophie ist zumeist ein deduktiver Forschungsansatz verbunden.[42] Dabei werden bestehende Theorien und wissenschaftliche Erkenntnisse genutzt, um neue Hypothesen herzuleiten und zu formulieren, die anschließend an der Realität getestet werden.[43] Die Empirie folgt mithin der Theorie. Auf diese Weise wird die Aufgabe empirischer wissenschaftlicher Forschung erfüllt, die nämlich nicht nur in der empirischen Überprüfung von Hypothesen bestehen sollte, sondern auch in deren theoretischer Herleitung.[44]

Der enge Zusammenhang der positivistischen Forschungsphilosophie und des deduktiven Forschungsansatzes wird an den zentralen Voraussetzungen deduktiver Theorienbildung deutlich. Diese sind die Fokussierung auf Kausalanalysen, eine strukturierte Datensammlung unter Kontrolle der Datenvalidität, die Sammlung quantitativer Daten, die möglichst weitgehende Unabhängigkeit der Daten von den Präferenzen des Wissenschaftlers und nicht zuletzt die Sammlung ausreichend vieler Daten, um eine Generalisierbarkeit der Analyseergebnisse zu ermöglichen.[45]

Die heutige betriebswirtschaftliche Forschung folgt dabei in ihrer wissenschaftstheoretischen Orientierung insbesondere dem Ansatz des Kritischen Rationalismus.[46] Während der Klassische Rationalismus noch auf erfahrungsunabhängigen Vernunftwahrheiten und deren strenger Deduktion basierte, fordert der Kritische Rationalismus nun eben eine empirische Überprüfung von hypothetischen Aussagen, auch wenn diese das Resultat rationalistischer Begründungen sind.[47] In Abgrenzung zum Logischen Empirismus[48] wird dabei jegliche Induktionslogik abgelehnt.[49] Die empirische Überprüfung von Hypothesen an realen Gegebenheiten dient vielmehr ihrer Falsifikation.[50]

---

42 Vgl. Saunders/ Lewis/ Thornhill (2011), S. 124.
43 Vgl. z.B. Robson/ McCartan (2016), S. 19; Schnell/ Hill/ Esser (2013), S. 53 f.; Fülbier (2004), S. 268; Popper (1994), S. 7 f.; Gioia/ Pitre (1990), S. 586.
44 Vgl. zur Aufgabe empirischer Forschung Popper (1994), S. 3.
45 Vgl. Saunders/ Lewis/ Thornhill (2011), S. 127.
46 Vgl. Kornmeier (2007), S. 38 f.; Fülbier (2004), S. 269; Haug (2003), S. 79, 83.
47 Vgl. Fülbier (2004), S. 268.
48 Auch Neopositivismus oder Empirischer Positivismus genannt.
49 Vgl. z.B. Schnell/ Hill/ Esser (2013), S. 56; Popper (1994), S. 10; Behrens (1993), S. 4765.
50 Vgl. z.B. Fülbier (2004), S. 268; Popper (1994), S. 14-17.

Popper (1994), der als Begründer des Kritischen Rationalismus gilt, betrachtet die Falsifizierbarkeit sogar „als Kriterium des empirisch-wissenschaftlichen Charakters eines Theoriensystems“[51]. Hypothesen müssen demnach grundsätzlich an der Realität scheitern können.[52] Sie gelten selbst dann nicht als verifiziert, wenn sie nicht widerlegt wurden. Stattdessen werden wissenschaftliche Aussagen, die eine empirische Evidenz erfahren, nur als vorläufig bestätigt oder bewährt betrachtet.[53] Eine endgültige Wahrheitsfindung ist gemäß diesem Verständnis von wissenschaftlicher Forschung folglich nicht möglich.[54] Diesem Verständnis folgt auch die vorliegende Forschungsarbeit.

Der Kritische Rationalismus ist einerseits der Kritik ausgesetzt, dass die Validität empirischer Untersuchungsergebnisse zu hinterfragen sei.[55] Denn Forschungsmodelle können nicht grundsätzlich alle potentiellen Einflussfaktoren erfassen. Anderseits scheint eine theoriegeleitete empirische Forschung für die Erreichung eines wissenschaftlichen Erkenntnisfortschritts (noch) zwingend notwendig zu sein.[56] Die Forderung einer integrativen Verfolgung verschiedener Forschungsstrategien zur Lösung komplexer Forschungsprobleme unter einer Betrachtung der Forschungsphilosophien als ein Kontinuum ist somit nachvollziehbar.[57] Zudem ist zu betonen, dass das wissenschaftliche Erkenntnisinteresse eines Forschungsvorhabens gegenüber einer strikten Orientierung an einer einzigen Forschungsphilosophie priorisiert werden sollte.[58] Insbesondere vor dem Hintergrund der Kritik an empirischer Forschung sollten daher auch argumentative Schlussfolgerungen Bestandteil des wissenschaftlichen Erkenntnisprozesses sein.[59]

---

[51] Popper (1994), S. 47.

[52] Vgl. z.B. Chalmers (2007), S. 51-62; Schauenberg (2005), S. 51; Behrens (1993), S. 4765.

[53] Vgl. z.B. Schnell/ Hill/ Esser (2013), S. 55; Schauenberg (2005), S. 50 f.; Frank (2003), S. 283; Haug (2003), S. 78; Popper (1994), S. 8.

[54] Dieser eingeschränkte Wahrheitsanspruch gilt auch für wissenschaftliche Aussagen, die im Sinne des Konstruktivismus, welcher die betriebswirtschaftliche Forschung heute als zweiter wissenschaftstheoretischer Ansatz prägt, allein das Ergebnis von argumentativen Schlussfolgerungen und deren Deduktion sind (vgl. Robson/ McCartan (2016), S. 24 f.; Fülbier (2004), S. 268 f.). Denn die Argumentationsleistungen können nicht verlässlich in subjektive Meinungen und wissenschaftliche Erkenntnisse unterschieden werden, auch wenn ein Konsens sachverständiger Diskussionsteilnehmer besteht (vgl. Haug (2003), S. 88 f.).

[55] Vgl. hierzu und im Folgenden Chalmers (2007), S. 74; Frank (2003), S. 283.

[56] Vgl. Haug (2003), S. 89.

[57] Vgl. Saunders/ Lewis/ Thornhill (2011), S. 109, 127 f.; Fülbier (2004), S. 271; Haug (2003), S. 90; Tashakkori/ Teddlie (1998), S. 26; Gioia/ Pitre (1990), S. 591-598.

[58] Vgl. Frank (2003), S. 289.

[59] Vgl. ähnlich Chalmers (2007), S. 165.

Unter Beachtung der grundsätzlichen Forschungsphilosophie und dem Forschungsansatz kann auch das Forschungsparadigma einer wissenschaftlichen Untersuchung bestimmt werden.[60] Mit der Wahl des Forschungsparadigmas werden zugleich das wissenschaftliche Erkenntnisziel eines Forschungsvorhabens und dessen Beitrag zur Theorienbildung deutlich.[61] Die betriebswirtschaftliche Forschung bewegt sich zumeist im Rahmen des funktionalistischen Paradigmas.[62] Der Fokus wissenschaftlicher Untersuchungen liegt dabei auf Kausalanalysen, also der Suche nach und Überprüfung von Ursache-Wirkungs-Beziehungen, welche mit dem Ziel der Prognose zukünftiger Ereignisse und der Hilfe bei der Realitätsgestaltung generalisierbar sein sollen.[63] Im Sinne der Theorienbildung wird dabei nicht die Entwicklung völlig neuer Theorien angestrebt, sondern die deduktive Weiterentwicklung bestehender Theorien, die Schließung theoretischer Wissenslücken und eine verbesserte Lösung betriebswirtschaftlicher Problemstellungen.[64]

Wissenschaftliche Forschung im Rahmen des funktionalistischen Paradigmas trägt damit zur Erreichung des theoretischen sowie des pragmatischen Wissenschaftssubziels der Betriebswirtschaftslehre bei: die Identifizierung von Ursache-Wirkungs-Beziehungen und deren Überführung in gestaltende Ziel-Mittel-Systeme.[65] Die Kausalität als solche ist dabei meist nicht endgültig nachweisbar, sondern stellt eine theoriegeleitete Annahme dar, die der Strukturierung von Ereignissen dient.[66] Die kausale Erklärung eines Zusammenhangs erlaubt sodann aber die Prognose der Wirkung eines ursächlichen Ereignisses.[67]

Entsprechend ihrer Zielsetzung folgt auch diese Untersuchung dem funktionalistischen Paradigma und legt ihren Fokus damit auf die Herleitung von Kausalhypothesen sowie auf die Prognose und Gestaltung von Ereignissen.[68] Für dieses Untersuchungsziel ist das wissen-

---

60 Im Allgemeinen werden die vier Forschungsparadigmen nach Burell/ Morgan (1979) unterschieden: das funktionalistische, das interpretative, das radikal humanistische und das radikal strukturalistische Paradigma (siehe Burell/ Morgan (1979), S. 21-35).

61 Vgl. z.B. Scherer (2003), S. 313.

62 Vgl. Saunders/ Lewis/ Thornhill (2011), S. 120; Gioia/ Pitre (1990), S. 586; Burell/ Morgan (1979), S. 25.

63 Vgl. Gioia/ Pitre (1990), S. 591.

64 Vgl. Saunders/ Lewis/ Thornhill (2011), S. 120; Gioia/ Pitre (1990), S. 590.

65 Vgl. Fülbier (2004), S. 267; Chmielewicz (1994), S. 9-14.

66 Vgl. Schnell/ Hill/ Esser (2013), S. 53 in Verbindung mit Stegmüller (1974), S. 444 f.

67 Vgl. Popper (1994), S. 32.

68 Die Erklärung, Prognose und Gestaltung eines Ereignisses unterliegen einer einheitlichen logischen Struktur. Diese Struktur besteht gemäß dem sogenannten Hempel-Oppenheim-Schema aus drei Komponenten: einem Gesetz, einer Randbedingung und einem zu erklärenden Phänomen. Das Gesetz wird dabei im Allgemeinen als All-Aussage, also als eine Wenn-Dann-Aussage, formuliert. Die Randbedingung entspricht der Wenn-Bedingung und das zu erklärende Phänomen der Dann-Aussage des Gesetzes. Randbedingung und Gesetz werden gemeinsam als das Explanans und das zu erklärende Phänomen als Explanandum bezeichnet. Wäh-

schaftliche Experiment als Forschungsdesign geeignet, da es prinzipiell die kontrollierte Manipulation erklärender Variablen sowie die Beobachtung der durch die Manipulation ausgelösten Wirkung auf die erklärte Variable ermöglicht und damit eine Prognose zukünftiger Ereignisse zulässt.[69]

Für die Nutzung der auf diese Weise gewonnenen Erkenntnisse für eine Gestaltung betriebswirtschaftlicher Zusammenhänge ist zuletzt die normative Vorgabe eines Sollzustandes notwendig. Dabei besteht das normative Wissenschaftssubziel der betriebswirtschaftlichen Forschung, in Einklang mit der optimalen Ressourcenallokation als übergeordnete Zielsetzung der Wirtschaftswissenschaft, grundsätzlich in der Erzielung von Effizienzvorteilen.[70] Dieser normativen Ausrichtung entspricht auch die Zielsetzung der vorliegenden Arbeit.

Gemäß dieser Zielsetzung und in Orientierung an der wissenschaftstheoretischen Einordnung des Forschungsvorhabens sowie der allgemeinen Wissenschaftsziele und -subziele betriebswirtschaftlicher Forschung kann im Folgenden der Gang der Untersuchung abgeleitet werden.

C. Gang der Untersuchung

Im Zentrum dieser Untersuchung steht die Frage, ob das Ausmaß eskalierenden Commitments in sequentiellen Investitionsentscheidungen verringert werden kann, wenn anstelle der Kapitalwertmethode die Realoptionsmethode zur Entscheidungsunterstützung herangezogen wird. Die entsprechenden Hypothesen, auch unter Einschluss von möglichen Interaktionseffekten, sollen zunächst theoretisch hergleitet und formuliert werden, bevor sie anschließend empirisch überprüft werden. Die Untersuchung wird dementsprechend, neben der einleitenden Grundlegung und einem abschließenden Fazit, in zwei Hauptkapitel gegliedert.

Das Kapitel II dient der Herleitung und Formulierung der Hypothesen. Als deren Objektbereich gelten Individuen, die im Rahmen eines Investitionsprojektes Entscheidungen bezüglich

---

rend nun bei einer Erklärung das Explanans gesucht wird, soll bei einer Prognose das Explanandum vorhergesagt werden. Bei einer Gestaltung wird sodann die Wenn-Bedingung des Gesetzes, also die Randbedingung, gezielt manipuliert, um das Explanandum zu beeinflussen. (Vgl. z.B. Schnell/ Hill/ Esser (2013), S. 53-61; Schauenberg (2005), S. 49 f.; Hempel/ Oppenheim (1948), S. 136-140).

69 Vgl. z.B. Schnell/ Hill/ Esser (2013), S. 60. Auf die Bedingungen, die an eine valide experimentelle Untersuchung geknüpft sind, wie etwa die standardisierte Durchführbarkeit, valide Manipulierbarkeit der unabhängigen und Beobachtbarkeit der nachfolgenden abhängigen Variablen, sei an dieser Stelle nur hingewiesen.

70 Vgl. z.B. Schierenbeck/ Wöhle (2012), S. 6 f.; Fülbier (2004), S. 267 f.

der Realisation und Fortführung des Projektes treffen.[71] Die Analyse konzentriert sich somit vorrangig auf Individualentscheidungen.

Im Kapitel II.A wird zunächst der theoretische Rahmen einer Zusammenführung der Eskalationsforschung und der Realoptionsmethode gebildet. Hierzu wird die Eskalation von Commitment als behaviorale Verzerrung von Investitionsentscheidungen definitorisch eingegrenzt und die Bestimmungsgründe eskalierenden Commitments werden unter Berücksichtigung ihrer jeweiligen theoretischen Fundierung strukturiert dargestellt. Diese Ausführungen führen bereits zu der grundlegenden Annahme, dass die Festlegung eines geeigneten Bewertungsansatzes zur Steuerung von Eskalationstendenzen beitragen könnte. Auf dieser Basis wird unterstellt, dass der Realoptionsansatz als Instrument zur Verhinderung eskalierenden Commitments dienlich ist. Daher wird zunächst die Relevanz einer Einbindung von Realoptionen in den Prozess der Investitionsentscheidung verdeutlicht und zudem der zusätzliche Nutzen des Realoptionsansatzes als Instrument der flexiblen Planung in einem unsicheren Investitionsprojekt aufgezeigt. Darüber hinaus wird als verbindendes Element zwischen der Eskalation von Commitment und der Realoptionsmethode der sequentielle Charakter von Investitionsprojekten herausgestellt.

Die theoretische Herleitung von Hypothesen über den Einfluss der Bewertungsmethode auf das Ausmaß eskalierenden Commitments in sequentiellen Investitionsprojekten folgt in Kapitel II.B. Zuerst wird die direkte Beziehung zwischen dem Realoptionsansatz und der Eskalation von Commitment mithilfe von theoriegestützten Erklärungen und argumentativen Schlussfolgerungen analysiert, wobei in Abhängigkeit der betrachteten Optionstypen entgegengesetzte Wirkungen einer Realoptionsbetrachtung auf eskalierendes Commitment angenommen werden. Im Sinne der Zielsetzung der Arbeit erfolgt sodann eine Konzentration auf Abbruchoptionen als relevante Einflussgröße in der Verhinderung von Eskalationstendenzen. Dieser Fokus wird auch in der darauf folgenden Ableitung von Hypothesen zu den Interaktionseffekten beibehalten.

Der Einbezug von Interaktionseffekten in die Untersuchung folgt der Überlegung, dass der Einfluss des Bewertungsansatzes auf die Eskalation von Commitment unter verschiedenen Rahmenbedingungen heterogen sein könnte. Daher werden zunächst situativ spezifische Pro-

[71] Der Objektbereich einer Hypothese beschreibt gleichzeitig die möglichen Falsifikatoren einer Hypothese. Dabei wird die Falsifikation vereinfacht, wenn der Objektbereich möglichst weit gefasst wird (vgl. Schnell/ Hill/ Esser (2013), S. 57 f.).

jekteigenschaften und anschließend relevante Persönlichkeitsmerkmale von Entscheidungsträgern als Moderatorvariablen in der Formulierung von Interaktionshypothesen berücksichtigt. Bei der theoretischen Analyse der jeweiligen Interaktionseffekte wird den zentralen Analyseschritten von Andersson/ Cuervo-Cazurra/ Nielsen (2014) gefolgt. Dabei wird zunächst die Auswahl einer Moderatorvariablen theoretisch begründet, bevor dann deren direkter Effekt auf die abhängige Variable erklärt wird.[72] Daran schließt sich die theoretische Fundierung des Interaktionseffektes, welcher die Veränderung des Zusammenhangs zwischen der unabhängigen und der abhängigen Variablen bewirkt, an. Die Erklärung des Interaktionseffektes sollte dabei von der Erklärung eines direkten Einflusses der Moderatorvariablen auf die abhängige Variable abweichen. Zuletzt ist eine umgekehrte Interpretation der Interaktion auszuschließen, bei der die unabhängige Variable die Beziehung zwischen der Moderatorvariablen und der abhängigen Variablen moderieren würde.

Da für jede der Moderatorvariablen ein Einfluss auf die Beziehung zwischen dem Bewertungsansatz und der Eskalation von Commitment theoretisch begründet und gleichzeitig aber auch theoretisch ausgeschlossen werden kann, werden jeweils konkurrierende Hypothesen bezüglich der Interaktionseffekte formuliert. Abschließend werden in Kapitel II.C die konkurrierenden Hypothesen sowie die Hypothese zum direkten Wirkungszusammenhang im Forschungsmodell zusammengeführt.

Der Herleitung der Hypothesen folgt im Kapitel III deren empirische Überprüfung. Für die strukturierte Datensammlung wird ein fragebogengestütztes Experiment durchgeführt, welches die Manipulation von Randbedingungen und gleichzeitig die Erhebung von Persönlichkeitsmerkmalen der Befragten erlaubt. Da diese Merkmale keine unmittelbar messbaren Eigenschaften darstellen, ist im Vorfeld der statistischen Datenanalyse die Güte der Messung zu prüfen. Erst dann kann, nach einer kurzen statistischen Deskription der Daten, die Überprüfung der Hypothesen vorgenommen werden. Hierzu werden mit Verfahren der induktiven Statistik, insbesondere der Regressionsanalyse, die Beziehungen zwischen der Bewertungsmethode als unabhängige Variable, der Eskalation von Commitment als abhängige Variable und den Moderatorvariablen analysiert. Die Erfüllung der Anwendungsvoraussetzungen der statistischen Verfahren erlaubt sodann eine empirische Verallgemeinerung der Stichprobenergebnisse auf die Grundgesamtheit.

[72] Vgl. hierzu und im Folgenden Andersson/ Cuervo-Cazurra/ Nielsen (2014), S. 1066 f.

Die vorläufig empirisch ermittelten und generalisierbaren Wirkungszusammenhänge ermöglichen die Prognose von Investitionsentscheidungen in einem Eskalationskontext, sofern die Realisierung der Randbedingung bekannt ist. Insbesondere dienen sie aber auch im Sinne der Zielsetzung dieser Untersuchung einer zukünftigen Gestaltung von Investitionsentscheidungen zur Verhinderung eskalierenden Commitments. Folglich werden in Kapitel III.C aus den Analyseergebnissen konkrete Prinzipien der Rationalitätssicherung für das strategische Investitionsmanagement abgeleitet, die in ihrer Effizienzorientierung der normativen Zielsetzung dieser Forschungsarbeit entsprechen. Da die Ergebnisse im Rahmen des Experimentes mit einem fiktiven Investitionsprojekt und unter vereinfacht konstruierten Entscheidungsrahmenbedingungen erzielt werden, wird die Übertragbarkeit der Ergebnisse auf reale Investitionsprojekte sowie die davon abhängige Relevanz der abgeleiteten Prinzipien in der Praxis des strategischen Investitionsmanagements zum Abschluss von Kapitel III diskutiert.

In der Abbildung 1 werden die zentralen Inhalte der beiden Hauptkapitel II und III überblicksartig zusammengefasst.

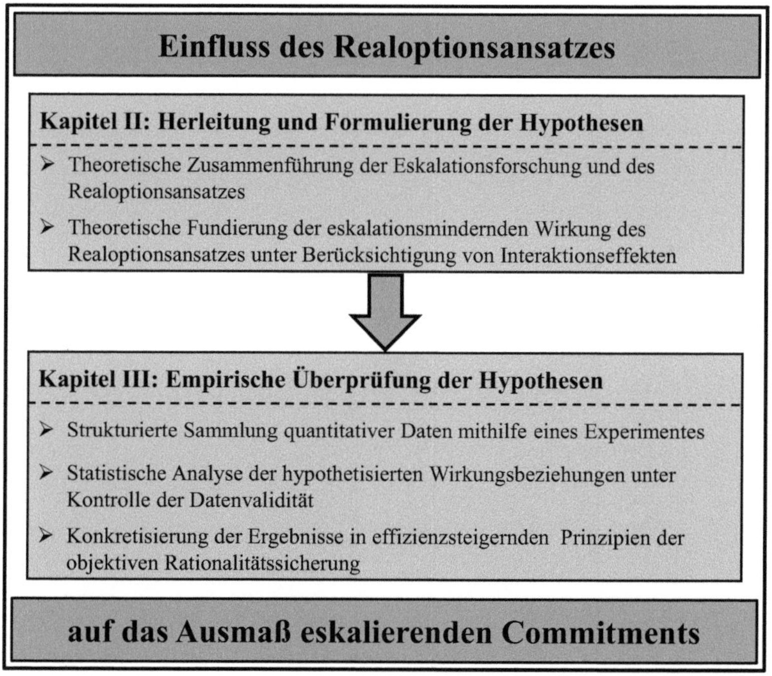

Einfluss des Realoptionsansatzes

Kapitel II: Herleitung und Formulierung der Hypothesen

- Theoretische Zusammenführung der Eskalationsforschung und des Realoptionsansatzes
- Theoretische Fundierung der eskalationsmindernden Wirkung des Realoptionsansatzes unter Berücksichtigung von Interaktionseffekten

Kapitel III: Empirische Überprüfung der Hypothesen

- Strukturierte Sammlung quantitativer Daten mithilfe eines Experimentes
- Statistische Analyse der hypothetisierten Wirkungsbeziehungen unter Kontrolle der Datenvalidität
- Konkretisierung der Ergebnisse in effizienzsteigernden Prinzipien der objektiven Rationalitätssicherung

auf das Ausmaß eskalierenden Commitments

Abbildung 1: Gang der Untersuchung

Der wissenschaftliche Beitrag dieser Forschungsarbeit ist vielfältig. Zum einen wird die Eskalationsforschung erweitert, indem eine effektive Lösung zur Verringerung von Eskalationstendenzen aufgezeigt wird, die unter verschiedenen projektbezogenen Kontextbedingungen und unabhängig von relevanten persönlichen Eigenschaften der Entscheidungsträger stabil ist. Gleichzeitig wird damit verdeutlicht, dass das Phänomen eskalierenden Commitments, trotz seiner Verwurzelung in den Denkstrukturen von Individuen, durchaus steuerbar ist. Zum anderen wird ein Beitrag zur Realoptionsforschung geleistet, indem der Einfluss einer Realoptionsbetrachtung auf das Verhalten und die Entscheidungen von Individuen diskutiert wird und konkret für die Eskalation von Commitment empirisch belegt werden kann. Insbesondere aufgrund der herausgestellten Stabilität des eskalationsmindernden Effektes einer Anwendung der Realoptionsmethode kann zudem ein Beitrag zur Praxis des strategischen Investitionsmanagements geleistet werden, da die Analyseergebnisse die Ableitung von Grundregeln erlauben, die eine Verringerung der Eskalationstendenzen von Entscheidungsträgern in realen Investitionsprojekten bewirken und somit zu einer Effizienzsteigerung des Investitionsmanagements führen.

II. Die Eskalation von Commitment unter Berücksichtigung der Realoptionsmethode

A. Theoretischer Rahmen einer Zusammenführung der Eskalationsforschung mit der Realoptionsbewertung

1. Eskalierendes Commitment als behaviorale Verzerrung von Investitionsentscheidungen

a) Eskalation von Commitment als reales Phänomen in Politik, Wirtschaft und Alltag

Das Festhalten an einmal getroffenen Entscheidungen und begonnen Projekten, deren Erfolg zumindest fragwürdig ist, stellt ein in vielen Organisationen beobachtbares Verhalten dar.[73] Dies illustrieren Praxisbeispiele aus dem öffentlichen Sektor[74] und der Privatwirtschaft[75], aber auch aus privaten Lebensbereichen[76]. Individuen befinden sich insbesondere dann in einem Entscheidungsdilemma, wenn ihre Abbruchentscheidung nicht ein einzelnes isoliertes Ereignis betrifft, sondern eine Reihe vergangener Handlungen und Entscheidungen tangiert.[77] Eines der wohl bekanntesten Beispiele für ein solches Projekt ist die Weltausstellung EXPO 86 in

[73] Vgl. Kunz (2013a), S. 650; Pfeiffer et al. (2007), S. 168; Dranikoff/ Koller/ Schneider (2002), S. 76; Moser/ Hahn/ Galais (2000), S. 439.

[74] Zum Beispiel die Entwicklung der Raumfähre Columbia der NASA (vgl. Friedman et al. (2007), S. 81), Kriegsentscheidungen der US-Amerikanischen Regierung (vgl. Staw/ Fox (1977), S. 432; Friedman et al. (2007), S. 80 f.), die Durchführung des Tennessee-Tombigbee Waterway Projektes (vgl. Arkes/ Blumer (1985), S. 125 f.) oder auch das Festhalten eines Stadtrates an fehlstrukturierten Ämtern (vgl. Drummond (1994), S. 591). Als aktuelle Beispiele aus Deutschland sind etwa der Bau des Flughafens Berlin Brandenburg, des Bahnhofs Stuttgart 21 und der Elbphilharmonie in Hamburg zu nennen (vgl. z.B. WirtschaftsWoche (2014)). Für weitere Bespiele vgl. auch Flyvbjerg (2014), S. 10.

[75] Zum Beispiel in Investitionsprojekten (vgl. z.B. Blasberg/ Kotynek (2012)), in Akquisitionsprozessen (vgl. Haunschild/ Davis-Blake/ Fichman (1994), S. 529; Bazerman/ Neale (1992), S. 163 f.), bei Termingeschäften (vgl. Pfeiffer et al. (2007), S. 168; Schulz-Hardt (1997), S. 14 f.), bei Zins- und Währungsspekulationen (vgl. Pfeiffer et al. (2007), S. 168; Drummond (2002), S. 232-237), in Wettbewerbskämpfen (vgl. Bazerman/ Neale (1992), S. 164), in Forschungs- und Entwicklungsprozessen (vgl. Lange (1993), S. 70, 79-83, 162; Staw (1981), S. 577), bei Kreditvergaben (vgl. McNamara/ Moon/ Bromiley (2002), S. 448) und auch im Aktienhandel (vgl. Odean (1998), S. 1775 f.). Auch im professionellen Sportsektor sind etwa mit dem ungerechtfertigten Spieleinsatz von Profispielern in Abhängigkeit des für sie gezahlten Transferpreises (vgl. Camerer/ Weber (1999), S. 59; Staw/ Hoang (1995), S. 474) oder eskalierenden Konflikten zwischen Trainer und Schiedsrichter (vgl. Bazerman/ Neale (1992), S. 164) Beispiele bekannt.

[76] Zum Beispiel die positive Korrelation von Zeitaufwand für Anmeldung und Verweildauer auf Internetseiten (vgl. Friedman et al. (2007), S. 82), die negative Korrelation zwischen der Nutzung von Saison-Theaterkarten und deren Preisnachlass (vgl. Arkes/ Blumer (1985), S. 127 f.) und Eskalationsschleifen bei Autoreparaturen (vgl. Teger (1980), S. 2 f.).

[77] Vgl. Chulkov (2007), S. 48; Whyte (1986), S. 311; Staw (1981), S. 578.

Vancouver.[78] Trotz sich rapide verschlechternder Erfolgsprognosen hielt die Landesregierung an den Plänen zur Ausrichtung der EXPO fest und investierte ab dem Jahre 1970 fortlaufend in die Projektrealisierung.[79] Dieses dysfunktionale Entscheidungsverhalten führte zu einem hohen Maß der Ressourcenfehlallokation und resultierte in einem Verlust von über 300 Millionen Dollar im Jahre 1985. Damit wurde die EXPO zu einem Prototyp für das Phänomen eskalierenden Commitments.

Die Eskalation von Commitment wird allgemein definiert als kontinuierliche Allokation von Ressourcen in ein Projekt, dessen Erfolgsaussicht schlecht ist.[80] Der Eskalationsprozess wird dabei wenigstens an drei Merkmalen oder Phasen festgemacht:[81] (1) Zunächst wählt der Entscheidungsträger unter Unsicherheit bezüglich der Entscheidungskonsequenzen zwischen mindestens zwei Alternativen aus[82] und investiert eine signifikante Menge an Ressourcen zum Anstoß oder zur Umsetzung des Projektes. (2) Daraufhin erhält der Entscheidungsträger negative Signale über sein gewähltes Projekt. Diese äußern sich etwa in Verlusten oder einem grundsätzlichen Projektmisserfolg. Er hat nun die Optionen, das Projekt abzubrechen oder es fortzuführen und dementsprechend weitere Ressourcen im Projekt zu binden. (3) Schließlich beschließt der Entscheidungsträger die Fortführung des Projektes und eskaliert damit sein vorheriges Commitment zum ausgewählten Projekt. Mit diesem letzten Schritt beginnt eine Eskalationsschleife, die sich bei weiteren negativen Signalen fortsetzt.[83] Der Entscheidungsträger entwickelt also während des Prozesses eine Bindung an das Projekt und hält trotz negativer Auswirkungen an dem erfolglosen Handlungsstrang fest.

Neben den drei genannten Merkmalen oder Phasen wird zuweilen auch die Unsicherheit bezüglich des Projekterfolges in die Beschreibung von eskalierendem Commitment einbezogen.[84] Damit ist hier die Ungewissheit des Entscheidungsträgers darüber gemeint, ob mit weiteren Investitionen das Projekt doch noch zum Erfolg geführt werden kann. Die Wahrscheinlichkeiten für einen Projekterfolg oder -misserfolg sind nach diesem Verständnis der Eskala-

---

78 Vgl. Ross/ Staw (1986), S. 274.

79 Vgl. hierzu und im Folgenden Staw/ Ross (1987a), S. 67 f.

80 Vgl. z.B. Keil/ Flatto (1999), S. 118; Brockner (1992), S. 40.

81 Vgl. hierzu und im Folgenden z.B. Tsai/ Young (2010), S. 962; Chulkov (2007), S. 48; Staw (1997), S. 206-208; Brockner (1992), S. 39 f.; Staw/ Ross (1989), S. 218 f.

82 Neben einem konkreten Projekt kann der Entscheidungsträger immer auch die Nullalternative wählen, indem er kein Projekt umsetzt (vgl. ähnlich Laux/ Gillenkirchen/ Schenk-Mathes (2014), S. 5; Schirmeister (1981), S. 6).

83 Vgl. Staw/ Ross (1978), S. 40; Staw/ Fox (1977), S. 432; Staw (1976), S. 29.

84 Vgl. z.B. Moser/ Hahn/ Galais (2000), S. 440; Brockner (1992), S. 40; Staw/ Ross (1989), S. 216; Rubin/ Brockner (1975), S. 1055.

tion von Commitment nicht bekannt. Unbestreitbar kann eskalierendes Commitment also nach dieser Definition auch einmal positive Konsequenzen haben, wenn zusätzliche Investitionen das Projekt zum Erfolg führen. Kritisch sind die Eskalationstendenzen aber dann, wenn sie über ein durch die Projektsituation objektiv gerechtfertigtes Maß hinausgehen und der Misserfolg eines Projektes entsprechend vorhersehbar ist.[85] Ein vorhersehbarer Misserfolg liegt etwa bei einem sicheren Verlust durch das Projekt, einer eindeutig vorziehenswürdigen Alternative oder auch bei einer Erfolgschance von nahezu null Prozent vor. Die häufig normative Vorschrift aus der Literatur ist dann der Projektabbruch.[86] Dieser ist damit begründet, dass die Projektfortführung im genannten Fall nicht intersubjektiv nachvollziehbar ist, weswegen sie als ökonomisch irrational bezeichnet werden kann.[87] Auch wenn aus Sicht des Entscheidungsträgers mögliche rationale Anreize für eine Projektfortführung sprechen mögen,[88] ist sie doch objektiv, etwa aus Sicht eines Kapitalgebers oder Vorgesetzten, irrational.[89] Eskalation von Commitment als Verhaltensverzerrung wird daher im Folgenden auf die Definition einer ökonomisch nicht rationalen Fortführung eines Projektes beschränkt.

Eng verwandt mit, jedoch definitorisch abzugrenzen vom Konzept der Eskalation von Commitment sind zudem die in der Literatur bekannten Effekte des Entrapments[90] und der Sunk Costs[91]. Unter Entrapment wird das Phänomen verstanden, dass Menschen in Erwartung eines nutzenstiftenden Ereignisses einen einmal begonnen Warteprozess nicht mehr abbrechen, selbst wenn die Wartekosten den erwarteten Nutzen überschreiten.[92] Die Zielpersistenz führt also zu Ineffizienzen. Im Unterschied zu eskalierendem Commitment werden in Studien zu Entrapment mit dem Warteprozess verbundene Investitionen aber als strikte Funktion der Wartezeit modelliert.[93] Da dieser marginale und letztlich nur die Messung des Effektes betreffende Unterschied nicht die inhaltliche und ursächliche Ebene des Effektes tangiert, wird das

85 Vgl. Staw (1981), S. 584.
86 Vgl. z.B. Tiwana/ Keil/ Fichman (2006), S. 360; Staw/ Ross (1987b), S. 68; Statman/ Caldwell (1987), S. 7.
87 Vgl. z.B. Chulkov (2007), S. 49; Tiwana/ Keil/ Fichman (2006), S. 358.
88 Vgl. z.B. Chulkov/ Desai (2008), S. 325; Keil/ Flatto (1999), S. 122.
89 Siehe zu dieser Prinzipal-Agenten-theoretischen Sichtweise auch Harrison/ Harrell (1993).
90 Siehe zur Prägung des Begriffs z.B. Brockner/ Rubin (1985); Brockner/ Rubin/ Lang (1981); Brockner et al. (1982); Nathanson et al. (1982).
91 Siehe zur Prägung des Begriffs in einem psychologischen Kontext Arkes/ Blumer (1985).
92 Vgl. Bowen (1987), S. 53.
93 Vgl. McCain (1986), S. 280. Im Gegensatz dazu ist in Eskalationsstudien die Investitionssumme die unabhängige Variable.

Phänomen des Entrapments im Folgenden unter der Eskalation von Commitment subsummiert.[94]

Der Sunk Cost Effekt liefert hingegen eine Begründung für das Festhalten an einmal getroffenen Entscheidungen. Entgegen dem ökonomischen Kalkül, welches die Irrelevanz von in der Vergangenheit aufgebrachten Ressourcen (sogenannte irreversible Kosten oder sunk costs) für gegenwärtige Entscheidungen besagt, beeinflussen bereits getätigte Investitionen von Kapital, Arbeitsleistung oder Zeit die Weiterführungsentscheidung eines (scheiternden) Projektes.[95] Frühere Investitionen überlagern also auf psychologischer Ebene, etwa durch den Wunsch nicht verschwenderisch zu erscheinen,[96] den Nutzenmaximierungsgedanken der traditionellen Erwartungsnutzentheorie.[97] Der Sunk Cost Effekt kann demnach vielmehr als ein Bestimmungsgrund eskalierenden Commitments verstanden werden.[98] Das Ergebnis ist eine ineffiziente, wenn nicht gar verlustbringende Entscheidung, in der sich erneut der Widerspruch von ökonomischer Rationalität und der Eskalation von Commitment zeigt.[99]

Die Ineffizienz eskalierenden Commitments ist Ausgangspunkt und zentrale Annahme der Eskalationsforschung. Seit der Einführung des Phänomens in die Literatur durch Staw (1976) wurde in einer Vielzahl (labor-)experimenteller Studien in verschiedenen Entscheidungskontexten eskalierendes Commitment von Entscheidungsträgern nachgewiesen. Diese umfassen unter anderem Kreditvergabeentscheidungen[100], Ausschreibungswettbewerbe[101], Entscheidungssituationen im öffentlichen Sektor[102], Personalentscheidungen[103], Entrapment-Situationen[104] und insbesondere Investitionsentscheidungen[105]. Wissenschaftler aus dem Be-

94 Damit wird auch dem Tatbestand Rechnung getragen, dass beide Begriffe in der Literatur meist synonym verwendet werden (vgl. Kunz (2013b), S. 209; Pfeiffer et al. (2007), S. 169) und etwa Brockner und Rubin als führende Vertreter der Entrapment-Forschung den Begriff von einer engen Definition in Rubin/ Brockner (1975) zu einer dem Verständnis der Eskalation von Commitment nahezu entsprechenden Definition in Brockner/ Rubin (1985) ausweiteten (vgl. Rubin/ Brockner (1975), S. 1054 f.; Brockner/ Rubin (1985), S. 1-7).

95 Vgl. z.B. Parayre (1995), S. 418; Arkes/ Blumer (1985), S. 124.

96 Vgl. Arkes/ Blumer (1985), S. 124 f.

97 Vgl. Bateman (1986), S. 33.

98 Siehe hierzu näher die Kapitel II.A.1.b) und II.B.2.b). Der Sunk Cost Effekt ist damit kein Synonym für die Eskalation von Commitment, obwohl beide Begriffe in der Literatur nicht immer trennscharf verwendet werden (vgl. Kunz (2013b), S. 209; Pfeiffer et al. (2007), S. 169; Camerer/ Weber (1999), S. 60).

99 Vgl. z.B. Karlsson/ Juliusson/ Gärling (2005), S. 835; Bateman (1986), S. 33.

100 Siehe Moser/ Hahn/ Galais (2000); Lewicki (1980).

101 Siehe Teger (1980).

102 Siehe Davis/ Bobko (1986).

103 Siehe Angelovski/ Brandts/ Sola (2016); Bazerman/ Beekun/ Schoorman (1982).

104 Siehe Rubin/ Brockner (1975).

105 Siehe z.B. Denison (2009); Fox/ Bizman/ Huberman (2009); Jani (2008); He/ Mittal (2007); Boehne/ Paese (2000); Chow et al. (1997); Boulding/ Morgan/ Staelin (1997); Conlon/ Garland (1993); Bateman (1986).

reich der Finanzwirtschaft setzen neben letzterem auch die Verhinderung von Eskalationstendenzen in ihren Fokus.[106] In einem entscheidungstheoretischen Kontext sind dagegen eher das Verhalten des Entscheidungsträgers bei dem Problem der Projektfortführung sowie die Beweggründe für seine Entscheidung relevant.[107] Die bisherige Forschung zeigt, dass die Eskalation von Commitment ein komplexes Phänomen ist, welches von einer Vielzahl verschiedener Ursachen bestimmt wird.[108] Diese Bestimmungsgründe gilt es auch bei der Entwicklung von Verhinderungsstrategien für eskalierendes Commitment zu berücksichtigen. Denn auch Entscheidungsunterstützungsinstrumente nehmen dem Individuum die letztliche Entscheidung nicht ab. Daher ist ein Verständnis des Verhaltens von Entscheidungsträgern notwendig, um die Instrumente zieladäquat zu gestalten und einzusetzen.[109]

b) Bestimmungsgründe für ein eskalierendes Commitment in sequentiellen Investitionsprojekten

Für das Auftreten von Eskalationstendenzen existieren zahlreiche theoretische Erklärungen.[110] So nahmen bereits Staw/ Ross (1978) eine multi-theoretische Perspektive auf die Eskalation von Commitment ein, indem sie eine Vielfalt psychologischer Theorien zu deren Erforschung präsentierten.[111] Die gleichen Autoren entwickelten 1987 eine auf dem damaligen Stand der Eskalationsforschung basierende Taxonomie für die Bestimmungsgründe eskalierenden Commitments.[112] Hierzu ordneten sie zunächst die Bestimmungsgründe in vier Kategorien ein: projektbezogene, psychologische, soziale und strukturelle Determinanten. Die Kategorien wurden sodann nach ihrem Einfluss im Zeitablauf eines Eskalationsprozesses unterschieden. So sind für die Initiierung eines Projektes zunächst die Projektdeterminanten relevant. Werden die Erfolgsaussichten für ein gewähltes Projekt fragwürdig, beeinflussen verstärkt psychologische Determinanten das Entscheidungsverhalten. Bei einer anhaltenden oder fortschreitenden Verschlechterung der Erfolgsaussichten bestimmen zusätzlich soziale Determi-

---

[106] Vgl. Denison (2009), S. 135; Wong/ Kwong/ Ng (2008), S. 249 und siehe z.B. Mahlendorf (2015); Kwong/ Wong (2014); Tamada/ Tsai (2014); Roberts (2013); Lee/ Keil/ Kasi (2012); Dzuranin (2009); Kadous/ Sedor (2004); Cheng et al. (2003); Karlsson et al. (2002); Tan/ Yates (2002); Schmidt/ Calantone (2002); Ghosh (1997); Boulding/ Morgan/ Staelin (1997); Jeffrey (1992); Simonson/ Staw (1992); Barton/ Duchon/ Dunegan (1989); Schwenk (1988); Brockner et al. (1984).

[107] Vgl. Chulkov (2007), S. 48.

[108] Vgl. Keil/ Flatto (1999), S. 118. Diese Komplexität bietet auch eine Erklärung dafür, dass Eskalationstendenzen von Entscheidungsträgern nicht in jeder laborexperimentellen Untersuchung nachgewiesen werden (siehe z.B. Singer/ Singer (1985), S. 817 f.).

[109] Vgl. Triantis (2005), S. 13.

[110] Vgl. Sleesman et al. (2012), S. 541.

[111] Vgl. Staw/ Ross (1978), S. 40-45.

[112] Siehe hierzu und im Folgenden Staw/ Ross (1987a).

nanten die Entscheidung, während die Projektdeterminanten weiter in den Hintergrund rücken. Im Zeitverlauf kann der Einfluss psychologischer und sozialer Determinanten aufgrund der zeitlichen Distanz zur Initialentscheidung sogar wieder abnehmen. In diesem Stadium sind es die strukturellen Determinanten, die, selbst bei einem negativen Projektwert, eine Projektfortführung erklären können.[113]

In die Taxonomie von Staw und Ross lassen sich nahezu alle bisher untersuchten Bestimmungsgründe für eskalierendes Commitment einordnen.[114] Darüber hinaus können viele der zentralen Theorien, die in der Eskalationsforschung Anwendung finden, in die ursprünglich deskriptive Kategorisierung der Determinanten integriert werden. Im Folgenden werden daher die verschiedenen Determinanten und ihre konkreten Ausprägungen in Orientierung an Sleesman et al. (2012) vor dem Hintergrund ihrer theoretischen Fundierung vorgestellt.

Projektdeterminanten sind die Charakteristika eines Projektes, die häufig direkt mit der Projektrealisierung in Zusammenhang stehen.[115] Empirische Studien zu diesen Bestimmungsgründen eskalierenden Commitments basieren meist auf der subjektiven Erwartungsnutzentheorie.[116] Gemäß dieser eskalieren oder deeskalieren Individuen ein Commitment entsprechend des höchsten subjektiv erwarteten Nutzens, wobei zu dessen Berechnung subjektive Wahrscheinlichkeiten verwendet werden.[117] Studien zu dieser Kategorie der Determinanten fokussieren daher eher auf ökonomische oder auch finanzielle Einflussgrößen,[118] deren Wahrnehmung aber gemäß der subjektiven Erwartungsnutzentheorie als subjektiv unterstellt werden kann.[119] Es handelt sich insbesondere, aber nicht ausschließlich, um Informationen zum Verlust- oder allgemeinen Projektrisiko[120], zur Projektrentabilität[121], zu Entscheidungsalterna-

[113] Ähnliche Ergebnisse über die Wirkung der Determinanten in unterschiedlichen Phasen des Eskalationsprozesses erzielen Newman/ Sabherwal (1996) (vgl. Newman/ Sabherwal (1996), S. 33-43).
[114] Vgl. hierzu und im Folgenden Sleesman et al. (2012), S. 542.
[115] Vgl. Staw/ Ross (1987a), S. 44 f.
[116] Vgl. Sleesman et al. (2012), S. 542. Für eine theoretische Einführung vgl. z.B. Eisenführ/ Weber/ Langer (2010), S. 260 f.; Edwards (1954), S. 390-405.
[117] Vgl. zur Ableitung subjektiver Wahrscheinlichkeiten Savage (1972), S. 27-55. Auch wenn subjektive Wahrscheinlichkeiten nicht objektiv feststellbar sind, impliziert der Begriff keineswegs eine Willkür von Entscheidungen. Vielmehr unterliegt die Herleitung der Wahrscheinlichkeiten einer prozeduralen Rationalität, die für andere Personen nachvollziehbar sein soll (vgl. Eisenführ/ Weber/ Langer (2010), S. 175, 179).
[118] Vgl. Sleesman et al. (2012), S. 544.
[119] Vgl. Engelkamp (1980), S. 75.
[120] Siehe z.B. Jani (2011); O'Brien/ Folta (2009); Harvey/ Victoravich (2009); He/ Mittal (2007); Wong (2005); Schaubroeck/ Davis (1994).
[121] Siehe z.B. Karlsson/ Gärling/ Bonini (2005); Sabherwal/ Sein/ Marakas (2003); Brockner et al. (1986); Bateman (1986); Northcraft/ Wolf (1984).

tiven[122] oder Opportunitätskosten[123] und zur Mehrdeutigkeit der Entscheidungssituation[124] sowie auch um die allgemeine Informationsverfügbarkeit[125]. Erreichen den Entscheidungsträger in einem frühen Projektstadium oder gar vor Projektbeginn negative Signale über diese Eigenschaften des fraglichen Projektes, ist ein Projektabbruch noch wahrscheinlich.[126] Zudem wird eine Projektfortführung nicht als irrationale Eskalation angesehen, wenn die Informationen über den Projektstatus oder die Projektaussichten ausgesprochen mehrdeutig sind.[127] Unter der für diese Untersuchung vorgenommenen strengen Definition von eskalierendem Commitment wird dieser Fall jedoch nicht weiter betrachtet. Damit ist nicht ausgeschlossen, dass Projektdeterminanten einen ökonomisch irrationalen Eskalationsprozess begünstigen können, wenn sie dem Entscheidungsträger einen Interpretationsspielraum geben. Hierbei verlagert sich die Entscheidungsmotivation jedoch schon von primär ökonomischen Gründen hin zu primär psychologischen Einflussfaktoren.[128]

Mit den psychologischen Determinanten wird die sowohl kognitive als auch affektive Informationsverarbeitung eines Entscheidungsträgers berücksichtigt.[129] Der Einfluss psychologischer Faktoren auf das Entscheidungsverhalten wird dabei im Kern aus drei theoretischen Perspektiven betrachtet: Der Selbstrechtfertigungstheorie[130], der Prospect Theorie[131] und dem Effekt der Zielsubstitution[132].[133] Der Anteil der psychologischen Determinanten, deren Entscheidungseinfluss über die Selbstrechtfertigungstheorie argumentiert werden kann, ist wohl der größte. Hierzu zählen vor allem sunk costs[134] sowie Erfahrungswissen[135], persönliche

---

[122] Siehe z.B. Fox/ Bizman/ Huberman (2009); Harvey/ Victoravich (2009); Karlsson/ Gärling/ Bonini (2005); Bateman (1986); McCain (1986).

[123] Siehe z.B. Northcraft/ Neale (1986).

[124] Siehe z.B. DeNicolis Bragger et al. (2003); Hantula/ DeNicolis Bragger (1999); DeNicolis Bragger et al. (1998); Parks/ Conlon (1990); Bowen (1987).

[125] Siehe z.B. Berg/ Dickhaut/ Kanodia (2009); DeNicolis Bragger et al. (2003); DeNicolis Bragger et al. (1998); Rubin/ Brockner (1975).

[126] Vgl. z.B. Sleesman et al. (2012), S. 551; Chulkov (2007), S. 49.

[127] Vgl. Tiwana/ Keil/ Fichman (2006), S. 358; Bowen (1987), S. 56 f.

[128] Vgl. Teger (1980), S. 60; Brockner/ Shaw/ Rubin (1979), S. 494. Zur Variation von Entscheidungszielen im Projektverlauf vgl. z.B. auch Schirmeister (1981), S. 10.

[129] Vgl. Sleesman et al. (2012), S. 544.

[130] Für die Entwicklung und Grundlagen dieser Theorie siehe z.B. Staw (1976); Aronson (1968).

[131] Siehe zur Entwicklung der Theorie Kahneman/ Tversky (1979).

[132] Für eine empirische Begründung des Effektes in der Eskalationsforschung siehe Garland/ Conlon (1998); Conlon/ Garland (1993).

[133] Vgl. Sleesman et al. (2012), S. 544.

[134] Siehe z.B. Steinkühler/ Mahlendorf/ Brettel (2014); Karevold/ Teigen (2010); He/ Mittal (2007); Keil/ Truex III/ Mixon (1995); Garland/ Newport (1991); Arkes/ Blumer (1985). Die investierte Zeit ist laut einer Metastudie von Sleesman et al. (2012) eine der einflussreichsten Determinanten eskalierenden Commitments (vgl. Sleesman et al. (2012), S. 554). Soman (2001) stellt in seiner Studie den Sunk Cost Effekt für die Ressource Zeit jedoch nur fest, wenn diese in Geldeinheiten bewertet wird (vgl. Soman (2001), S. 181).

Verantwortung für die Initialentscheidung[136], Selbstwirksamkeitsempfinden[137], bedrohter Stolz[138] und erwartetes Bedauern[139] des Entscheidungsträgers. Während gemäß der subjektiven Erwartungsnutzentheorie eine prospektive und eher intersubjektiv nachvollziehbare Rationalität des Entscheidungsträgers angenommen wird, rufen die genannten Einflüsse ein retrospektives und damit eher subjektives Rationalitätsstreben hervor.[140] Denn die Selbstrechtfertigungstheorie beruht auf der Annahme, dass Individuen ihr Commitment gegenüber einem Projekt trotz möglicher negativer Konsequenzen eskalieren, um in Verantwortung vorheriger Entscheidungen für das Projekt eben diese zu rechtfertigen.[141] Dabei erfolgt meist eine Konzentration auf die das Projekt befürwortenden Informationen bei gleichzeitiger Verdrehung, Missachtung oder gar Leugnung der negativen Tatsachen.[142] Damit beruht die Selbstrechtfertigungstheorie auf der Theorie kognitiver Dissonanz[143], gemäß derer Menschen nach Konsistenz streben.[144] Individuen versuchen demnach, ihr vorheriges Verhalten zu rationalisieren oder sich psychisch gegen eine wahrgenommene Fehleinschätzung zu schützen, um ihr eige-

135 Siehe z.B. DeNicolis Bragger et al. (2003); Fox/ Schmida/ Yinon (1995); Jeffrey (1992); Garland/ Sandefur/ Rogers (1990).

136 Siehe z.B. Schulz/ Cheng (2002); Ruchala/ Hill/ Dalton (1996); Schoorman/ Holahan (1996); Bobocel/ Meyer (1994); Schoorman et al. (1994); Goltz (1993); Whyte (1991); Brockner et al. (1986); Bazerman/ Beekun/ Schoorman (1982); Staw (1976). Für gegensätzliche Ergebnisse siehe z.B. Armstrong/ Coviello/ Safranek (1993). Schulz-Hardt/ Thurow-Kröning/ Frey (2009) stellen den Einfluss der Verantwortung für die Initialentscheidung auf die Eskalation von Commitment in Frage. Sie unterstellen vielmehr, dass die Präferenz für die Initialentscheidung ein Treiber der Eskalationstendenzen ist und dieser Effekt fälschlicherweise der Verantwortung zugerechnet wird. Diese Annahme können Sleesman et al. (2012) in ihrer Metastudie jedoch widerlegen (vgl. Sleesman et al. (2012), S. 546, 552).

137 Siehe z.B. Jani (2011); Jani (2008); Whyte/ Saks (2007); Whyte/ Saks/ Hook (1997).

138 Siehe z.B. Yao/ Cui (2010); Sivanathan et al. (2008); Zhang/ Baumeister (2006); Larrick (1993); Staw/ Ross (1987a); Staw (1980).

139 Siehe z.B. Ku (2008a); Wong/ Kwong (2007); Hoelzl/ Loewenstein (2005); Larrick (1993). Antizipiertes Bedauern ist laut einer Metastudie von Sleesman et al. (2012) einer der stärksten Einflussfaktoren für die Eskalation von Commitment (vgl. Sleesman et al. (2012), S. 554).

140 Vgl. z.B. Chulkov/ Desai (2008), S. 325; Keil/ Flatto (1999), S. 119 f.; Staw (1981), S. 583; Staw/ Ross (1978), S. 44.

141 Vgl. z.B. Sleesman et al. (2012), S. 544; Staw/ Fox (1977), S. 432. Staw/ Fox (1977) zeigen in ihrer Studie, dass die Selbstrechtfertigungshypothese über mehrere Folgeentscheidungen hinweg nicht stabil ist (vgl. Staw/ Fox (1977), S. 447). Diese Erkenntnis unterstützt das Konzept der Wirksamkeit unterschiedlicher Determinanten im Laufe des Eskalationsprozesses. Wolff/ Moser (2008) zeigen hingegen eine Wirkung der Initialverantwortung in späten Eskalationsphasen (vgl. Wolff/ Moser (2008), S. 241).

142 Vgl. Bazerman/ Moore (2013), S. 127 f.; Polman/ Russo (2012), S. 78; Staw/ Ross (1978), S. 44; Staw/ Fox (1977), S. 432; Staw (1976), S. 27 und siehe für eine empirische Überprüfung Elfenbein/ Knott (2014); Conlon/ Parks (1987); Caldwell/ O'Reilly (1982); Lord/ Ross/ Lepper (1979). Jensen et al. (2011) können in drei Studien nicht nur für Individual-, sondern auch für Gruppenentscheidungen bestätigen, dass mit dem Fortschritt eines Projektes negative Informationen immer mehr verheimlicht werden (vgl. Jensen et al. (2011), S. 412 f., 417 f., 420).

143 Für den Ursprung dieser Theorie siehe Festinger (1957).

144 In diesem Zusammenhang ist auch der sogenannte Confirmation Bias als behaviorale Verzerrung zu sehen. Gemäß diesem tendieren Individuen dazu, solche Informationen höher zu gewichten, die ihre eigene Ansicht befürworten, als solche, die eben diese entkräften (für eine Erläuterung dieses Effektes vgl. z.B. Beck (2014), S. 47-58; Oswald/ Grosjean (2004), S. 79-94; Shefrin (2001), S. 116; Russo/ Schoemaker (1992), S. 12 und siehe für eine empirische Überprüfung Mynatt/ Doherty/ Tweney (1977)).

nes positives Selbstbild zu bewahren.[145] Dieser Drang zur Demonstration rationalen Verhaltens verursacht letztlich die ökonomisch irrationalen Entscheidungen.[146] Denn das kognitive Ungleichgewicht, welches aus einer Entscheidung für ein Projekt, negativen Konsequenzen und einem rationalen Selbstbild resultiert, verleitet den Entscheidungsträger zu einer Rechtfertigung durch weitere Investitionen in das betreffende Projekt, um auf diese Weise das Unbehagen der kognitiven Dissonanz abzubauen.[147] Daraus folgt sodann die im vorherigen Kapitel bereits erwähnte Eskalationsschleife, die, statt der Akzeptanz eines sofortigen Verlustes, durch immer stärkeres Commitment und in der Hoffnung auf einen unwahrscheinlichen Erfolg des Projektes zu wachsenden Verlusten führt.[148]

Aus der Annahme der Selbstrechtfertigungstheorie ist abzuleiten, dass die Verantwortung für die Initialentscheidung nicht nur eine Determinante eskalierenden Commitments ist, sondern gleichzeitig eine Voraussetzung für die Wirkung des Selbstrechtfertigungseffektes.[149] Hierin ist ein besonderer Unterschied zur Prospect Theorie als Erklärungsansatz für Eskalationstendenzen zu sehen. Gemäß dieser Theorie zeigen Entscheidungsträger in Gewinnkontexten ein risikoscheues und in Verlustkontexten ein risikofreudiges Entscheidungsverhalten.[150]

Bereits Staw/ Ross (1978) äußern in ihrer Eskalationsstudie die Vermutung, dass Individuen nach einem Fehlschlag, im Vergleich zu einem Erfolg, Informationen unterschiedlich verarbeiten und dies zu einem Unterschied bei der Ressourcenallokation führen könnte.[151] Whyte (1986) und Northcraft/ Neale (1986) brachten diese Erklärung erstmalig in Verbindung mit den Erkenntnissen der Prospect Theorie.[152] Die Autoren beschreiben die Fortführungsentscheidung im Rahmen eines Projektes mit negativer Erfolgsaussicht als Wahl zwischen einem

---

145 Vgl. Kunz (2013a), S. 651; Wong/ Kwong/ Ng (2008), S. 249; Staw/ Fox (1977), S. 432; Festinger (1957), S. 1 f.

146 Vgl. Whyte (1986), S. 313.

147 Vgl. Ting (2011), S. 94; Schaubroeck/ Williams (1993), S. 862. Staw/ Ross (1978) unterstellen, dass im Rahmen der Selbstrechtfertigung insbesondere ein endogen verursachter Projektrückschlag zur Eskalation von Commitment führt, können dies in ihrer Studie aber nicht nachweisen (vgl. Staw/ Ross (1978), S. 55).

148 Vgl. Staw (1981), S. 579; Staw/ Fox (1977), S. 432; Staw (1976), S. 29.

149 Vgl. Sivanathan et al. (2008), S. 2; Keil/ Flatto (1999), S. 119; Staw/ Ross (1989), S. 217. In diesem Zusammenhang zeigen Leatherwood/ Conlon (1987) in ihrer Studie, dass die Eskalationstendenzen eines Initialverantwortlichen zur Rechtfertigung seiner Entscheidung sinken, wenn er die Verantwortung für den Fehlschlag eines Projektes einer dritten Partei zuschreiben kann (vgl. Leatherwood/ Conlon (1987), S. 844 f.).

150 Vgl. Kahneman/ Tversky (1979), S. 268.

151 Vgl. Staw/ Ross (1978), S. 59.

152 Auch Bazerman (1984), (1986) sah einen entsprechenden, aber nicht weiter untersuchten Zusammenhang (vgl. Bazerman (1984), S. 336-338; Bazerman (1986), S. 76 f. und für die aktuellste Auflage Bazerman/ Moore (2013), S. 128). Arkes/ Blumer (1985) nehmen indirekt Bezug zur Eskalation von Commitment, indem sie den Sunk Cost Effekt mithilfe der Prospect Theorie erklären (vgl. Arkes/ Blumer (1985), S. 130-133 in Verbindung mit Thaler (1980)).

unsicheren und einem demgegenüber niedrigeren sicheren Verlust.[153] So geht die Projektfortführung mit einer geringen Chance auf einen Gewinn oder Verlustausgleich einher, wobei der Erwartungswert des Projektes aber negativ ist. Der Projektabbruch bedeutet hingegen einen sicheren Verlust in Mindesthöhe der versunkenen Kosten. Dementsprechend findet eine Eskalationsentscheidung in einem Verlustkontext statt, der Verlustaversion aktiviert und damit zu risikofreudigen Entscheidungen, ergo der Eskalation von Commitment, führt.[154] Auf Basis der Prospect Theorie wird also unterstellt, dass Eskalationstendenzen aus der Formulierung eines negativen Entscheidungskontextes resultieren.[155] Die Verantwortung für die Initialentscheidung ist dabei keine notwendige Bedingung und wirkt höchstens unterstützend.[156] Eine gemeinsam erklärte Determinante der Prospect Theorie und der Selbstrechtfertigungstheorie sind aber die versunkenen Kosten eines Projektes.[157] Denn neben dem psychologischen Antrieb, nicht verschwenderisch zu sein, bilden diese Kosten als subjektiver Referenzpunkt im mentalen Projektkonto[158] auch die Grundlage der empfundenen Verlustsituation.[159]

Auch im Rahmen einer Erklärung von Eskalationstendenzen durch den Effekt der Zielsubstitution finden die sunk costs eines Projektes ihre Relevanz. Denn laut diesem Ansatz ersetzen Entscheidungsträger mit einem zunehmenden Fertigstellungsgrad des Projektes ihre ursprünglichen Erfolgsziele durch das Ziel der Projektfertigstellung.[160] Hierbei können die bereits getätigten Investitionen mitunter als ein Indikator für den Fertigstellungsgrad eines Investitions-

[153] Vgl. hierzu und im Folgenden Staw/ Ross (1989), S. 217; Whyte (1986), S. 318; Northcraft/ Neale (1986), S. 354.

[154] Vgl. Sleesman et al. (2012), S. 544; Schaubroeck/ Davis (1994), S. 62; Whyte (1986), S. 316. Poerink (2013) weist zudem explizit nach, dass Verlustaversion positiv mit der Eskalation von Commitment korreliert (vgl. Poerink (2013), S. 28).

[155] Vgl. Keil/ Flatto (1999), S. 120. Der Einfluss des sogenannten Framings, also der Darstellung einer Entscheidungssituation in einem Verlust- oder Gewinnkontext, auf Entscheidungspräferenzen wurde erstmalig von Tversky/ Kahneman (1981) als praktische Anwendung der Prospect Theorie empirisch nachgewiesen und als widersprüchlich zum Grundprinzip der Invarianz rationaler Entscheidungen herausgestellt (siehe Tversky/ Kahneman (1981) und Kahneman/ Tversky (1984)). Eine Meta-Analyse von Kühberger (1998) über 136 Studien konnte den Framing Effekt bestätigen (vgl. Kühberger (1998), S. 47). Für eine beispielgestützte Erläuterung siehe Soman (2004).

[156] Vgl. Keil (1995), S. 348; Whyte (1986), S. 319. Schoorman et al. (1994) bestätigen in ihrer Studie nicht den Einfluss des Framing Effektes auf die Eskalation von Commitment und ermitteln für die Verantwortung eines Entscheidungsträgers sogar im Gegenteil einen mindernden Einfluss auf den Framing Effekt (vgl. Schoorman et al. (1994), S. 524-526).

[157] Isoliert vermag die Prospect Theorie den Sunk Cost Effekt nicht vollständig zu erklären (vgl. Duxbury (2012), S. 144).

[158] Zum Konzept des sogenannten Mental Accountings siehe z.B. Thaler (1999).

[159] Vgl. Certo/ Connelly/ Tihanyi (2008), S. 115; Fox/ Hoffman (2002), S. 280; Garland/ Newport (1991), S. 65 f.; Statman/ Caldwell (1987), S. 8 f.; Whyte (1986), S. 316, 318.

[160] Vgl. z.B. Sleesman et al. (2012), S. 544, 547; Girandola/ Gauthier (2001), S. 112; Boehne/ Paese (2000), S. 192; Garland/ Conlon (1998), S. 2042; Conlon/ Garland (1993), S. 403, 410. Für eine empirische Bestätigung der Zielsubstitution siehe Humphrey et al. (2004) sowie Snir (1993) zitiert bei Fox/ Hoffman (2002), S. 278.

projektes dienen, da häufig eine positive Korrelation der beiden Variablen angenommen wird.[161] Der Effekt der Zielsubstitution findet, trotz scheinbar sprachlicher Gegensätzlichkeit, seine Begründung im Konzept der Persistenz zielgerichteten Verhaltens.[162] Laut diesem Konzept halten Individuen so lange an einem einmal eingeschlagenen zielgerichteten Handlungspfad fest, bis sie dessen Ziel erreicht haben.[163] Dabei wirkt die Nähe zum Abschluss des Handlungspfades, welcher zum Beispiel die Marktreife eines entwickelten Produktes sein könnte, verstärkend.[164] Mit dem Fertigstellungsgrad eines Projektes steigt also die Motivation zur Projektfertigstellung, wobei die Erfolgsziele an Relevanz verlieren. Der Unterschied dieses Erklärungsansatzes zur Selbstrechtfertigungs- und Prospect Theorie liegt insbesondere in der eingenommenen Perspektive: Nicht bereits in der Vergangenheit getroffene (Fehl-)Entscheidungen oder investierte Ressourcen, sondern die Aussicht auf eine künftige Zielerreichung fördert die Eskalation von Commitment.[165] Die ökonomische Irrationalität von Eskalationstendenzen wird aber von allen drei Erklärungsansätzen unterstellt.[166]

Zu den psychologischen Determinanten können darüber hinaus Emotionen und weitere Persönlichkeitsmerkmale gezählt werden, die mitunter auch durch einen der drei Ansätze erklärt werden. So kann nachgewiesen werden, dass negativer (positiver) Affekt die Eskalationstendenzen von Entscheidungsträgern verringert (erhöht)[167] und auch bestimmte Charaktereigenschaften des Entscheidungsträgers, wie zum Beispiel Vernunftbegabung[168] oder ein ausgeprägter Optimismus[169], einen Einfluss auf die Eskalation von Commitment haben.

---

[161] Vgl. Fox/ Hoffman (2002), S. 280; Boehne/ Paese (2000), S. 179; Conlon/ Garland (1993), S. 403, 410 f. Es wird damit auch deutlich, dass die theoretische Einordnung der Determinanten nicht völlig trennscharf ist. Gleiches gilt für die Zuordnung von Determinanten zu einer Kategorie, wenn etwa der Fertigstellungsgrad auch als eine Eigenschaft des Projektes angesehen werden kann, aber anhand der theoretischen Fundierung den psychologischen Determinanten zugerechnet wird.

[162] Siehe für die Ursprünge des Konzepts McDougall (1908) und Tolman (1932) sowie dessen empirische Überprüfung Feather (1962).

[163] Vgl. Kunz (2013a), S. 651; Meier/ Albrecht (2003), S. 44; Fox/ Hoffman (2002), S. 275; Garland/ Conlon (1998), S. 2027. Der Wunsch, eine Aufgabe auch zu beenden, gilt als natürlicher und historisch gewachsener Treiber menschlichen Verhaltens (vgl. He/ Mittal (2007), S. 227; Moon (2001), S. 106; Conlon/ Garland (1993), S. 410 in Verbindung mit Katz/ Kahn (1966)).

[164] Vgl. Fox/ Hoffman (2002), S. 278. Keil/ Mann/ Rai (2000) machen den Fertigstellungsgrad als stärksten Treiber eskalierenden Commitments aus (vgl. Keil/ Mann/ Rai (2000), S. 653). Ting (2011) weist nach, dass der relative und nicht der absolute Fertigstellungsgrad eine positive Wirkung auf eskalierendes Commitment hat. Denn ersterer beeinflusst die wahrgenommene Nähe zum Projektabschluss, welche wiederum den wahrgenommenen Projektwert steigert (vgl. Ting (2011), S. 98, 102).

[165] Vgl. Sleesman et al. (2012), S. 544; Fox/ Hoffman (2002), S. 283; Moon (2001), S. 110.

[166] Vgl. z.B. O'Brien/ Folta (2009), S. 4; Fox/ Bizman/ Huberman (2009), S. 431; Conlon/ Garland (1993), S. 403; Whyte (1986), S. 313 f.

[167] Siehe z.B. Tsai/ Young (2010); Harvey/ Victoravich (2009); O'Neill (2009); Wong/ Yik/ Kwong (2006).

[168] Siehe z.B. Wong/ Kwong/ Ng (2008).

[169] Vgl. Staw (1997), S. 198 und siehe z.B. Mahlendorf/ Wallenburg (2013).

Die psychologischen Determinanten sowie die ihnen zugrundeliegenden Theorien leisten eine wirkungsvolle Vorhersage eskalierenden Commitments.[170] Dennoch werden Eskalationstendenzen durch weitaus mehr Ursachen ausgelöst, als es etwa die Sichtweise einer internen Selbstrechtfertigungsmotivation vermuten lässt.[171] Die den psychologischen Determinanten zugrundeliegenden Theorien missachten einen weiteren fundamentalen Verhaltenstreiber in Organisationen. Dies sind andere Individuen, die als Leistungsbeurteiler, Kommentatoren, Rivalen oder auch nur als Beobachter von Entscheidungen auftreten.[172] Aus dem Einfluss dieses sozialen Umfeldes leiten sich die sozialen Determinanten der Eskalation von Commitment ab.[173] Deren Wirksamkeit im Eskalationsprozess wird zumeist auf die Theorie der Selbstdarstellung gestützt.[174] Gemäß dieser Theorie wenden Individuen Inszenierungsstrategien zur Eindruckssteuerung an, um in der öffentlichen Meinung ein bestimmtes Ansehen zu erreichen.[175] Im Eskalationsprozess priorisieren sie daher wider besseren Wissens die Fremdwahrnehmung als kompetenten Entscheidungsträger, statt sich öffentlich zum Scheitern eines verantworteten Projektes zu bekennen.[176] Daher wirken vermeintliche soziale oder zumindest organisationsbezogene Normen, wie die Annahme, konsequente Entscheidungsträger seien die besseren Führer, eskalationsfördernd.[177] Auch eine Gruppensolidarität[178] oder Rollenvorbilder, die in ähnlichen Situationen Eskalationstendenzen zeigten,[179] können diese Wirkung hervorrufen. Darüber hinaus kann die Fortführung eines scheiternden Projektes auch in einem Rechtfertigungsstreben begründet sein. Während psychologische Determinanten dabei auf einen intrapersonellen Konflikt abstellen, handelt es sich in einem sozialen Kontext um eine externe Rechtfertigung.[180] Der Entscheidungsträger möchte Dritten beweisen, dass seine vorherige Entscheidung richtig war. Die Projektfortführung erfolgt dann ebenfalls zum Schutz

---

170 Vgl. Sleesman et al. (2012), S. 544.

171 Vgl. Brockner (1992), S. 58; Whyte (1986), S. 311.

172 Vgl. Sleesman et al. (2012), S. 544.

173 Das Entscheidungsverhalten kann unter der Aufsicht Dritter laut Entscheidungsforschung defensiv oder auch weniger kognitiv werden, womit soziale Prozesse einen Einfluss auf die Entscheidungsqualität haben können (vgl. Tetlock (1992), S. 344 f.). Dieser Einfluss setzt aber voraus, dass den relevanten Dritten die Handlungen und Entscheidungen des Projektverantwortlichen auch ausreichend bekannt sind (vgl. zur Relevanz der Öffentlichkeit von Handlungen Salancik (1977), S. 6 f.).

174 Vgl. Sleesman et al. (2012), S. 544.

175 Für eine theoretische Einführung siehe z.B. Ebert/ Piwinger (2007); Jones/ Pittman (1982); Goffman (1959).

176 Vgl. Sleesman et al. (2012), S. 544, 548.

177 Vgl. Adner (2007), S. 365 f.; Staw (1981), S. 580 f.

178 Vgl. z.B. Sleesman et al. (2012), S. 552.

179 Vgl. Brockner et al. (1984), S. 95 f.

180 Vgl. Moser (1996), S. 20; Schwenk/ Tang (1989), S. 564; Staw (1981), S. 580; Kiesler (1971), S. 65-88. Bobocel/ Meyer (1994) zeigen in ihrer Studie, dass Eskalationstendenzen unter internem oder externem Rechtfertigungsstreben nicht signifikant unterschiedlich sind, die Rechtfertigung aber grundsätzlich einen Einfluss hat (vgl. Bobocel/ Meyer (1994), S. 360).

der eigenen Reputation und dem eigenen Wert auf dem Arbeitsmarkt[181] sowie aus der Motivation heraus, das eigene Gesicht zu wahren[182]. Dieser Reputationseffekt ist einer der stärksten Treiber des Eskalationsverhaltens von Individuen[183] und wird wiederum von unterschiedlichen Einflüssen begünstigt[184]. Einen nicht zu unterschätzenden Einfluss haben in diesem Zusammenhang Informationsasymmetrien, die es dem Entscheidungsträger erlauben, ein Projekt in seinem eigenen Interesse fortzuführen.[185] Diese werden häufig erst durch strukturelle Gegebenheiten in einer Organisation ermöglicht oder begünstigt und führen zur letzten Kategorie der Determinanten eskalierenden Commitments.

Strukturelle Determinanten sind Eigenschaften von Organisationen und deren Interaktionsmustern.[186] So können etwa Entscheidungs- oder Projektinterdependenzen[187], organisationale Trägheit[188], Anreiz- oder Vergütungssysteme mit ungleichgewichteter Partizipation an Erfolgen und Misserfolgen[189], Abteilungsegoismen bei der Zuteilung von Budgets[190], Institutionalisierung von Projekten[191], Leistungen und Handlungen von Wettbewerbern[192] sowie eben Informationsasymmetrien zum Festhalten an einmal begonnenen Projekten führen. Die theoretische Grundlage der meisten Veröffentlichungen zu dieser Kategorie der Bestimmungs-

---

181 Vgl. Cho/ Cohen (1997), S. 368; Harrison/ Harrell (1993), S. 639 f.; Boot (1992), S. 1418; Ravenscraft/ Scherer (1991), S. 431; Kanodia/ Bushman/ Dickhaut (1989), S. 75. Die Annahme des Zusammenhangs von Projekteskalation und dem Wert eines Individuums am Arbeitsmarkt (ausgedrückt durch den Lohn) wird durch die empirischen Ergebnisse von Berg/ Dickhaut/ Kanodia (2009) unterstützt.

182 Vgl. Staw/ Ross (1987a), S. 55 f.; Brockner/ Rubin/ Lang (1981), S. 77 f.

183 Vgl. Sleesman et al. (2012), S. 554.

184 Ein Einfluss auf den externen Rechtfertigungsdrang und damit indirekt auf die Eskalation von Commitment konnte nachgewiesen werden, wenn der Entscheidungsträger zum Beispiel über ein sehr organisationsspezifisches Humankapital verfügt (vgl. Janney/ Dess (2004), S. 68 f.; Zardkoohi (2004), S. 115), einen geringen Rückhalt durch Vorgesetzte erfährt (vgl. Fox/ Staw (1979), S. 464), in einem unsicheren Beschäftigungsverhältnis steht (vgl. Fox/ Staw (1979), S. 464), einer Bewertungssituation ausgesetzt ist (vgl. Brockner/ Rubin/ Lang (1981), S. 68) oder beobachtet wird (vgl. Brockner et al. (1982), S. 247 f.). Nicht für alle Einflussfaktoren konnte allerding in einer Metastudie (siehe Sleesman et al. (2012)) ein signifikanter Effekt gefunden werden. Für einen eskalationsmindernden Effekt einer Überwachung siehe hingegen die Ergebnisse von Kirby/ Davis (1998).

185 Vgl. Harrell/ Harrison (1994), S. 574; Harrison/ Harrell (1993), S. 636 f. Caldwell/ O'Reilly (1982) gelangen in ihrer Studie zu dem Ergebnis, dass Verantwortliche auch bei einer externen Rechtfertigung für ein fehllaufendes Projekt eine Manipulation von Informationen, zum Zwecke eines positiven Berichts an Dritte, vornehmen (vgl. Caldwell/ O'Reilly (1982), S. 131). Dies entspricht wiederum dem Verhalten bei interner Rechtfertigung.

186 Vgl. Staw/ Ross (1987a), S. 59 f.

187 Vgl. Sleesman et al. (2012), S. 545, 554; Ross/ Staw (1986), S. 277 f.

188 Vgl. Sleesman et al. (2012), S. 545; Chulkov (2007), S. 49; Staw/ Ross (1987a), S. 61 f.

189 Vgl. Sleesman et al. (2012), S. 554 in Verbindung mit Devers et al. (2008); Zardkoohi (2004), S. 112; Beeler/ Hunton (1997), S. 86 f.; Staw/ Ross (1987a), S. 49.

190 Vgl. Triantis (2005), S. 13 f.

191 Vgl. Lechler/ Thomas (2015), S. 1460; Chulkov (2007), S. 49; Coff/ Laverty (2001), S. 74, 77; Ross/ Staw (1986), S. 278.

192 Vgl. Hsieh/ Tsai/ Chen (2015), S. 47-50; Rubin et al. (1980), S. 413.

gründe ist die Prinzipal-Agenten-Theorie,[193] welche seit Mitte der 80er Jahre zur Erklärung von eskalierendem Commitment herangezogen wird.[194] Gemäß dieser Theorie kann der mit Entscheidungsautorität ausgestattete Agent bei Divergenz seiner Ziele oder Risikopräferenzen von jenen des Prinzipals intransparente Entscheidungssituationen zu seinen Gunsten ausnutzen.[195] Dieses Agency Problem induziert in einem Eskalationskontext, dass der Agent zu seiner eigenen Nutzenmaximierung an einem Projekt festhält und damit entgegen den Interessen des Unternehmens handelt.[196] Der Agent entscheidet in diesem Sinne subjektiv rational, wenn er zum Beispiel derart entlohnt wird, dass er an Gewinnen, nicht aber an Verlusten des eskalierenden Projektes partizipiert.[197]

Eine Lösung solcher Konflikte erlauben unter anderem Institutionen.[198] Institutionen dienen der Ordnung und Organisation menschlichen Handelns durch Regelsysteme.[199] Diese von Menschen geschaffenen Regelungen, etwa in Form von Rechtssetzungen oder Verhaltensnormen, erlauben in einem betriebswirtschaftlichen Kontext den Abbau von (Investitions-) Unsicherheiten und nehmen Einfluss auf die Interaktion von Individuen.[200] In einer Organisation sind Institutionen demnach auch ein Gestaltungsparameter von Interaktionsmustern und somit ein Teil der Unternehmensstruktur. So stellt die Institutionalisierung einer Bewertungsmethode als verpflichtende Vorgabe für alle Investitionsprojektbewertungen eines Unternehmens ebenfalls eine strukturelle Eigenschaft des Unternehmens oder zumindest aller Investitionsprojekte dar. Eine institutionalisierte Bewertungspraxis in Unternehmen sowie daraus abgeleitete Informationspflichten vermögen Intransparenz in Entscheidungssituationen abzubauen und die Entscheidungen von Projektverantwortlichen zu beeinflussen.[201]

Conlon/ Wolf (1980) stellen bereits einen Zusammenhang zwischen der Projektbewertung und der Eskalation von Commitment her. Dabei motivieren sie ihre Untersuchung durch die Forderung nach einer derartigen Problemstrukturierung in Eskalationsstudien, die eine Pro-

---

193 Vgl. Sleesman et al. (2012), S. 545.
194 Vgl. Keil/ Flatto (1999), S. 120.
195 Vgl. z.B. Eisenhardt (1989), S. 58; Jensen/ Meckling (1976), S. 308.
196 Die direkte Wirkung von Agency Problemen auf die Eskalation von Commitment wird von Booth/ Schulz (2004) empirisch nachgewiesen (vgl. Booth/ Schulz (2004), S. 483).
197 Vgl. Sleesman et al. (2012), S. 545; Keil/ Flatto (1999), S. 122.
198 Institutionen definiert North (1990) als „rules of the game in a society or, more formally, (…) [as] the humanly devised constraints that shape human interaction. In consequence they structure incentives in human exchange, whether political, social, or economic" (North (1990), S. 3).
199 Vgl. Schneider (2011), S. 20.
200 Vgl. Schirmeister (1995), S. 7; North (1990), S. 3.
201 Vgl. ähnlich zur Rationalitätssicherung von Entscheidungen durch Bewertungsrichtlinien Müller (2008), S. 252.

jektbewertung überhaupt ermöglicht und somit wiederum das Entscheidungsverhalten von Projektverantwortlichen tangieren kann.[202] Konkrete Anforderungen an die Ausprägung der Bewertungsmetode stellen die Autoren jedoch nicht. Sie betrachten die Projektbewertung stattdessen allgemein als möglichen Bestimmungsgrund eskalierenden Commitments. Die unterschiedlichen informatorischen Fundierungen sowie Herangehensweisen von verschiedenen Bewertungsmethoden[203] lassen aber vermuten, dass diese auch eine uneinheitliche Wirkung auf die Eskalation von Commitment zeigen.

In dieser Studie wird daher die Eignung eines ausgewählten Bewertungsansatzes, und zwar der Realoptionsmethode, zur Steuerung eskalierenden Commitments untersucht, wobei die in der Praxis häufig zur Anwendung kommende Kapitalwertmethode als Vergleichsmaßstab dienen soll. Bevor die Wirkung der Realoptionsmethode auf eskalierendes Commitment jedoch genauer analysiert wird, soll die Bewertungsmethode zunächst kurz vorgestellt und ihre Relevanz, gerade im Rahmen von sequentiellen Investitionsprojekten als Verbindung zur Eskalation von Commitment, erläutert werden.

2. Relevanz der Einbindung von Realoptionen in den Prozess der Investitionsentscheidung

a) Grundgedanken einer realoptionstheoretischen Betrachtung von Investitionsprojekten

Die Durch- oder Fortführung von Investitionsprojekten in Unternehmen erfordert stets eine Entscheidung des oder der Projektverantwortlichen. Im Rahmen der Entscheidungsvorbereitung dienen Bewertungsmodelle und -methoden der Alternativenbewertung und liefern auf diese Weise Informationen für einen abschließenden Entschluss.[204] Auch wenn keine Entscheidung zwischen mehreren konkurrierenden Projekten getroffen werden muss, liegen zumindest immer zwei Alternativen vor: Die (fortgeführte) Umsetzung eines Projektes oder der Verzicht auf das Projekt. Darüber hinaus sind weitere Optionen denkbar, die mit der konkreten Ausgestaltung oder dem Verlauf eines Projektes verbunden sind und somit Projektvarianten darstellen. Diese Projektvarianten werden nicht zwangsläufig bei der Initialentscheidung gewählt, sondern können durch spätere Entscheidungen erst entstehen, realisiert oder elimi-

[202] Vgl. Conlon/ Wolf (1980), S. 175.
[203] Vgl. z.B. für eine Gegenüberstellung der Realoptions- und der Kapitalwertmethode Chance/ Peterson (2002), S. 12-32.
[204] Vgl. Schirmeister (1981), S. 1 f.

niert werden. Die systematische Beachtung dieser Varianten im Rahmen der Entscheidungsvorbereitung trägt jedoch zu einer umfassenderen informatorischen Fundierung der Initialentscheidung und nachfolgender Entscheidungen bei. Denn zwischen den Entscheidungen im Rahmen eines Investitionsprojektes besteht ein Bewertungsverbund, sodass eine Initialentscheidung nicht unabhängig von den zukünftigen Entscheidungen optimiert werden kann.[205]

Gerade die Möglichkeit, auch nach Beginn eines Projektes Anpassungen vorzunehmen und somit erneute Entscheidungen zu treffen, spiegelt die Idee der Realoptionstheorie wider. Der Begriff der Realoption wurde von Myers (1977) geprägt, der das Konzept der Finanzoptionen auf realwirtschaftliche Vermögenswerte übertrug.[206] Durch den Erwerb einer Finanzoption erhält der Optionsinhaber das Recht, aber nicht die Pflicht, ein Basisinstrument in einem zuvor festgelegten Umfang und zu einem determinierten Ausübungspreis innerhalb einer festgelegten Frist (amerikanische Option) oder zu einem bestimmten Termin (europäische Option) zu erwerben (Kaufoption) oder zu veräußern (Verkaufsoption).[207] Analog weisen auch Realoptionen die Eigenschaften eines bedingten Termingeschäfts auf.[208] Sie räumen ihrem Inhaber das Recht, aber nicht die Pflicht ein, durch zukünftige Entscheidungen und Handlungen ein Projekt zu starten oder dessen Verlauf zu verändern.[209] Das Basisinstrument ist dabei kein Wertpapier, sondern der Wert des Investitionsprojektes als diskontierter Erwartungswert der zukünftigen Zahlungsströme.[210] Die Höhe des Ausübungspreises ist abhängig von der vorgenommenen Handlung.[211] Im Fall einer Kaufoption wird der Ausübungspreis zum Beispiel durch eine zu tätigende Investition und im Fall einer Verkaufsoption etwa durch einen Ab-

205 Vgl. z.B. Laux/ Gillenkirchen/ Schenk-Mathes (2014), S. 269-272; Laux (2006), S. 32 f.

206 Vgl. z.B. Tong/ Reuer (2007), S. 5; Schwartz/ Trigeorgis (2001), S. 6 und siehe Myers (1977). Für einen kurzen Überblick über die Historie und Entwicklung der Realoptionstheorie siehe Trigeorgis (1993b), S. 203-208. Die in der Literatur betrachteten Anwendungsgebiete der Realoptionstheorie, wie etwa die Erschließung natürlicher Ressourcen, Forschungs- und Entwicklungsprojekte, Venture Capital Aktivitäten oder Personalentscheidungen sind vielfältig (siehe für einen zusammenfassenden Überblick der Anwendungsgebiete und der entsprechenden Literaturquellen z.B. Hilpisch (2006), S. 76-86; Amram/ Kulatilaka (1999), S. 141-186; Lander/ Pinches (1998), S. 539; Trigeorgis (1996), S. 341-365; Dixit/ Pindyck (1994), S. 394-412; Trigeorgis (1993b), S. 208 f.).

207 Vgl. z.B. Brealey/ Myers/ Allen (2014), S. 513; Li et al. (2007), S. 35.

208 Für einen kurzen Überblick über zentrale Unterschiede zwischen Finanz- und Realoptionen, wie etwa die mangelnde Exklusivität und Handelbarkeit von Realoptionen, siehe z.B. Yeo/ Qiu (2003), S. 247; Witt (2003), S. 134-139; Rocke (2003), S. 128-130; Meise (1998), S. 53 f.; Trigeorgis (1996), S. 128 f.

209 Vgl. ähnlich Chulkov/ Desai (2008), S. 328 f.; Li et al. (2007), S. 35; Janney/ Dess (2004), S. 61; Amram/ Kulatilaka (1999), S. 6; Panayi/ Trigeorgis (1998), S. 675.

210 Vgl. z.B. Tong/ Reuer (2007), S. 5; Trigeorgis (1996), S. 124, 151; Dixit/ Pindyck (1995), S. 110.

211 Siehe für einen Überblick über die Ausübungspreise verschiedener Realoptionstypen z.B. Peske (2002), S. 72.

bruchwert repräsentiert.[212] Dabei ist sowohl ein fixer Ausübungszeitpunkt als auch ein Ausübungszeitraum für Realoptionen denkbar, wobei die Mehrzahl der Realoptionen wohl vom amerikanischen Typ ist.[213]

Ausgeübt wird eine Realoption, wenn neue Informationen zur Unsicherheitsreduktion beitragen oder auch nur eine erneute Entscheidung erfordern und gleichzeitig die endogenen oder exogenen Signale eine Anpassung des Projektverlaufs für den Optionsinhaber vorteilhaft erscheinen lassen.[214] In Analogie zu Finanzoptionen spekuliert damit auch der Inhaber einer Realoption auf eine für ihn positive Entwicklung des Basisinstrumentes und wird die Option nur ausüben, wenn der innere Wert der Option positiv ist, diese sich somit im Geld befindet, und gleichzeitig mögliche Transaktionskosten durch den inneren Wert überkompensiert werden.[215] Vom inneren Wert einer Option ist ihr Gesamtwert, ausgedrückt durch den Optionspreis, zu unterscheiden. Während der Optionslaufzeit wird der Marktpreis einer Option durch die Summe aus innerem Wert und Zeitwert bestimmt.[216] Der Zeitwert spiegelt dabei die Möglichkeit zukünftiger Marktpreisänderungen des Basisinstrumentes wider, die anhand der Verteilungsfunktion der vergangenen Marktpreise prognostiziert werden.[217]

Für die Bestimmung des Marktpreises von Finanzoptionen existieren verschiedene analytische und numerische Bewertungsverfahren.[218] Als prominenteste Vertreter der beiden Verfahrensklassen gelten das analytische Optionspreismodell von Black und Scholes (1973) und der

---

[212] Der Abbruchwert resultiert aus dem Abbruch des Projektes und entweder der Liquidation der mit dem Projekt verbundenen Vermögensgegenstände oder dem Wert der besten alternativen Verwendung (vgl. Trigeorgis (1993b), S. 211 f.; Myers/ Majd (1990), S. 2).

[213] Vgl. Laux (2006), S. 378; Hilpisch (2006), S. 100; Schwartz/ Trigeorgis (2001), S. 5.

[214] Vgl. Denison/ Farrell/ Jackson (2012), S. 593; Chulkov/ Desai (2008), S. 329; Janney/ Dess (2004), S. 61; Dixit/ Pindyck (1995), S. 110.

[215] Vgl. z.B. Hull (2015), S. 283 f.; Trigeorgis (1996), S. 124. Der innere Wert einer Option ist definiert als das Maximum aus null und dem Wert der Option bei unmittelbarer Ausübung.

[216] Eine amerikanische Option wird aufgrund ihrer kontinuierlichen Ausübbarkeit bis zu ihrem Verfallstag stets einen Mindestwert in Höhe ihres inneren Wertes aufweisen (vgl. z.B. Hull (2015), S. 284 f.; Rudolph/ Schäfer (2010), S. 245). Aufgrund des fixen Ausübungszeitpunktes einer europäischen Option ist ein für diese positiver innerer Wert auch nur zum Ende der Optionslaufzeit realisierbar. Der innere Wert kann aber dennoch, unter Berücksichtigung eines diskontierten Ausübungspreises, als theoretische Wertuntergrenze betrachtet werden (vgl. Steiner/ Bruns/ Stöckl (2012), S. 317 f.).

[217] Vgl. z.B. Brealey/ Myers/ Allen (2014), S. 524 f.; Rudolph/ Schäfer (2010), S. 240. Am Verfallstag ist der Zeitwert jeder Option damit null und ihr Wert entspricht ihrem inneren Wert. Für europäische Optionen und amerikanische Kaufoptionen nimmt der Zeitwert während der Optionslaufzeit stetig ab, bis er am Verfallstag auf null fällt (vgl. Steiner/ Bruns/ Stöckl (2012), S. 316 f. und implizit Cox/ Ross/ Rubinstein (1979), S. 238, 240). Amerikanische Verkaufsoptionen können aufgrund des stetigen Ausübungsrechts auch während der Optionslaufzeit implizit einen Zeitwert von null oder gar niedriger aufweisen, wenn der innere Wert den aktuellen Optionspreis übersteigt (vgl. implizit Cox/ Ross/ Rubinstein (1979), S. 260 und siehe auch Fußnote 233).

[218] Siehe für einen Überblick z.B. Baecker/ Hommel/ Lehmann (2003), S. 26.

numerische Binomialansatz von Cox, Ross und Rubinstein (1979).[219] Beide Modelle basieren auf dem Time-State-Preference-Ansatz,[220] indem sie auf einem vollkommenen und vollständigen Markt[221] die Abwesenheit von Arbitragemöglichkeiten unterstellen und unter Einführung eines risikofreien Hedge-Portfolios[222] sowie eines Duplikationsportfolios[223] das Prinzip der risikoneutralen Bewertung nutzen.[224] Sie unterscheiden sich aber hinsichtlich ihrer Annahme über den stochastischen Prozess des Wertes des Basisinstrumentes. Black und Scholes modellieren die Wertentwicklung des Basisinstrumentes mit einer geometrischen Brown'schen Bewegung[225] als einen zeitstetigen stochastischen Prozess und mithin den Wert des Basisinstrumentes als logarithmisch normalverteilte Zufallsvariable.[226] Cox, Ross und Rubinstein gehen hingegen von einem zeitdiskreten Entscheidungsproblem aus und nehmen gleichzeitig durch die Annahme einer multiplikativen Binomialverteilung[227] eine Diskretisie-

---

[219] Vgl. z.B. Steiner/ Bruns/ Stöckl (2012), S. 315; Hommel (1999), S. 26 und siehe für den Ursprung der beiden Ansätze Black/ Scholes (1973) und Cox/ Ross/ Rubinstein (1979). Die Bewertungsansätze wurden in der Literatur schon umfassend dargestellt und diskutiert. Daher sollen sie im Folgenden nur kurz und insbesondere hinsichtlich ihrer zentralen Unterschiede und Anwendungshorizonte vorgestellt werden.

[220] Der Begriff des Time-State-Preference-Ansatzes geht auf Myers (1968) zurück und bezeichnet ein allgemeines Bewertungskonzept für mehrperiodische Zahlungsströme am Kapitalmarkt. Unter der Annahme vollkommener und vollständiger Märkte (siehe Fußnote 221 für eine Definition) sowie Arbitragefreiheit basiert der Ansatz auf der eindeutigen Bewertbarkeit sämtlicher zustandsabhängiger, zukünftiger Zahlungsansprüche. Hierzu werden Preise für Wertpapiere durch Duplikationsportfolios mit gegebenen Preisen für zustandsbedingte Zahlungsansprüche hergeleitet. Zudem kann durch die Kombination von Finanzoptionen und den ihnen zugrundeliegenden Basisinstrumenten ein risikoloses Portfolio konstruiert werden, dessen Rendite mit dem Zinssatz für risikolose Geldanalagen übereinstimmen muss (vgl. hierzu und für weitergehende Erläuterungen z.B. Laux/ Gillenkirchen/ Schenk-Mathes (2014), S. 398-401, 465 f.; Kruschwitz (2014), S. 395-405; Fischer/ Hahnenstein/ Heitzer (1999), S. 1219-1221).

[221] Vgl. für diese Prämisse z.B. Lander/ Pinches (1998), S. 550; Cox/ Ross/ Rubinstein (1979), S. 240; Black/ Scholes (1973), S. 641. „Ein Kapitalmarkt heißt vollständig, wenn es gelingt, für jeden möglichen Zustand einen reinen zustandsbedingten Anspruch (Pure-State-Claim oder auch Arrow-Debreu-Security genannt) zu bilden. Ein solcher reiner zustandsbedingter Anspruch ist ein Portefeuille, das nur in diesem Zustand den Wert EUR 1 hat und in allen anderen Zuständen den Wert EUR 0. Existieren derartige Ansprüche, dann lässt sich durch (Linear-)Kombination jeder beliebige Zahlungsstrom nachbilden." (Dangl/ Kopel (2003), S. 45). Siehe für eine ausführliche Erläuterung auch Kruschwitz (2014), S. 395-405; Laux/ Gillenkirchen/ Schenk-Mathes (2014), S. 390-397. Für die Eigenschaften eines vollkommenen Kapitalmarktes siehe z.B. Laux/ Gillenkirchen/ Schenk-Mathes (2014), S. 389 f.

[222] Das risikofreie Hedge-Portfolio wird derart aus einer Option und deren Basisinstrument konstruiert, dass bei jedweder Entwicklung des Kurses des Basisinstrumentes ein identischer, sicherer Zahlungsanspruch entsteht.

[223] Das Duplikationsportfolio wird derart aus dem Basisinstrument und einer Kreditaufnahme zum risikolosen Zinssatz konstruiert, dass bei jedweder Entwicklung des Kurses des Basisinstrumentes der Zahlungsanspruch aus der Option repliziert wird.

[224] Vgl. Cox/ Ross/ Rubinstein (1979), S. 231-236; Black/ Scholes (1973), S. 640-645 und siehe zur Bildung des Hedge- sowie Duplikationsportfolios und zum Prinzip der risikoneutralen Bewertung im Rahmen der Optionsbewertung z.B. Hull (2015), S. 300-306; Brealey/ Myers/ Allen (2014), S. 537 f.; Copeland/ Antikarov (2001), S. 90-106, 110; Hommel/ Lehmann (2001), S. 121 f.; Meise (1998), S. 60-64.

[225] Für eine Einführung in stochastische Prozesse, insbesondere die geometrische Brown'sche Bewegung, siehe Dixit/ Pindyck (1994), S. 60-74.

[226] Vgl. Black/ Scholes (1973), S. 640.

[227] Eine multiplikative Binomialverteilung resultiert aus der Annahme, dass der Wert eines Basisinstrumentes in diskreten und zeitäquidistanten Abständen mit einer Wahrscheinlichkeit p einer Aufwärtsbewegung um den konstanten Faktor u folgt und mit einer Gegenwahrscheinlichkeit von 1-p einer Abwärtsbewegung um den

rung der Zufallsvariable, die den zukünftigen Wert des Basisinstrumentes widerspiegelt, vor.[228] Dabei konvergiert das Bewertungsergebnis des Binomialmodells gegen jenes des Black-Scholes-Modells, wenn die Häufigkeit der Wertveränderungen des Basisinstrumentes während der Optionslaufzeit erhöht wird und gegen Unendlich strebt.[229] Für die Approximation des zeitstetigen Modells sind jedoch die Faktoren für die Auf- und Abwärtsbewegungen der Binomialverteilung aus der Volatilität des Basisinstrumentes herzuleiten.[230]

Gemein ist den Bewertungsansätzen wiederum, dass die geschlossenen Optionspreisformeln zunächst nur einen Marktpreis für europäische Optionen auf annahmegemäß dividendenlose Basisinstrumente angeben können.[231] Bei einer Abstraktion von Dividendenzahlungen aus dem Basisinstrument erlaubt jedoch die Feststellung, dass eine amerikanische Kaufoption niemals weniger wert ist als eine europäische Kaufoption und zudem nicht vor Ablauf der Optionslaufzeit ausgeübt werden sollte, die Gleichsetzung des Wertes der beiden Optionsarten.[232] Im Fall einer amerikanischen Verkaufsoption führt aber die vorzeitige Ausübbarkeit sehr wohl zu einer Werterhöhung, da für bestimmte Werte des Basisinstrumentes, im Extremfall für einen Wert von null, eine vorzeitige Ausübung dem Halten oder dem Verkauf der Option überlegen ist.[233] Das Black-Scholes-Modell trägt für diese Optionsart lediglich zur Approximation des Optionspreises bei, da dieser mindestens das Maximum aus dem Black-

reziproken Faktor d=1/u folgt. Dabei ist die Wahrscheinlichkeit p als implizite risikoneutrale Wahrscheinlichkeit oder auch Pseudowahrscheinlichkeit zu interpretieren und kann mit der allgemeinen Formel $p=(r_{rf}-d)/(u-d)$ berechnet werden (vgl. hierzu und zu einer ausführlichen Erläuterung z.B. Hull (2015), S. 302 f.; Kruschwitz (2014), S. 401-403; Mangold (2013), S. 27; Meise (1998), S. 64-66; Cox/ Ross/ Rubinstein (1979), S. 234).

228 Vgl. Cox/ Ross/ Rubinstein (1979), S. 232.

229 Vgl. Brealey/ Myers/ Allen (2014), S. 544; Kruschwitz (2014), S. 418-420; Steiner/ Bruns/ Stöckl (2012), S. 317; Schulmerich (2003), S. 79; Copeland/ Antikarov (2001), S. 205-208; Meise (1998), S. 71; Cox/ Ross/ Rubinstein (1979), S. 251. Bei Unterteilung der Optionslaufzeit in unendlich viele Perioden wird eine zeitstetige Modellierung erzeugt und die multiplikative Binomialverteilung in eine logarithmische Normalverteilung überführt (vgl. Cox/ Ross/ Rubinstein (1979), S. 251). Das Ergebnis des Black-Scholes-Modells wird somit als Grenzfall im Binomialmodell inkludiert.

230 Vgl. hierzu und für die konkrete Herleitung der Faktoren z.B. Hull (2015), S. 363-365; Brealey/ Myers/ Allen (2014), S. 534 f.; Kruschwitz (2014), S. 418; Cox/ Ross/ Rubinstein (1979), S. 258.

231 Vgl. Cox/ Ross/ Rubinstein (1979), S. 234, 238, 240; Black/ Scholes (1973), S. 640.

232 Vgl. z.B. Steiner/ Bruns/ Stöckl (2012), S. 319, 352; Franke/ Hax (2009), S. 392; Trigeorgis (1996), S. 78 f.; Cox/ Ross/ Rubinstein (1979), S. 238, 240; Black/ Scholes (1973), S. 646; Merton (1973), S. 144.

233 Fällt der Wert des Basisinstrumentes auf null, so entspricht der innere Wert der Verkaufsoption genau dem Ausübungspreis. Da keine negativen Preise für Wertpapiere auf dem Kapitalmarkt möglich sind, erreicht eine Verkaufsoption damit ihren maximalen Wert. Eine sofortige Ausübung ist insofern effizient, da selbst bei einem konstanten Minimalwert des Basisinstrumentes aus einer verzögerten Ausübung ein Zinsverlust resultiert. Der innere Wert der Option übersteigt somit spätestens in diesem Extremfall den rechnerischen Optionspreis (vgl. z.B. Steiner/ Bruns/ Stöckl (2012), S. 339; Franke/ Hax (2009), S. 392; Cox/ Ross/ Rubinstein (1979), S. 260). Daher ist auch der Wert einer amerikanischen Verkaufsoption höher als der Wert einer ansonsten identisch ausgestatteten europäischen Verkaufsoption (vgl. z.B. Franke/ Hax (2009), S. 392; Black/ Scholes (1973), S. 647; Merton (1973), S. 158).

Scholes-Preis für eine europäische Verkaufsoption und dem inneren Wert annimmt.[234] Der Binomialansatz erlaubt in diesem Fall zwar keine formelbasierte Lösung des Bewertungsproblems, aber durch eine vollständige Enumeration die rekursive Bestimmung des Verkaufsoptionspreises.[235] Diese Vorgehensweise ermöglicht auch dann die Bestimmung von Optionspreisen, wenn Dividenden berücksichtigt werden sollen.[236] Zur Erfassung von Dividenden bedarf es im Black-Scholes-Modell hingegen einer Anpassung der Bewertungsformel. Hierzu wurde von Merton (1976) eine Lösung für europäische Optionen bei stetiger Dividendenausschüttung vorgeschlagen und von Roll (1977), Geske (1979a) und Whaley (1981) eine Bewertungsformel für amerikanische Optionen entwickelt, die jedoch eine einmalige bekannte Dividendenzahlung im Ausübungszeitraum voraussetzt.[237]

Für die quantitative Bewertung von Realoptionen können grundsätzlich die gleichen Bewertungsverfahren herangezogen werden wie für Finanzoptionen.[238] Obwohl dabei zu berücksichtigen ist, dass erstere vorrangig vom amerikanischen Typ sind und der Einsatz der vorgestellten Bewertungsansätze in diesem Fall für Verkaufsoptionen entsprechend eingeschränkt ist,[239] sollte doch eine approximative Bewertung einer völligen Ignoranz von Handlungsflexibilität[240] vorgezogen werden.[241] Denn die Realoptionsbewertung berücksichtigt gerade, dass im Anschluss an eine Initialinvestition meist weitere Entscheidungen darüber, ob und wie ein Projekt fortgeführt wird, möglich sind. Dementsprechend folgt sie grundsätzlich dem Prinzip

---

[234] Vgl. ähnlich Steiner/ Bruns/ Stöckl (2012), S. 339; Hilpisch (2006), S. 101.

[235] Vgl. Cox/ Ross/ Rubinstein (1979), S. 260.

[236] Vgl. Cox/ Ross/ Rubinstein (1979), S. 255-258.

[237] Siehe Whaley (1981); Geske (1979a); Roll (1977); Merton (1976).

[238] Vgl. z.B. Hilpisch (2006), S. 93; Hommel/ Lehmann (2001), S. 121, 124-126; Amram/ Kulatilaka (1999), S. 109; Trigeorgis (1996), S. 16 f.; Trigeorgis/ Mason (1987), S. 16 f.; Mason/ Merton (1985), S. 7 f. Beispielhafte Anwendungen der Bewertungsansätze auf Realoptionen sind in der Literatur vielfach zu finden (siehe z.B. Brealey/ Myers/ Allen (2014), S. 566-577; Mangold (2013), S. 56-60; Schulmerich (2003), S. 73-79; Trigeorgis (1996), S. 155-184, 208-213). In der Praxis werden zur Realoptionsbewertung zumeist der Binomialansatz, weniger häufig Monte Carlo Simulationen und sehr selten analytische Lösungen wie die von Black und Scholes genutzt (vgl. Block (2007), S. 260; Triantis/ Borison (2001), S. 14; Schwartz/ Trigeorgis (2001), S. 4). Die theoretischen und praktischen Limitationen einer Übertragung der Konzepte auf Realoptionen sind in der Literatur bereits umfassend dargestellt und diskutiert worden (siehe z.B. Mangold (2013), S. 61-65; Adner/ Levinthal (2004a), S. 76-78; Bowman/ Moskowitz (2001), S. 774-776; Meise (1998), S. 82-89; Lander/ Pinches (1998), S. 547-552; Trigeorgis (1996), S. 127-129). Daher wird an dieser Stelle auf eine Ausführung verzichtet.

[239] Neben den Bewertungsansätzen von Black und Scholes sowie Cox, Ross und Rubinstein existieren aber sehr wohl Simulationsmethoden, etwa die Monte Carlo Simulation von Longstaff/ Schwartz (2001), welche den Ansatz der kleinsten Quadrate nutzen, um amerikanische Verkaufsoptionen zu bewerten (vgl. Hull (2015), S. 786-789; Schwartz/ Trigeorgis (2001), S. 4).

[240] In der Literatur ist keine einheitliche Flexibilitätsdefinition zu finden (vgl. z.B. Burmann (2006), S. 1821 f.; Golden/ Powell (2000), S. 376). In dieser Arbeit soll Flexibilität als Anpassungsfähigkeit bei veränderten internen oder externen Situationsbedingungen verstanden werden (vgl. Burmann (2006), S. 1822; Golden/ Powell (2000), S. 373).

[241] Vgl. Luehrman (1998), S. 51.

flexibler Planung, gemäß welchem für den zukünftigen Verlauf eines Investitionsprojektes nur bedingte Pläne erstellt werden,[242] und weist einen wesentlichen Unterschied zu traditionellen Bewertungsmethoden auf Basis diskontierter Zahlungsströme auf. So folgt etwa die Kapitalwertmethode bei der Bestimmung eines passiven Kapitalwertes dem Prinzip der starren Planung. Dabei wird für verschiedene potentielle Umweltentwicklungen eine einheitliche Entscheidungsfolge festgelegt. Auf diese Weise wird implizit und realitätsfern eine Passivität des Projektmanagers nach der Initialentscheidung und damit ein unbedingtes Commitment gegenüber einem bestimmten vorgezeichneten Projektverlauf unterstellt.[243] Diese Missachtung einer möglichen Handlungsflexibilität ist Anlass zur Kritik an der Kapitalwertmethode durch Wissenschaftler sowie Praktiker und führt zu der Idee einer Erweiterung des passiven Kapitalwertes um einen Flexibilitätsgedanken durch Realoptionen.[244] Dementsprechend ist der sogenannte erweiterte oder strategische Kapitalwert als Summe aus einem passiven Kapitalwert und dem Wert der flexiblen Ausschöpfung von Handlungsspielräumen definiert.[245] Die Differenz aus strategischem und passivem Kapitalwert ist folglich auf den Wert der im Investitionsprojekt enthaltenen Realoptionen zurückzuführen.[246] Die Realoptionsmethode stellt damit eine Ergänzung der Kapitalwertmethode dar, aber kann und soll diese nicht vollständig verdrängen.[247]

Auch wenn die Realoptionsmethode bis dato im Vergleich zur Kapitalwertmethode noch selten in der Bewertungspraxis von Unternehmen Anwendung findet,[248] wird der Wert von Fle-

---

[242] Siehe zum Prinzip flexibler Planung und einem Vergleich mit dem Konzept der starren Planung z.B. Laux/ Gillenkirchen/ Schenk-Mathes (2014), S. 269, 274-276, 289 f.

[243] Vgl. Hilpisch (2006), S. 59; Baecker/ Hommel/ Lehmann (2003), S. 22; Feinstein/ Lander (2002), S. 418; Chance/ Peterson (2002), S. 17; Lander/ Pinches (1998), S. 538; Trigeorgis (1996), S. 121, 152; Ross (1995), S. 97; Trigeorgis (1993b), S. 202.

[244] Vgl. z.B. Tong/ Reuer (2007), S. 6 f.; Meise (1998), S. 46; Trigeorgis (1993b), S. 202.

[245] Vgl. z.B. Denison/ Farrell/ Jackson (2012), S. 593; Trigeorgis (2005), S. 32; Chance/ Peterson (2002), S. 8 f.; Meise (1998), S. 46; Trigeorgis (1988), S. 148; Trigeorgis/ Mason (1987), S. 15. Diese additive Verknüpfung erinnert an den inneren Wert und den Zeitwert als Komponenten eines Optionspreises.

[246] Für eine vereinfachte Beispielrechnung zum passiven und erweiterten Kapitalwert sowie dem daraus abgeleiteten Wert der Realoptionskomponente eines Investitionsprojektes siehe Trigeorgis (1996), S. 153-168.

[247] Zum einen behält der passive Kapitalwert als Element des strategischen Kapitalwertes seine Bedeutung. Zum anderen erfordert auch die Ermittlung des aktuellen Wertes des Basisinstrumentes die Berechnung eines Kapitalwertes als Näherungswert, sofern kein Marktpreis beobachtbar ist (vgl. McDonald (2006), S. 33; Luehrman (1998), S. 53; Kemna (1993), S. 269).

[248] So zeigen etwa die Ergebnisse von Graham/ Harvey (2001), dass 74,93% der befragten Unternehmen die Kapitalwertmethode für Investitionsentscheidungen heranziehen, aber nur 26,59% die Realoptionsmethode verwenden (vgl. Graham/ Harvey (2001), S. 198). Siehe für einen Überblick über Ergebnisse weiterer Studien Rigopoulos (2015). Für mögliche Gründe einer seltenen Nutzung der Realoptionsmethode, wie etwa mangelnde Kenntnisse der Entscheidungsträger oder die Komplexität der Bewertungsmethoden, siehe z.B. Denison/ Farrell/ Jackson (2012), S. 591, 601-606; Ford/ Garvin (2010), S. 55-57; Block (2007), S. 261-264; Triantis (2005), S. 11-15; Lander/ Pinches (1998), S. 542-552.

xibilität, und damit von Realoptionen, grundsätzlich von Praktikern erkannt.[249] Ihr Wert liegt dabei insbesondere in der Unsicherheit der Zahlungsströme aus Investitionsprojekten begründet.[250] Die Anwendung des Realoptionsansatzes auf ein Entscheidungsproblem wird folglich immer dann empfohlen, wenn ein Investitionsprojekt insbesondere die Merkmale der Flexibilität und Unsicherheit aufweist.[251] Unter Realoptionsbetrachtung stellt diese Unsicherheit keine grundsätzlich negative Eigenschaft von Projekten dar. Nicht nur eine negative Abweichung von relevanten erwarteten Zahlungsströmen ist möglich, sondern auch eine positive Abweichung von eben diesen. Ist die Projektsituation dann annahmegemäß durch eine fortlaufende Flexibilität gekennzeichnet, fungiert diese als Schutz bei Verschlechterungen der Zahlungsströme.[252]

Zur Darstellung unternehmerischer Unsicherheiten bei gleichzeitiger Handlungsflexibilität in sequentiellen Entscheidungsproblemen eignen sich auch Entscheidungsbäume.[253] Die Entscheidungsbaumanalyse ist somit ebenfalls ein Instrument der flexiblen Planung und erfüllt ebenso wie die Realoptionsmethode den Zweck, Handlungsspielräume in der Investitionsbewertung zu berücksichtigen. Jedoch vermag die Anwendung der Realoptionsmethode im Vergleich zur Entscheidungsbaumanalyse zuweilen Vorteile zu haben und einen zusätzlichen Nutzen zu erbringen. Dies wird in einer kurzen vergleichenden Betrachtung beider Instrumente der flexiblen Planung deutlich und rechtfertigt eine Konzentration auf den Realoptionsansatz im Rahmen dieser Untersuchung.

b) Zusätzlicher Nutzen des Realoptionsansatzes als Instrument der flexiblen Investitionsplanung

Erfüllt ein Investitionsprojekt kumulativ die Merkmale der Unsicherheit und Flexibilität, so ist für dessen Bewertung die Anwendung der Realoptionsmethode gegenüber der Bestim-

---

[249] Vgl. McDonald (2006), S. 35-37; Tiwana/ Keil/ Fichman (2006), S. 379; Benaroch/ Lichtenstein/ Robinson (2006), S. 853; Hommel/ Lehmann (2001), S. 114; Vollrath (2001), S. 45; Busby/ Pitts (1997), S. 170, 181; Howell/ Jägle (1997), S. 929.

[250] Vgl. z.B. Driouchi/ Bennett (2012), S. 52; Amram/ Howe (2002), S. 12; Hommel/ Pritsch (1999), S. 131; Amram/ Kulatilaka (1999), S. 21; Trigeorgis (1993b), S. 202. Für eine Darstellung von Projektunsicherheiten, die jeweils einen Einfluss auf die Ein- und Auszahlungen eines Projektes haben können, siehe z.B. Friedl (2003), S. 381 f.

[251] Vgl. z.B. Baecker/ Hommel/ Lehmann (2003), S. 17; Hommel/ Lehmann (2001), S. 120.

[252] Vgl. z.B. Driouchi/ Bennett (2012), S. 43; Trigeorgis (2005), S. 26; Pritsch/ Weber (2001), S. 25; Amram/ Kulatilaka (1999), S. 21; Bowman/ Hurry (1993), S. 765.

[253] Vgl. Hommel/ Lehmann (2001), S. 119 und siehe für eine Einführung in die Entscheidungsbaumanalyse z.B. Kruschwitz (2014), S. 336-342; Laux/ Gillenkirchen/ Schenk-Mathes (2014), S. 276-279; Eisenführ/ Weber/ Langer (2010), S. 48-53; Laux (1971), S. 39-44; Wilson (1969), S. B-650-B-652; Magee (1964), S. 79-96.

mung eines passiven Kapitalwertes vorzuziehen. Denn die Realoptionsmethode berücksichtigt stets die Handlungsmöglichkeiten, die einem Entscheidungsträger im Verlaufe eines mit Unsicherheit behafteten Investitionsprojektes zur Verfügung stehen. Im Sinne der flexiblen Planung erfasst die Realoptionsmethode also nicht nur gegenwärtige Entscheidungsalternativen sowie deren, von Umweltentwicklungen abhängige, Ergebnisse, sondern darüber hinaus zukünftige zustandsbedingte Handlungsoptionen und deren Konsequenzen. Damit legt die Realoptionsmethode ein um weitere Elemente ergänztes Entscheidungsmodell zugrunde.[254] Diese zusätzlichen Elemente ermöglichen eine informativere Lösung des Entscheidungsproblems.[255] Zunächst ist diese informativere Lösung vergleichbar mit dem Ergebnis einer Entscheidungsbaumanalyse.[256] Bei diesem Bewertungsinstrument wird ein ähnliches Entscheidungsmodell herangezogen, mit welchem gleichermaßen informatorische Anforderungen zur Berücksichtigung der Flexibilität des Entscheidungsträgers einhergehen.[257] Für die Berechnung eines Investitionsprojektwertes mithilfe der Informationen aus einem Entscheidungsbaum kann sodann die Kapitalwertmethode genutzt werden. Dabei sind aber die dem Projekt innewohnenden Handlungsspielräume in die Feststellung zukünftiger Erwartungswerte von Zahlungsströmen einzubeziehen.[258] Unter Beachtung der Informationen aus einem Entscheidungsbaum vermag also die Kapitalwertmethode zur Bestimmung des Wertes von Handlungsflexibilität beizutragen.[259]

Im direkten Vergleich der Realoptionsmethode und der Entscheidungsbaumanalyse wird aber häufig erstere als überlegen angesehen.[260] Dabei kann ein Entscheidungsbaum zwar auch im Rahmen der Realoptionsbewertung für eine Strukturierung der mit dem Investitionsprojekt

---

[254] Als Basiselemente eines Entscheidungsmodells gelten im Allgemeinen die Entscheidungsregel sowie das Entscheidungsfeld, welches wiederum die gegenwärtigen Handlungsalternativen, deren Ergebnisse und mögliche künftige Umweltzustände umfasst (siehe für eine ausführliche Beschreibung z.B. Laux/ Gillenkirchen/ Schenk-Mathes (2014), S. 30-37).

[255] Vgl. Schirmeister (1981), S. 34.

[256] Für ausführliche Beispielrechnungen siehe z.B. Bonduelle/ Schmoldt/ Scholich (2003), S. 6-9; Schulmerich (2003), S. 69-72. Lander/ Pinches (1998) treffen die Aussage, dass die Entscheidungsbaumanalyse und die Realoptionsbewertung in den meisten Fällen zur selben optimalen Handlungsstrategie führen, auch wenn die konkreten berechneten Projektwerte voneinander abweichen (vgl. Lander/ Pinches (1998), S. 554). Diese Angabe basiert jedoch allein auf subjektiven Erfahrungen. Für eine Untersuchung der Beziehung von Entscheidungsbaumanalyse und optionspreistheoretischer Bewertung von Investitionen siehe z.B. Knudsen/ Meister/ Zervos (1999); Fischer/ Hahnenstein/ Heitzer (1999).

[257] Vgl. Bonduelle/ Schmoldt/ Scholich (2003), S. 6; Schulmerich (2003), S. 69; Hommel/ Pritsch (1999), S. 128; Lander/ Pinches (1998), S. 553; Trigeorgis (1996), S. 155.

[258] Diese Erwartungswerte sind dann von jenen in der Berechnung eines passiven Kapitalwertes verschieden, wenn in einem potentiellen zukünftigen Umweltzustand die Ausübung einer Handlungsoption zu einer Verbesserung des Zahlungsstroms führt.

[259] Vgl. Block (2007), S. 256; Schulmerich (2003), S. 73; Trigeorgis (1996), S. 155.

[260] Vgl. Trigeorgis/ Mason (1987), S. 15.

verbundenen Handlungsoptionen dienlich sein,[261] als konkretem Bewertungsinstrument werden der Entscheidungsbaumanalyse aber häufig zwei zentrale Schwächen unterstellt. Die erste vermeintliche Schwäche liegt in der Wahl eines korrekten Kapitalkostensatzes zur Diskontierung der Erwartungswerte begründet.[262] Denn einerseits wäre die Verwendung eines einheitlichen Diskontierungsfaktors für die Erwartungswerte aller Handlungsstränge des Entscheidungsbaumes unangemessen, weil die Ausnutzung von Handlungsspielräumen auch die Risikostruktur eines Investitionsprojektes verändert.[263] Andererseits könnte beanstandet werden, dass die grundsätzliche Herausforderung zur Bestimmung eines risikoangepassten Zinssatzes vervielfacht wird, wenn ein solcher für jeden einzelnen Handlungsstrang festgelegt werden soll. Die Optionspreistheorie verlangt hingegen durch Anwendung des Prinzips der risikoneutralen Bewertung nicht nach der Bestimmung eines adäquaten Kapitalkostensatzes, sondern nutzt den risikolosen Zinssatz als einheitlichen Diskontierungsfaktor. Dieser scheinbare Nachteil der Entscheidungsbaumanalyse wird aber dann aufgelöst, wenn die Annahme der Realoptionstheorie über einen vollständigen Markt für beide Bewertungsformen zugrunde gelegt wird. In diesem Fall kann auch im Rahmen der Entscheidungsbaumanalyse mithilfe eines Duplikationsportfolios der richtige risikoangepasste Zinsfuß für jede Handlungsstrategie relativ einfach rekursiv bestimmt werden.[264] Beide Bewertungsverfahren führen also unter der Prämisse eines vollständigen Marktes zum gleichen Ergebnis und entsprechend zur gleichen Handlungsstrategie, womit kein konzeptioneller Vorteil der Realoptionsmethode besteht.[265]

---

[261] Vgl. Lander/ Pinches (1998), S. 553; Kemna (1993), S. 269.

[262] Vgl. hierzu und im Folgenden z.B. Brealey/ Myers/ Allen (2014), S. 544 f.; Müller (2004), S. 101; Friedl (2003), S. 382 f.; Baecker/ Hommel/ Lehmann (2003), S. 21; Hommel/ Lehmann (2001), S. 118; Copeland/ Koller/ Murrin (2000), S. 409 f.; Lander/ Pinches (1998), S. 553; Trigeorgis (1996), S. 152, 155; Smith/ Nau (1995), S. 800; Hodder/ Riggs (1985), S. 131-134.

[263] Die Verwendung eines einheitlichen Zinssatzes ist ceteris paribus nur dann angemessen, wenn die unsicheren Zahlungen durch ihre Sicherheitsäquivalente ersetzt werden. Als Diskontierungsfaktor kann dann der risikolose Zinssatz gewählt werden. Hierbei besteht die Herausforderung aber in der Bestimmung der subjektiven Risikonutzenfunktion des Entscheidungsträgers, aus der die Sicherheitsäquivalente abzuleiten sind (vgl. Ballwieser (2002), S. 188; Smith/ Nau (1995), S. 800-802). Friedl (2003) betont zwei Spezialfälle, die die Verwendung eines einheitlichen Zinssatzes erlauben. Zum einen kann unter der Annahme eines risikoneutralen Entscheidungsträgers der risikolose Zinssatz zur Diskontierung herangezogen werden, weil in diesem Fall die Sicherheitsäquivalente den Erwartungswerten der unsicheren Zahlungen entsprechen. Zum anderen wird das projektspezifische Risiko in der Modellwelt des Capital-Asset-Pricing-Models von einem zwar risikoscheuen, aber vollständig diversifizierten Investor eliminiert, womit ein einzelner Kapitalkostensatz für den gesamten Entscheidungsbaum angemessen ist (vgl. Friedl (2003), S. 383).

[264] Vgl. Ballwieser (2002), S. 188 in Verbindung mit Tomaszewski (2000), S. 191; Nippel (1994), S. 150.

[265] Vgl. Dangl/ Kopel (2003), S. 51-56; Friedl (2003), S. 384; Ballwieser (2002), S. 197; Smith/ Nau (1995), S. 802. Smith/ Nau (1995) zeigen, dass bei vollständigem Markt eine Entscheidungsbaumanalyse auf Basis von Sicherheitsäquivalenten und die Realoptionsmethode zu identischen Ergebnissen führen (vgl. Smith/ Nau (1995), S. 802). Für unvollständige Märkte stellen sie fest, dass die Realoptionsmethode ein Intervall für den Projektwert sowie ein Set dominanter Handlungsstrategien angibt und das Ergebnis der Entscheidungsbaumanalyse innerhalb dieser Grenzen liegt (vgl. Smith/ Nau (1995), S. 805). Auch Fischer/ Hahnenstein/ Heitzer (1999) zeigen unter der Prämisse eines vollständigen Marktes die Ergebnisidentität beider Bewertungspara-

Die Ergebnisidentität beruht dann auf der formalen Zurückführbarkeit beider Ansätze auf den Time-State-Preference-Ansatz.[266] Abweichende Ergebnisse sind hingegen auf einen Anwendungsfehler oder eine bewusste Vernachlässigung der korrekten Ermittlung der Kalkulationszinssätze zurückzuführen.[267]

Die zweite Schwäche der Entscheidungsbaumanalyse betrifft die Bewertungspraxis für komplexe Investitionsprojekte. Ein Entscheidungsbaum wird bei einer Vielzahl von Unsicherheiten und Inputdaten schnell unübersichtlich oder schlicht zu groß für eine allumfassende grafische Darstellung.[268] So ist die Realität einer stochastischen Zahlungsgröße mit vielen möglichen Zuständen kaum abbildbar. Einziger Ausweg bleibt eine stochastische Entscheidungsbaumanalyse, die jedoch ebenfalls die Kenntnis der Verteilungsfunktionen aller zeitpunktbezogenen Zahlungen sowie zusätzlich eine Vielzahl von Simulationsläufen erfordert.[269] Demgegenüber besitzen Optionspreisformeln als geschlossene Lösungen einen anwendungsbezogenen Vorteil.[270] Auch wenn durch ihre rigiden Annahmen über die stochastischen Entwicklungen des Projektwertes und des Ausübungspreises die Realität nicht immer eindeutig abgebildet wird, sind sie zumindest auch bei einer Vielzahl zustandsabhängiger Zahlungen und selbst für Verbundoptionen praktisch anwendbar.[271] Die Entscheidungsbaumanalyse ist hingegen nur für die Bewertung solcher Investitionsprojekte sinnvoll, die zwar durch Flexibilität,

digmen (vgl. Fischer/ Hahnenstein/ Heitzer (1999), S. 1208, 1211-1219, 1224 f.). In beiden Untersuchungen wird ein (simpler) Binomialprozess für die zu diskontierenden Zahlungsströme unterstellt. Aufgrund der Überführbarkeit des Ergebnisses des Binomialmodells in jenes des Black-Scholes-Modells und die Möglichkeit der Modellierung stetiger Verteilungen in stochastischen Entscheidungsbäumen (vgl. Skudlarek (2001), S. 70 und siehe zu stochastischen Entscheidungsbäumen z.B. Obermaier/ Saliger (2013), S. 157-159) führt diese Annahme jedoch nicht zu einer grundsätzlichen Einschränkung der Aussage.

266 Vgl. Müller (2004), S. 101; Fischer/ Hahnenstein/ Heitzer (1999), S. 1208, 1224. Für einen Überblick zum Verhältnis der drei Ansätze siehe auch Breid (1997).

267 Vgl. Friedl (2003), S. 383; Ballwieser (2002), S. 189; Krolle/ Oßwald (2001), S. 238. Für Beispiele einer vereinfachten Anwendung der Entscheidungsbaumanalyse ohne Anpassung des Kapitalkostensatzes und somit eines unseriösen Vergleichs mit der Realoptionsbewertung siehe Schulmerich (2003), S. 74-79; Copeland/ Antikarov (2001), S. 90; Meise (1998), S. 34-35, 90-93; Liebler (1996), S. 97 f., 144 f.

268 Vgl. z.B. Brealey/ Myers/ Allen (2014), S. 545; Kruschwitz (2014), S. 341; Schulmerich (2003), S. 73; Baecker/ Hommel/ Lehmann (2003), S. 21; Friedl (2003), S. 384; Hommel/ Lehmann (2001), S. 118; Lander/ Pinches (1998), S. 553.

269 Siehe für die Anwendung der stochastischen Entscheidungsbaumanalyse z.B. Obermaier/ Saliger (2013), S. 157-159.

270 Vgl. Friedl (2003), S. 384; Ballwieser (2002), S. 197.

271 Vgl. z.B. Brealey/ Myers/ Allen (2014), S. 545; Müller (2004), S. 102; Ballwieser (2002), S. 197. Die weiteren Herausforderungen und Anwendungshemmnisse der Realoptionsmethode wurden in der Literatur bereits umfassend diskutiert (vgl. z.B. Denison/ Farrell/ Jackson (2012), S. 591, 601-606; Ford/ Garvin (2010), S. 55-57; Block (2007), S. 261-264; Welpe/ Lutz/ Barthel (2007), S. 291; Peemöller/ Beckmann (2005), S. 811; Triantis (2005), S. 11-15; Adner/ Levinthal (2004b), S. 120-125; Adner/ Levinthal (2004a), S. 76-81; Baecker/ Hommel (2004), S. 4 f.; Teach (2003), S. 73-76; Rocke (2003), S. 130 f.; Peske (2002), S. 118 f.; Pfnür/ Schaefer (2001), S. 251; Lander/ Pinches (1998), S. 542-552; Meise (1998), S. 82-89). Daher soll an dieser Stelle auf eine diesbezügliche Ausführung verzichtet werden.

aber gleichzeitig nur durch eine begrenzte Anzahl zustandsabhängiger Zahlungen gekennzeichnet sind.[272] Dieser anwendungsbezogene Unterschied der Bewertungsansätze offenbart bereits einen zusätzlichen Nutzen der Realoptionsmethode.

Sowohl die Realoptionsmethode als auch die Entscheidungsbaumanalyse tragen also als Instrumente der flexiblen Planung in unterschiedlichen Kontexten zu einer größeren Transparenz von Entscheidungsproblemen bei.[273] Auch wenn die Bewertungsformeln der Realoptionsansätze für den einzelnen Anwender intransparent erscheinen können,[274] führt die der eigentlichen Bewertung vorgelagerte, systematische Informationsgewinnung zu einer expliziten Auseinandersetzung mit und Konkretisierung von den nahezu identischen Elementen im Realoptions- und Entscheidungsbaummodell. Mit der Projektbewertung werden diese Informationen bezüglich der Modellelemente dann letztlich verarbeitet.[275] Damit fließen im Vergleich zur Berechnung eines passiven Kapitalwertes mehr Informationen in die Entscheidungsvorbereitung ein, womit aber im Gegenzug auch erhöhte Informationsanforderungen an den Anwender gestellt werden.[276]

Darüber hinaus leistet die Realoptionstheorie einen weiteren Beitrag zur Transparenz und Strukturierung von Entscheidungssituationen, indem sie Aussagen über den Einfluss von Optionspreisparametern zulässt. Die grundlegenden Korrelationen zwischen dem Optionspreis einer Realoption und seinen Parametern am Beispiel einer Kaufoption gibt Tabelle 1 wider. Diese Analogie zu Finanzoptionen erweitert den modelltheoretischen Rahmen gegenüber der Entscheidungsbaumanalyse,[277] womit wiederum ein zusätzlicher Nutzen des Realoptionsansatzes deutlich wird.

Nicht zuletzt erbringen auch die im Rahmen der Realoptionstheorie formulierten Realoptionstypen als spezielle Ausprägungen von Kauf- und Verkaufsoptionen einen zusätzlichen Nutzen. Sie leisten einen Beitrag zur Beschreibung von Investitionsprojekten und damit zur

---

[272] Vgl. Baecker/ Hommel/ Lehmann (2003), S. 23; Hommel/ Lehmann (2001), S. 120; Hommel/ Pritsch (1999), S. 129. Aus diesem Grund ist die Entscheidungsbaumanalyse aber grundsätzlich geeignet, um in weniger komplexen Entscheidungssituationen den Wert von Handlungsflexibilität zu erfassen. Im Rahmen von empirischen Untersuchungen kann sie daher aus Vereinfachungsgründen für die Bewertung von Realoptionen herangezogen werden, um die grundsätzlichen Wirkmechanismen einer Realoptionsbetrachtung zu analysieren.

[273] Vgl. z.B. Bonduelle/ Schmoldt/ Scholich (2003), S. 12 f.

[274] Vgl. z.B. Fichman/ Keil/ Tiwana (2005), S. 87 f.; Bonduelle/ Schmoldt/ Scholich (2003), S. 10; Hommel (1999), S. 25, 27.

[275] Siehe für eine Beschreibung der Bewertung als Informationsverarbeitungsprozess Schirmeister (1981), S. 11.

[276] Vgl. Friedl (2003), S. 382.

[277] Vgl. Müller (2004), S. 102.

Strukturierung der Entscheidungssituation. Potentielle Handlungsspielräume können mithilfe der Realoptionstypen verdeutlicht und leichter kommuniziert werden. Die besondere Relevanz einer Hervorhebung von Handlungsmöglichkeiten in einem Eskalationskontext wird im Rahmen dieser Arbeit deutlich werden. Zunächst sollen aber die Realoptionstypen und ihre Eingliederung in den Investitionsprozess von sequentiellen Investitionsprojekten der Herstellung eines grundlegenden Zusammenhangs zwischen der Realoptionstheorie und der Eskalation von Commitment dienen.

Optionspreisparameter der…		**Korrelation mit dem Optionspreis**
…Finanzoption	**…Realoption**	
gegenwärtiger Kurs des Basisinstrumentes	Bruttobarwert der erwarteten Einzahlungsüberschüsse bei Durchführung der Investition	positiv
Volatilität bzw. Unsicherheit des Kurses des Basisinstrumentes	Volatilität bzw. Unsicherheit der projektinternen Zahlungsüberschüsse	positiv
Ausübungspreis	Investitionssumme bzw. Barwerte zukünftiger projektinterner Auszahlungen	negativ
Laufzeit der Option	Zeitspanne, bis die Investitionsmöglichkeit verfällt	positiv
Zinssatz für eine risikolose Anlage	Zinssatz für eine risikolose Anlage	positiv
entgangene Dividenden	Wertverlust des Projektes (z.B. durch entgangene Zahlungsüberschüsse)	negativ

Tabelle 1: Korrelation von Optionspreisparametern und Optionspreis am Beispiel der Kaufoption[278]

[278] Quellen: Brealey/ Myers/ Allen (2014), S. 523-527; Mangold (2013), S. 30, 52; Hilpisch (2006), S. 95 f.; Rocke (2003), S. 124-127; Chance/ Peterson (2002), S. 10; Crasselt/ Tomaszewski (2002), S. 131; Hommel/ Pritsch (1999), S. 124; Trigeorgis (1996), S. 125, 393.

3. Sequentielle Investitionsprojekte als verbindendes Element von eskalierendem Commitment und Realoptionen

Investitionen können im Allgemeinen als Ausgaben charakterisiert werden, die in der Erwartung eines späteren Einnahmenüberschusses getätigt werden.[279] In sequentiellen Investitionsprojekten werden die für eine Umsetzung des gesamten Projektes voraussichtlich erforderlichen Ausgaben nicht zu einem einzigen Zeitpunkt in voller Summe getätigt, sondern sukzessive zu mindestens zwei Zeitpunkten.[280] Auf diese Weise werden Ressourcen eines Unternehmens nur schrittweise in einem Projekt gebunden. Die Sequenzierung von Investitionen ist daher, unter der Annahme irreversibler Kosten, gleichbedeutend mit einer Sequenzierung des Commitments eines Unternehmens gegenüber einem Investitionsprojekt.

In der Praxis sind realwirtschaftliche Investitionsprojekte häufig durch solche sukzessiven Teilinvestitionen gekennzeichnet[281] und Entscheidungsträger präferieren diese gegenüber einmaligen, vollständigen Investitionen.[282] Die Realoptionstheorie leistet hierzu einen Erklärungsbeitrag.[283] Mit der Sequenzierung eines Investitionsvorhabens wird für jede Teilinvestition eine neue Entscheidungsmöglichkeit geschaffen. Bei einer grundsätzlich anzunehmenden Unsicherheit im Rahmen von Investitionsprojekten erlaubt eine derartige sequentielle Entscheidungssituation, dass spätere Teilentscheidungen nach einer teilweisen Reduktion der Unsicherheit getroffen werden.[284] Eine erste Teilinvestition eröffnet daher die Option auf eine oder gar mehrere weitere Teilinvestitionen, die in Abhängigkeit von der im Zeitpunkt der jeweiligen Folgeinvestition aktuellen Informationslage ausgeübt werden oder nicht.[285] Die Se-

[279] Vgl. Schirmeister (1990), S. 14.

[280] Vgl. z.B. Mölls/ Schild (2006), S. 736; Majd/ Pindyck (1987), S. 7; Cyert/ DeGroot/ Holt (1978), S. 712.

[281] Vgl. Welling (2013), S. 13 f.; Mölls/ Schild (2006), S. 736; Bar-Ilan/ Strange (1998), S. 437 f.; Chung (1993), S. 1215; Majd/ Pindyck (1987), S. 7.

[282] Vgl. Damaraju/ Barney/ Makhija (2015), S. 741. Eine empirische Untersuchung von Rauchs/ Willinger (1996) zeigt zudem, dass Entscheidungsträger in Erwartung neuer Informationen weniger irreversible und damit flexibilitätserhaltende Investitionspositionen einnehmen (vgl. Rauchs/ Willinger (1996), S. 52).

[283] Vgl. Adner (2007), S. 364; Tong/ Reuer (2007), S. 8 f.; Bowman/ Hurry (1993), S. 760.

[284] Siehe für eine Abgrenzung sequentieller Entscheidungssituationen Welling (2013), S. 14; Machina (1989), S. 1632.

[285] Vgl. z.B. Tiwana/ Keil/ Fichman (2006), S. 366; Adner/ Levinthal (2004a), S. 75 f.; Sullivan et al. (1999), S. 253; Panayi/ Trigeorgis (1998), S. 676 f.; Chung (1993), S. 1215; Cyert/ DeGroot/ Holt (1978), S. 712. Roberts/ Weitzman (1981) zeigen formelbasierte Entscheidungsregeln zur Optimierung sequentieller Teilinvestitionsentscheidungen.

quenzierung eines Investitionsprojektes führt damit vorerst zu einer Beschränkung des eingegangenen finanziellen Risikos auf die Teilinvestitionen.[286]

Besteht also die Flexibilität, ein Investitionsprojekt entsprechend zu unterteilen und das gesamte Investitionsvolumen nur schrittweise zu verausgaben, dann ist dieser Aufbau von Realoptionen im Vergleich zu einer sofortigen vollständigen Investition vorteilhaft.[287]

Mit den in der Realoptionstheorie formulierten Optionstypen können sequentielle Investitionen und deren Vorteilhaftigkeit präzisiert werden. Zunächst erfordern selbst isolierte Realoptionen eine sequenzielle, und zwar zweistufige, Investitionstätigkeit.[288] Diese kann in eine Initialinvestition zum Aufbau und eine Investition zur Ausübung der Option unterteilt werden. Die Möglichkeit einer mehrfachen Sequenzierung von Investitionsprojekten stellt wiederum selbst eine komplexe Realoption dar.[289] Sie entspricht einer sogenannten Verbundoption auf den Bruttoprojektwert.[290] Jede Optionsausübung in Form einer Teilinvestition führt, bis auf die letzte Investition, nicht direkt zu einer Reihe von Einnahmenüberschüssen, sondern zu neuen Investitions- oder Desinvestitionsoptionen.[291] In einem solchen Verbund von Realoptionen bedingen nicht nur die infolge von Teilinvestitionen gewonnenen Informationen eine nächste Teilentscheidung.[292] Die einzelnen Optionen gehen auch einen Bewertungsverbund ein.[293] Aufgrund der Interdependenzen zwischen den Realoptionen entspricht der Wert der

---

[286] Vgl. Tiwana/ Keil/ Fichman (2006), S. 367; Benaroch (2002), S. 58; McGrath (1997), S. 990; Cyert/ DeGroot/ Holt (1978), S. 712.

[287] Vgl. ähnlich Tong/ Reuer (2007), S. 3; Panayi/ Trigeorgis (1998), S. 677; Bowman/ Hurry (1993), S. 767. Entscheidungsträger messen dem Aufbau von Realoptionen durch die Sequenzierung von Investitionsprojekten einen Wert bei (siehe für eine empirische Untersuchung Tiwana/ Keil/ Fichman (2006), S. 376-378). Auf eine mögliche Relativierung dieser Aussage in einer Wettbewerbssituation sei an dieser Stelle nur hingewiesen.

[288] Vgl. Adner/ Levinthal (2004a), S. 75 f.

[289] Im Englischen hat sich für diesen Realoptionstyp der Begriff ‚Option to Stage Investment' etabliert.

[290] Vgl. hierzu und im Folgenden z.B. Tong/ Reuer (2007), S. 5; Tiwana/ Keil/ Fichman (2006), S. 366; Trigeorgis (2005), S. 28; Peske (2002), S. 69; Sullivan et al. (1999), S. 253; Panayi/ Trigeorgis (1998), S. 677; Meise (1998), S. 112-114; Trigeorgis (1996), S. 132; Dixit/ Pindyck (1994), S. 320; Trigeorgis (1993b), S. 204; Majd/ Pindyck (1987), S. 9 f.

[291] Analog zu den Begriffen der Kauf- und Verkaufsoption können auch die Begriffe Investitions- und Desinvestitionsoption verwendet werden. Letztere sollen hier den realwirtschaftlichen Investitionscharakter von Realoptionen betonen.

[292] Vgl. Cyert/ DeGroot/ Holt (1978), S. 712.

[293] Ein Ansatz zur Bewertung von Verbundoptionen wurde erstmals von Geske (1979b) auf Basis des Black-Scholes-Modells entwickelt. Ebenfalls auf Basis der analytischen und numerischen Bewertungsansätze für Finanzoptionen wurden weitere Ansätze mit konkretem Bezug zu Realoptionen z.B. von Mölls/ Schild (2006), Majd/ Pindyck (1987) und Trigeorgis (1991) vorgeschlagen. Für beispielhafte Bewertungen siehe z.B. Panayi/ Trigeorgis (1998), S. 677-689; Dixit/ Pindyck (1994), S. 332-336; Trigeorgis (1993a), S. 5-7, 11-17; Majd/ Pindyck (1987), S. 17-23. Zur Verbesserung der Anwendbarkeit in der Praxis präsentieren z.B. Ghosh/ Troutt (2012) einen Algorithmus für computergestützte Bewertungen von realen Verbundoptionen.

komplexen Option aber nicht der Summe der Einzeloptionswerte.[294] Dies wird deutlich, wenn die Realoptionstypen, welche mit den Teilinvestitionen in Zusammenhang stehen können,[295] näher betrachtet werden.

Der Beginn eines Investitionsprojektes kann mit der Ausübung einer einfachen Wachstumsoption beschrieben werden. Sie erlaubt dem Optionsinhaber die Durchführung einer Investition.[296] Kann der Projektverantwortliche zudem bei einer Teilinvestition entscheiden, ob das Projekt sofort fortgesetzt und die entsprechende Teilinvestition vollständig getätigt wird oder ob die Teilinvestition, zum Beispiel in Erwartung neuer Informationen, zumindest teilweise auf einen späteren Zeitpunkt hinausgezögert wird, so entspricht diese Möglichkeit einer Warteoption.[297] Gleichzeitig besteht eine Erweiterungsoption, wenn zusätzliche Teilinvestitionen getätigt werden können oder das Volumen einzelner Teilinvestitionen erhöht werden kann.[298] Diesen Investitionsoptionen stehen aber auch Desinvestitionsoptionen gegenüber. Besteht die Möglichkeit, das Investitionsvolumen aller oder einzelner Teilinvestitionen zu senken, so kann eine Einschränkungsoption ausgeübt und der geplante Projektumfang gegebenenfalls reduziert werden.[299] Eine vollständige Aufgabe des Investitionsprojektes ist zudem möglich, indem keine weiteren Teilinvestitionen getätigt werden. In diesem Fall wird eine Abbruchoption ausgeübt.[300] Tabelle 2 fasst die unterschiedlichen Realoptionstypen zusammen.

---

[294] Siehe für eine kurze Erläuterung des Ausschlusses der Wertadditivität zur Bewertung von Verbundoptionen z.B. Li et al. (2007), S. 38-40; Benaroch (2002), S. 69; Meise (1998), S. 119-126; Trigeorgis (1993a), S. 7-11.

[295] Vgl. Benaroch (2002), S. 68; Trigeorgis (1993a), S. 2 f.

[296] Wachstumsoptionen werden als strategische Realoptionen bezeichnet. Sie erlauben die Umsetzung einer (Folge-)Investition und sowohl die Schaffung als auch die Ausübung dieses Investitionsrechts stellen Entscheidungen im Rahmen der ganzheitlichen Investitionsstrategie des Unternehmens dar. Diese Sichtweise impliziert auch eine investitionsprojektübergreifende Berücksichtigung von Wachstumsoptionen. Vgl. hierzu z.B. Brealey/ Myers/ Allen (2014), S. 561-565; Li et al. (2007), S. 37 f.; Hilpisch (2006), S. 65-67; Rocke (2003), S. 122; Peske (2002), S. 70; Hommel/ Pritsch (1999), S. 125 f.; Meise (1998), S. 110-112; Chung/ Charoenwong (1991), S. 21; Trigeorgis (1988), S. 153 f.; Pindyck (1988), S. 970; Trigeorgis/ Mason (1987), S. 20 f.; Kester (1984), S. 154-156, 160; Myers (1977), S. 155 f.

[297] Siehe für eine allgemeine Beschreibung von Warteoptionen z.B. Brealey/ Myers/ Allen (2014), S. 565-568; Li et al. (2007), S. 35 f.; Hilpisch (2006), S. 69; Rocke (2003), S. 121; Peske (2002), S. 67; Hommel/ Pritsch (1999), S. 126; Meise (1998), S. 98-103. Für ihre Bewertung siehe z.B. Trigeorgis (1996), S. 158-161; Quigg (1993), S. 622-625; Trigeorgis/ Mason (1987), S. 18 f.; McDonald/ Siegel (1986), S. 709-724.

[298] Siehe für eine allgemeine Beschreibung von Erweiterungsoptionen z.B. Rocke (2003), S. 122; Peske (2002), S. 67 f.; Hommel/ Pritsch (1999), S. 126 f.; Meise (1998), S. 107-109. Für ihre Bewertung siehe z.B. Trigeorgis (1996), S. 162 f.; Dixit/ Pindyck (1994), S. 357-393; Pindyck (1988), S. 971-982; Trigeorgis/ Mason (1987), S. 19.

[299] Siehe für eine allgemeine Beschreibung von Einschränkungsoptionen z.B. Hilpisch (2006), S. 72; Rocke (2003), S. 122; Peske (2002), S. 68; Hommel/ Pritsch (1999), S. 127; Meise (1998), S. 107, 109. Für ihre Bewertung siehe z.B. Trigeorgis (1996), S. 163 f.; Trigeorgis/ Mason (1987), S. 19 f.

[300] Siehe für eine allgemeine Beschreibung von Abbruchoptionen z.B. Brealey/ Myers/ Allen (2014), S. 568-570; Li et al. (2007), S. 36 f.; Hilpisch (2006), S. 71 f.; Rocke (2003), S. 121; Peske (2002), S. 69; Hommel/

Realoptionstyp		**Wirkungsweise der Option**
Komplexe Option	**Verbundoption**	Die Ausübung einer Option führt nicht direkt zu einer Reihe von Zahlungsüberschüssen, sondern zu neuen (Des-)Investitionsoptionen.
Kauf- bzw. Investitionsoption	**Wachstumsoption**	Erlaubt dem Optionsinhaber die Durchführung einer (Folge-)Investition.
	Warteoption	Erlaubt den Aufschub eines Investitionsprojektes oder einer Teilinvestition, um zunächst neue Informationen zu generieren.
	Erweiterungs-option	Erlaubt die Ausweitung eines bereits durchgeführten Investitionsprojektes.
Verkaufs- bzw. Desinvestitionsoption	**Einschränkungs-option**	Erlaubt die teilweise Aufgabe eines Projektes und damit die Senkung des Investitionsvolumens.
	Abbruchoption	Erlaubt die vollständige Aufgabe eines Investitionsprojektes.

Tabelle 2: Grundtypen von Realoptionen[301]

Gewiss müssen im Rahmen eines sequentiellen Investitionsprojektes nicht bei jeder Teilentscheidung alle diese Grundtypen von Realoptionen[302] bestehen. Dies ist abhängig von dem jeweiligen Flexibilitätsgrad. Die Ausübung der einzelnen Optionstypen in einer Entscheidungssituation wäre aber in jedem Fall konfliktär. Wird dann eine bestimmte Realoption ausgeübt, so kann dies den Wert des Basisinstrumentes und damit auch den Wert der Realoptionen in nachfolgenden Entscheidungen tangieren.[303] Außerdem kann die Ausübung einer Handlungsoption zu einem Teilentscheidungszeitpunkt die Realoptionen nachfolgender Teilentscheidungsmomente eliminieren. Ein anschauliches Beispiel hierfür ist die Ausübung einer Abbruchoption, welche die spätere Ausübung weiterer mit dem Projekt verbundener Optionen verhindert. Diese Interdependenzen von Realoptionen mit identischem Basisinstrument schließen folglich eine Wertadditivität aus.

Pritsch (1999), S. 126; Meise (1998), S. 104-106; Myers/ Majd (1990), S. 2 f. Für ihre Bewertung siehe z.B. Brealey/ Myers/ Allen (2014), S. 568 f.; Trigeorgis (1996), S. 166-168; Myers/ Majd (1990), S. 7-13.

301 Quelle: Mangold (2013), S. 23, 25. Übersichten zu den verschiedenen Realoptionstypen inklusive kurzer Erläuterungen und entsprechender Literaturquellen bieten z.B. auch Benaroch (2002), S. 53 f.; Chance/ Peterson (2002), S. 8; Lander/ Pinches (1998), S. 540; Trigeorgis (1993b), S. 204.

302 In der Literatur existiert keine einheitliche Systematisierung von Realoptionstypen. Die hier genannten Grundtypen erfassen aber im Wesentlichen alle Realoptionen.

303 Vgl. hierzu und im Folgenden z.B. Meise (1998), S. 120; Trigeorgis (1993a), S. 8.

Darüber hinaus ist bei der Bewertung von Realoptionen zu beachten, dass nicht nur der zukünftige Wert des Basisinstrumentes einem stochastischen Prozess unterliegt, sondern ebenfalls der Ausübungspreis der Realoption.[304] Letzterer ist für Realoptionen zu Beginn nicht immer vertraglich fixiert. Eine bewusste nachträgliche Veränderung der Investitionsvolumina, wie etwa bei Erweiterungs- oder Einschränkungsoptionen, oder eine zufällige und nicht beeinflussbare Änderung der erforderlichen Projektausgaben ist daher nicht ausschließbar. Im Fall von Verbundoptionen wird dieser Effekt durch die erhöhte Anzahl zukünftiger Teilinvestitionen noch verstärkt.

Gerade die Möglichkeit, ein ursprünglich avisiertes Investitionsvolumen bewusst zu erweitern, erinnert an die Rahmenbedingung der Eskalationsforschung. Dabei besteht die Verbindung zwischen Realoptionen und eskalierendem Commitment darin, dass beide sequentielle Entscheidungssituationen im Rahmen eines Investitionsprojektes voraussetzen.[305] Während die Eskalationsforschung eine fortgesetzte Investition in erfolglose Projekte aber als ökonomisch irrational beschreibt, liefert die Realoptionsforschung mit der Anführung zukünftiger, werthaltiger Realoptionen eine vermeintlich rationale Erklärung.[306] Gleichzeitig kann über sequentielle Investitionsentscheidungen ein nicht trivialer Zusammenhang zwischen der Denkweise des Realoptionsansatzes und der Eskalation von Commitment hergestellt werden.[307]

So wird eine geringere Initialinvestition zum Aufbau einer oder mehrerer Realoptionen häufig leichtfertiger getätigt als eine vollständige sofortige Investition, da erstere mit weniger irre-

---

304 Vgl. Van Putten/ MacMillan (2004), S. 5; Chance/ Peterson (2002), S. 74; Benaroch/ Kauffman (1999), S. 83; Hommel/ Pritsch (1999), S. 124; Berger/ Ofek/ Swary (1996), S. 260; Dixit/ Pindyck (1994), S. 207-211; Myers/ Majd (1990), S. 3. Eine Bewertung von Realoptionen mit stochastischem Ausübungspreis ist durch eine Anpassung der etablierten Bewertungsmodelle für Finanzoptionen möglich. Siehe für die Entwicklung konkreter Bewertungsansätze Hull (2015), S. 746 f.; Taudes (1998), S. 174-180; Ott/ Thompson (1996), S. 4-12; Dos Santos (1991), S. 81-85; Carr (1988), S. 1237-1245; Margrabe (1978), S. 177-181.

305 Siehe zu dieser Voraussetzung z.B. Chulkov (2007), S. 48; Adner (2007), S. 364; Janney/ Dess (2004), S. 68; McGrath (1999), S. 23; Brockner (1992), S. 40.

306 Vgl. Damaraju/ Barney/ Makhija (2015), S. 742; Li et al. (2007), S. 56. Für eine weitergehende Ausführung sei auch auf das Kapitel II.B.1.a) verwiesen.

307 Eine gemeinsame Relevanz der Konzepte in einem Entscheidungskontext schließen Li et al. (2007) mit dem Argument aus, dass die Eskalationsforschung Entscheidungen auf Individualebene fokussiert und die Realoptionstheorie eine Theorie zu organisationalen Investitionsentscheidungen darstellt (vgl. Li et al. (2007), S. 56). Dem kann entgegengehalten werden, dass auch im Rahmen der Eskalationsforschung organisationale Entscheidungen, etwa durch die Institutionalisierung von Projekten oder Abteilungsegoismen als strukturelle Determinanten eskalierenden Commitments, betrachtet werden. Analog kann auch eine Projektbewertung oder allgemeiner eine Informationsverarbeitung zur Entscheidungsvorbereitung auf individualer Ebene stattfinden, auch wenn die Realoptionen in einen Organisationskontext eingebettet sind.

versiblen Konsequenzen einhergeht.[308] Damit wird auch die Motivation zur Umsetzung von weniger erfolgversprechenden Projekten erhöht. Dieser Effekt ist auf jede Teilinvestition sequentieller Investitionsprojekte übertragbar und kann damit die Wahrscheinlichkeit der Fortführung eines solchen Investitionsprojektes steigern. Das Argument eines reduzierten Commitments durch die Investition in verbundene Realoptionen[309] kann also maximal zu Beginn eines sequentiellen Investitionsprojektes gelten.[310] Denn je mehr Realoptionen ausgeübt und entsprechende Teilinvestitionen getätigt werden, desto höher werden die kumulierten irreversiblen Kosten des Projektes und damit steigt die Eskalationsgefahr.[311] Somit könnte die Sequenzierung eines Investitionsprojektes als eine Schlüsselimplikation[312] des Realoptionsansatzes eskalierendes Commitment langfristig begünstigen. Eine Sequenzierung ist damit offensichtlich keine Garantie für gute Investitionsentscheidungen.[313]

Selbstverständlich wird die Denkweise des Realoptionsansatzes nicht immer zu einer Eskalation von Commitment führen. Problematisch wird sie nur bei einer unsachgemäßen Anwendung des Ansatzes und einer unreflektierten Rechtfertigung einer Projektfortsetzung durch Realoptionen. Dies ist etwa dann der Fall, wenn gerade die Ausübung von Investitionsoptionen im Sinne von Teilinvestitionen nicht als Recht verstanden wird, von dem eben nicht zwingend Gebrauch gemacht werden muss, sondern einem Automatismus folgt. Außer Acht bliebe dann gleichzeitig die Ausübung einer Desinvestitionsoption, die eine Reallokation der dem Projekt zugeteilten Ressourcen ermöglicht. Zentraler Erfolgsfaktor der Anwendung des Realoptionsansatzes in der Unternehmenspraxis ist dementsprechend nicht nur die Auswahl von Projekten unter Beachtung von Realoptionen, sondern auch die disziplinierte Abwägung

308 Vgl. Janney/ Dess (2004), S. 68 f.; Bar-Ilan/ Strange (1998), S. 439.

309 Vgl. Tiwana/ Keil/ Fichman (2006), S. 367 in Verbindung mit Sullivan et al. (1999).

310 Auch Tiwana/ Keil/ Fichman (2006), die ein verringertes Commitment durch die Investition in verbundene Realoptionen als Vorteil sequenzieller Investitionen nennen, geben im Widerspruch dazu an, dass Entscheidungsträger solche Investitionsprojekte mit einer höheren Wahrscheinlichkeit fortsetzen (vgl. Tiwana/ Keil/ Fichman (2006), S. 367).

311 Mit dieser Argumentation wird auch deutlich, dass hier insbesondere solche Projekte betrachtet werden, die erst bei Durchführung aller Teilinvestitionen zu einem nutzbaren Investitionsergebnis führen. Denn sollten einzelne isolierte Investitionssequenzen nicht nur zur Anbahnung der Folgeinvestition nützlich sein, sondern bereits unabhängig vom Abschluss des vollständigen Projektes einen Nutzen für das Unternehmen stiften, so können die Teilinvestitionen nicht als versunkene Kosten des Gesamtprojektes gelten. Eine Kumulation irreversibler Kosten als Ursache eskalierenden Commitments wäre daher objektiv nicht gegeben.

312 Vgl. McGrath (1999), S. 23 in Verbindung mit McGrath (1997).

313 Vgl. Janney/ Dess (2004), S. 68 f.

ihrer Fortführung.[314] Desinvestitionsoptionen sollten daher nicht vernachlässigt, sondern bewusst in die Entscheidungsfindung integriert werden.

Der Zusammenhang von eskalierendem Commitment und dem Realoptionsansatz kann folglich nicht pauschalisiert werden, sondern ist von der Fokussierung bestimmter Realoptionstypen abhängig. Eine differenziertere Betrachtung ist daher geboten. Da der Einfluss des Realoptionsansatzes durch die Extremformen von Investitions- und Desinvestitionsoptionen besonders deutlich wird, sollen Wachstums- und Warteoptionen sowie Abbruchoptionen als Analyseobjekt dienen.

B. Die Realoptionsmethode als Instrument zur Verhinderung eskalierenden Commitments

1. Wirkungsrichtung einer Realoptionsbetrachtung auf die Eskalation von Commitment in Abhängigkeit des Realoptionstyps

In der empirischen Forschung besteht Einigkeit darüber, dass die Realoptionsbetrachtung einen Einfluss auf die Eskalation von Commitment hat. Über die Richtung des Einflusses existieren hingegen verschiedene Auffassungen. Sowohl eine verstärkende als auch eine vermindernde Wirkung konnte empirisch gestützt werden.[315] Der Grund für diese unterschiedlichen Ergebnisse liegt insbesondere in der Zugrundelegung verschiedener Realoptionstypen. Beide Perspektiven sollten daher als ergänzende Erklärungen angesehen werden. Die einzelnen Realoptionstypen dienen zudem sowohl einer Erklärung von gerechtfertigtem als auch eskalierendem Commitment. Denn bereits Bowen (1987) stellt fest:

> *„[T]here are times when decisions to recommit resources are clearly reasonable, times when they are clearly irrational, and times when one simply cannot prejudge the future effectiveness of continuing or discontinuing any particular course of action.“*[316]

Diese drei Ausprägungen einer Fortführungsentscheidung bezüglich eines Projektes können mithilfe der Realoptionstheorie näher beschrieben und erklärt werden. Damit wird die bisherige Theorie zur Eskalation von Commitment ergänzt.[317]

---

[314] Vgl. Adner (2007), S. 365; Adner/ Levinthal (2004a), S. 77.

[315] Siehe Damaraju/ Barney/ Makhija (2015); Poerink (2013); Denison (2009); Tiwana/ Keil/ Fichman (2006).

[316] Bowen (1987), S. 62.

a) Verstärkung eskalierenden Commitments durch den Einbezug von Warte- und Wachstumsoptionen in die Investitionsbewertung

Das Festhalten an fehllaufenden Investitionsprojekten ist nicht immer schädlich für ein Unternehmen, sondern kann in einer bestimmten Situation auch angemessen sein.[318] Werden etwa die ursprünglichen Erwartungen an ein Projekt nicht erfüllt, aber der minimal akzeptable Projektwert wurde noch nicht unterschritten, so ist eine Weiterführung durchaus ökonomisch sinnvoll.[319] Die Zielpersistenz kann gleichzeitig zu einer stärkeren Motivation der Projektbeteiligten führen, die infolge dessen genügend Anstrengung aufbringen, um das Projekt doch noch zum Erfolg zu führen.[320]

Ein ähnlich plausibler Grund zum Festhalten an vermeintlich erfolglosen Projekten können Warte- und Wachstumsoptionen sein. Diese können den ausschlaggebenden Mehrwert eines Projektes ausmachen, welches nach traditionellen Bewertungsmethoden, wie etwa der Kapitalwertmethode, einen negativen oder zu niedrigen Projektwert aufweist.[321] Stellt die Berücksichtigung dieser Realoptionen die Effizienz des Projektes wieder her, ist dessen Fortführung ökonomisch rational. Die Missachtung von Realoptionen kann hingegen zu einer Unterschätzung des Projektwertes und einem zu frühen Projektabbruch führen.[322] Dabei können sowohl ein zu später als auch ein zu früher Abbruch dysfunktional sein, da beide mit Kosten verbunden sind.[323] Der Entscheidungsträger befindet sich entsprechend in einem Entscheidungsdilemma: bricht er das Projekt ab und geht damit das Risiko einer verpassten Chance ein oder führt er das Projekt fort und geht damit das Risiko einer Verschlechterung der Projektsituation ein.[324]

---

[317] Vgl. z.B. Tiwana/ Keil/ Fichman (2006), S. 383; Keil/ Flatto (1999), S. 133.

[318] Vgl. Keil/ Flatto (1999), S. 133; Bowen (1987), S. 62; Staw/ Ross (1978), S. 62.

[319] Vgl. Drummond (2014), S. 433; Chi/ Nystrom (1995), S. 303 f.; Northcraft/ Wolf (1984), S. 232 f.

[320] Vgl. Statman/ Caldwell (1987), S. 14.

[321] Vgl. Poerink (2013), S. 18; Chulkov/ Desai (2008), S. 330; Li et al. (2007), S. 32; Tiwana/ Keil/ Fichman (2006), S. 359; Keil/ Flatto (1999), S. 133; Camerer/ Weber (1999), S. 76; Leslie/ Michaels (1997), S. 10 f.; Myers (1984), S. 135.

[322] Vgl. Song (2009), S. 12; Keil/ Flatto (1999), S. 125, 132. Keil/ Flatto (1999) argumentieren, dass die Unterschätzung eins Projekterfolges eher auf die Unterschätzung von Erträgen als auf die Überschätzung von Kosten zurückzuführen ist, da erstere im Vergleich einen höheren Grad an Intangibilität aufweisen (vgl. Keil/ Flatto (1999), S. 130 in Verbindung mit Accola (1994); Brynjolfsson (1993); King/ Schrems (1978)). Diese Intangibilität kann gerade für Realoptionen und deren Wert angenommen werden.

[323] Vgl. Drummond (2014), S. 434; Dranikoff/ Koller/ Schneider (2002), S. 77; Northcraft/ Neale (1986), S. 349.

[324] Vgl. Cusin/ Passebois-Ducros (2015), S. 342; Drummond (2014), S. 430; Coff/ Laverty (2001), S. 74; Dixit/ Pindyck (1995), S. 108 f.; Bowen (1987), S. 57.

Ein solches Dilemma liegt aber nur vor, wenn eine realistische Chance auf einen künftigen Projekterfolg besteht und demnach ein sofortiger Abbruch als irrtümlich bezeichnet werden kann.[325] Eine solche Betrachtungsweise impliziert also zumindest, dass zum Zeitpunkt der Bewertung Unsicherheiten mit dem Projekt verbunden sind. Unsicherheiten im Sinne von Ungewissheiten oder Mehrdeutigkeiten im Rahmen eines Projektes wurden aber für eine strenge Definition von eskalierendem Commitment in dieser Untersuchung ausgeschlossen. Warteoptionen, die den Gewinn neuer Informationen ermöglichen und damit zur Reduzierung dieser Mehrdeutigkeiten führen können, rechtfertigen also das Festhalten an aktuell fehllaufenden Projekten.[326] Ein Projektabbruch dämmt in diesem Fall zwar mögliche Verluste ein, verhindert aber auch die Gewinnung wertvoller Informationen.[327] Ein irrationales und eskalierendes Commitment liegt dabei per Definition nicht vor.[328]

Ist das Projekt hingegen mit einer quantifizierbaren Unsicherheit, einem Risiko, verbunden, so kann ein erwarteter Projektwert ermittelt und dieser mit dem Wert eines Abbruchs verglichen werden.[329] Aus dem Vergleich beider Werte sollte gemäß dem ökonomischen Rationalitätsprinzip die Wahl einer effizienten Alternative resultieren. Eskalierendes Commitment liegt dann vor, wenn von einem Projektabbruch abgesehen wird, obwohl dieser einen höheren Wert aufweist, welcher zudem im Zeitpunkt der Ausübung, insbesondere bei einer Liquidation, als nahezu sicher angenommen werden darf.[330] In diesem Fall würde die Ausübung einer Warte-

---

325 Vgl. Drummond (2014), S. 430 f. Der Realitätsgehalt einer Erfolgschance orientiert sich in der bereits dargelegten Analogie zu Finanzoptionen daran, ob die rechnerische oder auch nur wahrgenommene Wahrscheinlichkeit der Ausübung einer Option größer als null ist (vgl. für die Voraussetzung positiver Wahrscheinlichkeiten für einen positiven Optionswert z.B. Brealey/ Myers/ Allen (2014), S. 525).

326 Die Mehrdeutigkeit der Informationslage in Investitionsprojekten wird häufig als (rationale) Rechtfertigung für den Aufschub von Projektabbrüchen angesehen (vgl. z.B. Elfenbein/ Knott (2014), S. 958; Kunz (2013b), S. 210; Chulkov/ Desai (2008), S. 326; Li et al. (2007), S. 56; Pfeiffer et al. (2007), S. 170; Chulkov (2007), S. 54 f.; DeNicolis Bragger et al. (2003), S. 7; Northcraft/ Wolf (1984), S. 227 und siehe Bowen (1987) für den Ursprung dieser Betrachtungsweise).

327 Vgl. Drummond (2014), S. 440; McAfee/ Mialon/ Mialon (2010), S. 327.

328 Diese Sichtweise ist zudem in Einklang mit der Kritik von Bowen (1987), der eine klare Unterscheidung zwischen irrational eskalierendem und der Mehrdeutigkeit von Entscheidungssituationen geschuldetem Commitment fordert (vgl. Bowen (1987), S. 56).

329 Eisenführ/ Weber/ Langer (2010) unterstellen sogar, dass in der Praxis schwerlich Entscheidungssituationen ohne (zumindest subjektive) Wahrscheinlichkeitsvorstellungen zu finden sind (vgl. Eisenführ/ Weber/ Langer (2010), S. 305). In einem konkreten Bewertungskontext ließe dies jedoch Raum für Interpretationen und Manipulationen, sodass eine Beurteilung einer Projektfortführungsentscheidung als eskalierend oder angemessen nicht eindeutig möglich wäre.

330 Diesem Zusammenhang liegt die Definition effizienter Investitionsalternativen nach Markowitz (1952) zugrunde, welche sowohl den erwarteten Zahlungsüberschuss einer Investitionsalternative (μ) als auch dessen Standardabweichung (σ) als Maß des Risikos einbezieht. Gemäß seiner Definition gilt eine Investitionsalternative als effizient, wenn keine andere bei gleichem oder geringerem Risiko einen höheren Erwartungswert oder bei gleichem oder höherem Erwartungswert ein geringeres Risiko aufweist (vgl. Markowitz (1952), S. 82). Die Auswahl einer gemäß dieser Definition effizienten Alternative impliziert eine Risikoscheu (vgl. z.B. Poddig/ Brinkmann/ Seiler (2005), S. 79). Grundsätzlich bietet das μ-σ-Prinzip aber erst dann die Grundlage

option nicht der Aufklärung von Informationsmehrdeutigkeiten dienen, sondern wäre aufgrund der in einem Eskalationskontext äußerst geringen Erfolgswahrscheinlichkeit des Projektes spekulativ, aber nicht ökonomisch rational. Eine klare Abgrenzung von Ungewissheit und Risiko ist also gerade unter der Beachtung von Bewertungsregeln angemessen und dient der Einordnung von gerechtfertigtem und eskalierendem Commitment unter Einbezug von Warteoptionen. Diese Sichtweise darf dabei nicht von einer nachträglichen Beurteilung der Entscheidungskonsequenzen verklärt werden. Denn häufig werden Projekterfolge pauschal dem Vorhandensein und Ausnutzen von Realoptionen, aber Projektmisserfolge der Eskalation von Commitment zugerechnet.[331]

Eine Warteoption kann zudem mit einer Lernmöglichkeit für Folgeprojekte verbunden sein.[332] Der Wert ist in diesem Fall nicht eindeutig feststellbar oder liegt auf einer qualitativen Ebene. Wird die Weiterführung eines Projektes aber explizit mit einem Lernziel begründet, so ist sie durchaus rational und stellt wiederum keinen Fall der Eskalation von Commitment dar. Sitkin (1992) bezeichnet dies als intelligenten Misserfolg.[333]

Für den Einbezug von zukünftigen Wachstumsoptionen in die Bewertung eines Investitionsprojektes ist die Unsicherheitslage der Entscheidungssituation in noch höherem Maße ausschlaggebend für die Kennzeichnung einer Projektfortführung als eskalierendes oder angemessenes Commitment. Denn der Optionswert hängt zum einen vom (erfolgreichen) Abschluss des Initialinvestitionsprojektes und zum anderen von der Ausübungswahrscheinlichkeit der Wachstumsoption ab. Im Fall einer quantifizierbaren Unsicherheit für beide Werteinflüsse kann ein Optionswert berechnet werden. Übersteigt der Verlust aus dem Initialinvestitionsprojekt den Wert der Option, sollte ein Projektabbruch erfolgen.[334] Gleiches gilt, wenn der Abbruchwert den Projektwert inklusive des Optionswertes übersteigt. Andernfalls läge ein eskalierendes Commitment vor. Mehrdeutige Informationen bezüglich eines Werteinflusses

---

für eine Entscheidungsregel, wenn die Risikoeinstellung bekannt ist (vgl. z.B. Laux/ Gillenkirchen/ Schenk-Mathes (2014), S. 107-109; Schäfer (1999), S. 255-260). Da in einem Eskalationskontext die Erfolgswahrscheinlichkeit des Projektes grundsätzlich nahe oder bei null liegt und die Fortführung als ineffizient gilt, darf aber unterstellt werden, dass eine Auswahlentscheidung nach dem μ-σ-Prinzip unter Risikoscheu im Interesse der Unternehmenseigentümer liegt. Der potentielle Einfluss der individuellen Risikoeinstellung des Entscheidungsträgers wird in Kapitel II.B.3.c) betrachtet.

331 Vgl. Janney/ Dess (2004), S. 69.

332 Vgl. ähnlich Chulkov/ Desai (2008), S. 327; Janney/ Dess (2004), S. 69; Chi/ Nystrom (1995), S. 305 f. Eine spiegelbildliche Argumentation führt Goltz (1992) an, indem sie die Eskalation von Commitment auf Erfahrungen mit früheren Investitionsentscheidungen und damit ein sequentielles Lernen zurückführt.

333 Vgl. Sitkin (1992), S. 243.

334 Vgl. O'Brien/ Folta (2009), S. 4.

oder sogar bezüglich beider Werteinflüsse lassen ein berechtigtes Festhalten an einem Investitionsprojekt hingegen nicht ausschließen. Die Definition der Eskalation von Commitment trifft hier erneut nicht zu.

Gleichzeitig besteht gerade im Fall einer mehrdeutigen und somit interpretationswürdigen Entscheidungssituation die Gefahr, dass Entscheidungsträger überall und inflationär, aber ohne faktische Grundlage, Realoptionen vermuten und diese als Argument für ihr eskalierendes Commitment anführen.[335] Denn Manager erkennen Realoptionen häufig intuitiv und bewerten diese dann auch implizit.[336] Wachstums-, aber auch Warteoptionen, sind dabei die Realoptionstypen, welche am häufigsten im strategischen Management von Investitionsprojekten berücksichtigt werden.[337] Sie werden von Entscheidungsträgern intuitiv am höchsten und dabei zu hoch, das heißt über einen modelltheoretischen Wert hinaus, bewertet.[338] Da der wahrgenommene Wert eine intervenierende Rolle zwischen einer Realoptionsbetrachtung und der Fortführung eines Projektes einnimmt,[339] kann eine Überschätzung und mithin verzerrte Wahrnehmung des Wertes eine eskalierende Wirkung erzeugen. Diese Gefahr wird dadurch erhöht, dass die Optionswerte gerade für Investitionsprojekte mit niedrigem Kapitalwert als hoch wahrgenommen werden.[340]

Gewiss kann in einer dynamischen Umwelt nicht absolut ausgeschlossen werden, dass eine positive Wendung eintritt oder neue Möglichkeiten für ein Investitionsprojekt offenbart werden. Dies darf aber kein Argument für eine ständige und unkritische Vermutung des Vorhandenseins von Realoptionen und damit nicht grundsätzlich eine Rechtfertigung für das Festhalten an einem erfolglosen Projekt sein. Commitment kann also in Einzelfällen noch unter Berücksichtigung von Realoptionen zum Erfolg eines fehllaufenden Projektes führen, darf aber nicht ohne einen begründeten Erfolgsverdacht eskalieren. Die disziplinierte Aufgabe ver-

335 Vgl. ähnlich Poerink (2013), S. 38.

336 Vgl. z.B. Hilpisch (2006), S. 30 f.; Tiwana/ Keil/ Fichman (2006), S. 358 f.; Vollrath (2001), S. 45 f.; Hommel (1999), S. 29; Trigeorgis (1988), S. 145 f. und siehe für empirische Untersuchungen Lankton/ Luft (2008); Benaroch/ Lichtenstein/ Robinson (2006); Yavas/ Sirmans (2005); Kogut/ Kulatilaka (2004); Howell/ Jägle (1997); Busby/ Pitts (1997).

337 Vgl. Baker/ Dutta/ Saadi (2011), S. 18, 25.

338 Vgl. Tiwana/ Keil/ Fichman (2006), S. 378 f.; Howell/ Jägle (1997), S. 928 f. und für ähnliche Ergebnisse Tiwana et al. (2007), S. 173.

339 Vgl. Tiwana/ Keil/ Fichman (2006), S. 379.

340 Siehe für den Zusammenhang von wahrgenommenem Realoptionswert und Kapitalwert eines Investitionsprojektes Tiwana et al. (2007).

meintlicher oder auch geringwertiger Investitionsoptionen ist dabei ein kritischer Erfolgsfaktor zur Vermeidung eskalierenden Commitments.[341]

Investitionsoptionen tragen also grundsätzlich zu einer Erklärung von gerechtfertigtem und auch von eskalierendem Commitment bei.[342] Gemäß der obigen Ausführungen kann aber geschlossen werden, dass Warte- und Wachstumsoptionen[343] allein zu einer Steigerung von Commitment, sei es gerechtfertigt oder nicht, beitragen. Sie führen im Sinne dieser Arbeit folglich nie zu einer Verminderung von eskalierendem Commitment.

b) Verminderung der Eskalation von Commitment durch Berücksichtigung von Abbruchoptionen in der Investitionsbewertung

Ein Projektabbruch kann aber auch gerade bei der Berücksichtigung von Realoptionen rational sein. Im speziellen Fall der Abbruchoption kann die Effizienz durch Optionsausübung gesteigert werden, wenn der daraus resultierende Abbruchwert den erwarteten Fortführungswert des Projektes übersteigt. Die explizite Betrachtung dieser Möglichkeit und die Einbeziehung der resultierenden Zahlungskonsequenzen in den Entscheidungsprozess könnten tatsächlich ein Steuerungsinstrument zur Verminderung eskalierenden Commitments darstellen. Daher soll diese Möglichkeit im Folgenden diskutiert werden.

Mit der Initialentscheidung für ein Investitionsprojekt und dessen Realisation gehen für den Entscheidungsverantwortlichen immer zwei Optionen im Zusammenhang mit der Beendigung des Projektes einher. Das Projekt kann entweder bis zu seiner Vollendung gebracht oder schon im Vorfeld abgebrochen werden. Dies kommt in Analogie zu Finanzoptionen einer amerikanischen Option gleich.[344] Je nach Betrachtungsweise kann eine Investitions- oder Desinvestitionsoption beschrieben werden. Bricht der Entscheidungsträger das Projekt nicht vor seiner Vollendung ab, so erkauft er letztlich mit dem Verzicht auf einen Abbruch, und

---

[341] Vgl. Barnett/ Dunbar (2008), S. 386; Carr (2002), S. 22; McGrath (1999), S. 23.

[342] Vgl. Tiwana/ Keil/ Fichman (2006), S. 383; Keil/ Flatto (1999), S. 133. Die genannten Autoren unterstellen, dass die Realoptionstheorie nur im Fall gerechtfertigten Commitments einen Erklärungsbeitrag für das Konzept der Eskalation von Commitment liefert und Realoptionen einen ökonomisch rationalen Grund zur Fortführung ansonsten ineffizienter Projekte darstellen (vgl. Tiwana/ Keil/ Fichman (2006), S. 383; Keil/ Flatto (1999), S. 133). Aber auch der Fall ungerechtfertigten, also eskalierenden Commitments kann durch Investitionsoptionen, nämlich eine ökonomisch irrational spekulative oder inflationäre Betrachtungsweise, erklärt werden.

[343] Allgemeiner kann dies für Investitionsoptionen geschlossen werden.

[344] Vgl. z.B. Myers/ Majd (1990), S. 3.

damit den Abbruchwert, den zu diesem Zeitpunkt erwarteten Projektwert.[345] Damit übt er eine Investitionsoption aus. Demgegenüber kann der vorzeitige Projektabbruch als Ausübung einer Desinvestitionsoption betrachtet werden. Hierbei erfolgt ein Verzicht auf den erwarteten Projektwert und die Vereinnahmung des Abbruchwertes.[346] Beide Sichtweisen erfordern demnach zumeist den Vergleich des Abbruch- und des Fortführungswertes. Der Fokus soll hier aber konkret auf der Abbruchoption und damit einer Desinvestitionsoption liegen. Eine Eskalation von Commitment liegt dann vor, wenn die Projektfortführung im Vergleich zum Abbruch ineffizient ist, letzterer aber nicht erfolgt.[347]

So wie auch die im vorangegangenen Kapitel betrachteten Investitionsoptionen zu Beginn eines Projektes dessen Wert erhöhen, gilt dies auch für die Abbruchoption. Die flexible Reaktionsmöglichkeit auf einen nachteiligen Projektverlauf stellt einen Wert dar, der durch traditionelle Bewertungsmethoden, wie die Bestimmung eines passiven Kapitalwertes, ignoriert wird.[348] Ein effizientes Realoptionsmanagement erfordert aber nicht allein die Wertschätzung der Optionen zu Beginn eines Projektes, sondern auch deren adäquate Ausübung.[349] Diese kann durch eine konsequente Anwendung des Realoptionsansatzes erreicht werden und sollte dann auch zu einer situationsgerechten Terminierung von Projekten führen. Die Nicht-Ausübung einer Abbruchoption ist dabei ökonomisch irrational,[350] wenn der Abbruchwert höher als der erwartete Fortführungswert inklusive möglicher weiterer Realoptionen ist.[351] Eine ungewisse Informationslage schließt wiederum ein gerechtfertigtes Commitment nicht aus.

Der Wert der Abbruchoption wird im Vergleich zu anderen Realoptionen häufig als niedriger wahrgenommen.[352] Diese geringe Wertschätzung beruht nicht zuletzt auch auf den Treibern

---

[345] Vgl. Chulkov (2007), S. 48; Trigeorgis (1996), S. 126; Myers/ Majd (1990), S. 3. Bei dieser Sichtweise werden mögliche im Rahmen einer neuen Investitionsrunde zu tätigende Teilinvestitionen im Projektwert erfasst und dem Abbruchwert gegenübergestellt.

[346] Vgl. z.B. Brealey/ Myers/ Allen (2014), S. 568; Li et al. (2007), S. 36 f.; Hommel/ Pritsch (1999), S. 126; Trigeorgis (1996), S. 12 f., 126; Trigeorgis (1993b), S. 211 f.

[347] Vgl. zu einer inversen Argumentation und der Beschreibung eines rationalen Commitments Adner (2007), S. 367 sowie zum Vergleich des Abbruchwertes mit dem Fortführungswert Damodaran (2000), S. 41.

[348] Vgl. z.B. Denison (2009), S. 137; Chulkov (2007), S. 48; Feinstein/ Lander (2002), S. 418; Busby/ Pitts (1997), S. 170; Myers/ Majd (1990), S. 1-2; Robichek/ Horne (1967), S. 587.

[349] Vgl. ähnlich Barnett (2005), S. 67; Kogut/ Kulatilaka (1994), S. 70.

[350] Vgl. Janney/ Dess (2004), S. 64.

[351] Vgl. Statman/ Caldwell (1987), S. 7; Bonini (1977), S. 39; Robichek/ Horne (1967), S. 578.

[352] Siehe für eine empirische Untersuchung Tiwana/ Keil/ Fichman (2006). Ihr Ergebnis einer verhältnismäßig niedrigen Bewertung von Abbruchoptionen (vgl. Tiwana/ Keil/ Fichman (2006), S. 359) steht in Einklang mit den Ergebnissen von Busby/ Pitts (1997), die Abbruchoptionen als die am seltensten berücksichtigten Realoptionen ausmachen (vgl. Busby/ Pitts (1997), S. 174 f.). Laut einer Studie von Baker/ Dutta/ Saadi

eskalierenden Commitments, die einen späteren Projektabbruch und damit die Optionsausübung schwierig erscheinen lassen.[353] Es darf aber nicht außer Acht bleiben, dass die Abbruchoption im Verlaufe des Projektes sehr wohl ein wertvolles Gut darstellen kann. So offenbart sich zwar im Moment ihrer Ausübung die Wertlosigkeit des eigentlich intendierten Projektes, womit die anfänglich geringe Wertschätzung der Abbruchoption durch Entscheidungsträger ebenfalls erklärbar ist. Aber die Optionsausübung vermag doch im Fall eines fehllaufenden Projektes die Verluste zu begrenzen. Vor diesem Hintergrund sind auch die Ergebnisse von Damaraju/ Barney/ Makhija (2015) zu sehen. Die Autoren zeigen in ihrer Studie zum Desinvestitionsverhalten, dass Unternehmen in Unsicherheitsmomenten die Unterlassung einer Desinvestition einer sofortigen und diese wiederum einer schrittweisen Desinvestition vorziehen.[354] Ist die Möglichkeit eines Abbruchs also einmal erkannt, scheint ein vollständiger Abbruch zumindest einen höheren Wert zu haben als ein schrittweiser Abbruch. Dieses Ergebnis steht zwar im Widerspruch zur Realoptionslogik,[355] stützt aber den Gedanken einer eskalationsmindernden Wirkung von Abbruchoptionen.

Die bisher nur angenommene Wirksamkeit der Abbruchoption als Steuerungsinstrument eskalierenden Commitments konnte, unter Berücksichtigung ausgewählter Kontrollvariablen, bereits gezeigt werden. Denison (2009) stellt in ihrer US-amerikanischen Studie fest, dass die Verwendung des Realoptionsansatzes im Vergleich zur Kapitalwertmethode bei Existenz einer Abbruchoption signifikant seltener zu einer Eskalation von Commitment führt.[356] Dieses Ergebnis steht auch in Einklang mit der geringen Bewertung von Abbruchoptionen: Während gerade Investitionsoptionen aufgrund des ihnen beigemessenen Wertes eine eskalationsfördernde Wirkung zugeschrieben wird, kann diese Argumentation für Abbruchoptionen und ihren als niedrig wahrgenommenen Wert nicht gelten. Der Wert der Abbruchoption führt demnach nicht zu einem gesteigerten Commitment, sondern offenbart sich gerade im Moment der Optionsausübung und durch die damit verbundenen Zahlungskonsequenzen. Hieraus kann

---

(2011) werden Realoptionen mit Abbruchelementen seltener berücksichtigt, wobei die Abbruchoption als solche nur den drittletzten Rang besetzt (vgl. Baker/ Dutta/ Saadi (2011), S. 25). Tiwana et al. (2007) differenzieren die Untersuchung und stellen fest, dass der Abbruchoption in Projekten mit einem niedrigen Kapitalwert sehr wohl ein Wert beigemessen wird (vgl. Tiwana et al. (2007), S. 169-171).

[353] Vgl. Tiwana/ Keil/ Fichman (2006), S. 381.

[354] Vgl. Damaraju/ Barney/ Makhija (2015), S. 737. Eine schrittweise Desinvestition kann als Einschränkungsoption interpretiert werden.

[355] Vgl. Damaraju/ Barney/ Makhija (2015), S. 740.

[356] Vgl. Denison (2009), S. 141 f., 147 f. Ihr Ergebnis wird von Karami/ Farsani (2011) (identisch veröffentlicht unter Farsani (2012)) sowie in den Arbeiten von Gnutek (2014) und Poerink (2013) in anderen kulturellen Kontexten bestätigt (Iran, Schweden und Niederlande). Alle drei Studien gewinnen jedoch keine wesentlichen Erkenntnisse über jene von Denison (2009) hinaus.

geschlossen werden, dass eine disziplinierte Einbeziehung von Abbruchoptionen in die Fortführungsentscheidungen von Projekten die Eskalationstendenzen eines Entscheidungsträgers verringert.

Die vermindernde Wirkung von Abbruchoptionen auf die Eskalation von Commitment wird mitunter aber auch in Frage gestellt. So könnte die Möglichkeit zum Aufschub eines Abbruchs zu ökonomisch irrationalem Commitment führen, wenn kein konkretes Ausübungsdatum festgelegt wurde.[357] Ein Aufschub wäre dabei erneut auf die Bestimmungsgründe eskalierenden Commitments zurückzuführen. Zardkoohi (2004) widerspricht dieser nicht empirisch gestützten Annahme und sieht sie als rein spekulativ an. Bei konsequenter Anwendung der Bewertungstechnik und Beachtung der in einem Unternehmen vorgegebenen Regeln und Prozesse verhindert gerade ein fixes Ausübungsdatum die Ausnutzung von Flexibilität als Kernstück von Realoptionsgeschäften.[358] Diese Sichtweise spricht eher für eine wert- und nicht zeitpunktorientierte Ausübung, die in den Bewertungsrichtlinien zu implementieren ist.

Mit der Anwendung der Realoptionsmethode wird aber nicht nur die Bewertung eines Projektes beeinflusst, sondern auch die Informationswahrnehmung sowie -verarbeitung und damit das Verhalten der Entscheidungsträger. Denn die explizite und konsequente Betrachtung von Realoptionen erleichtert die Zugänglichkeit zum kognitiven Konstrukt der Abbruchmöglichkeit und verändert die Denkstrukturen eines Individuums.[359] In der Psychologie wird die Zugänglichkeit zu einem kognitiven Konstrukt darüber definiert, mit welcher Leichtigkeit dieses durch ein Individuum vergegenwärtigt werden kann.[360] Je höher die Zugänglichkeit zu einem Konstrukt ist, desto wahrscheinlicher wird es ceteris paribus bei der Wahrnehmung und Verarbeitung neuer Informationen aktiviert.[361] Die Aktivierung des grundsätzlich verfügbaren Wissens über ein Konstrukt, wie etwa eine Handlungsmöglichkeit, hat sodann einen beachtlichen Einfluss auf anschließende Entscheidungen und Verhaltensweisen.[362] So wird die Suche nach Alternativen, als eine Aufgabe im Entscheidungsprozess in Unternehmen,[363] durch die kognitive Präsenz von grundsätzlichen Handlungsmöglichkeiten erleichtert oder gar derart beeinflusst, dass einzelne Optionen überhaupt erst Berücksichtigung finden. Da die möglichen

---

357 Vgl. Janney/ Dess (2004), S. 64; Adner/ Levinthal (2004a), S. 78 f.; Teach (2003), S. 76; Fink (2001), S. 85 f.

358 Vgl. Zardkoohi (2004), S. 117 f.

359 Vgl. Poerink (2013), S. 37; Denison (2009), S. 135, 147.

360 Vgl. Etcheverry/ Le (2005), S. 105; Higgins (1996), S. 133 f.; Fazio et al. (1986), S. 230.

361 Vgl. Denison (2009), S. 137; Ratneshwar et al. (1997), S. 247.

362 Vgl. z.B. Denison (2009), S. 137; Posavac/ Sanbonmatsu/ Fazio (1997), S. 259.

363 Vgl. z.B. Laux/ Gillenkirchen/ Schenk-Mathes (2014), S. 12-14.

Entscheidungsalternativen im Rahmen von Investitionsprojekten nicht immer explizit und offensichtlich sind, oder auch im Laufe eines Projektes wieder in Vergessenheit geraten können,[364] ist die Erzeugung einer kognitiven Präsenz also von besonderer Relevanz.[365] Der Realoptionsansatz als Bewertungs- und vor allem mentales Modell[366] vermag im Rahmen von Investitionsentscheidungen die Existenz von Abbruchoptionen hervorzuheben und damit die kognitive Zugänglichkeit zu diesem Konstrukt zu erhöhen.[367]

Der temporäre Effekt der Konstruktzugänglichkeit auf die Informationswahrnehmung und -verarbeitung kann zudem langfristige behaviorale und kognitive Konsequenzen haben.[368] Denn eine wiederholte Auseinandersetzung mit der Abbruchoption kann nicht nur eine erhöhte, sondern auch eine chronische Konstruktzugänglichkeit bewirken.[369] Diese steigert wiederum die Wahrscheinlichkeit einer automatischen Aktivierung des kognitiven Konstruktes, wenn der Entscheidungsträger einem Stimulus, wie etwa Informationen zu Fehlentwicklungen eines Projektes, ausgesetzt wird.[370] Auf diese Weise erhält die Abbruchoption als relevante Investitionsvariante bei regelmäßiger Anwendung der Realoptionsmethode eine größere Beachtung und vermag sogar die Notwendigkeit einer neuerlichen Projektentscheidung bei Fehlentwicklungen zu induzieren.

Denison (2009) unterstellt, dass die Konstruktzugänglichkeit ein Mediator der Beziehung zwischen der Bewertungsmethode und der Eskalation von Commitment ist. Dieser Zusammenhang wird aber weder mit einer indirekten noch mit einer direkten Messung der Konstruktzugänglichkeit eines Projektabbruchs eindeutig und signifikant nachgewiesen.[371] Daher

---

364 Vgl. Barnett (2005), S. 67.

365 Ohne eine konkrete Nennung der Realoptionsmethode weist auch Müller (2008) darauf hin, dass eine systematische Beachtung von alternativen Entwicklungen und Entscheidungsmöglichkeiten die informatorische Fundierung von Entscheidungen verbessert und zur Rationalitätssicherung beiträgt (vgl. Müller (2008), S. 240 in Verbindung mit Russo/ Schoemaker (2002), S. 61).

366 Vgl. zur Idee des Realoptionsansatzes als mentales Modell z.B. Mangold (2013), S. 67 f.; Hilpisch (2006), S. 34; Fichman/ Keil/ Tiwana (2005), S. 78; Janney/ Dess (2004), S. 60; Pritsch/ Weber (2001), S. 13; Meise (1998), S. 86.

367 Vgl. Gnutek (2014), S. 13 f.; Denison (2009), S. 134, 149. In diesem Zusammenhang steht auch die Argumentation von Pritsch/ Weber (2001). Die Autoren unterstellen, dass „die Nutzung des Realoptionsansatzes [es] ermöglicht (…), über den Hayek'schen Prozess der Mustererkennung zu einem besseren Verständnis der Entscheidungssituation und bestimmter Wirkungszusammenhänge zu gelangen" (Pritsch/ Weber (2001), S. 25 in Verbindung mit von Hayek (1972), S. 9 f.).

368 Vgl. Higgins/ King/ Mavin (1982), S. 36.

369 Vgl. Fazio/ Williams (1986), S. 506; Fazio et al. (1986), S. 229; Higgins/ King (1981), S. 79 f.

370 Vgl. Denison (2009), S. 137 f.; Fazio/ Williams (1986), S. 505 f.; Fazio/ Powell/ Herr (1983), S. 731.

371 Vgl. Denison (2009), S. 143, 148 f. Bei einer indirekten Messung der Konstruktzugänglichkeit wird sogar ein, zwar nicht signifikanter, aber der Theorie tendenziell zuwider laufender Effekt gezeigt. Dabei führt der Realoptionsansatz zu einer Verringerung der Konstruktzugänglichkeit eines Projektabbruchs und diese führt wiederum zu einer Steigerung der Eskalation von Commitment. Aufgrund mangelnder Signifikanz sind die

kann angenommen werden, dass der höhere kognitive Zugang zu einer Abbruchoption dem Realoptionsansatz inhärent ist, aber empirisch nicht als Mediator betrachtet werden kann. So ist die Instruktion der Realoptionsmethode zur Beachtung und informatorischen Fundierung von Realoptionen, insbesondere wenn diese Vorgabe einem Entscheidungsträger schriftlich vorliegt, verantwortlich für eine stärkere Salienz[372] der Abbruchoption und damit auch für eine höhere kognitive Zugänglichkeit zu diesem Konstrukt.[373] Die daraus folgend veränderte Informationsbeschaffung, -wahrnehmung und -verarbeitung im Vergleich zur Kapitalwertmethode, kann sich sodann auf die Fortführungsentscheidung im Rahmen eines Investitionsprojektes auswirken und zur Wahl einer zu präferierenden Alternative führen.[374] Dies darf gefolgert werden, da die Investitionsbewertung als Grundlage der Entscheidung dient und gleichzeitig aber einen reinen Informationsverarbeitungsprozess darstellt.[375]

Jedoch ist nicht nur ein Erkennen von Alternativen, sondern auch das Wissen um deren Nutzen relevant für eine eskalationsmindernde Wirkung. Dieser Nutzen alternativer Handlungsmöglichkeiten entspricht den Opportunitätskosten eines Investitionsprojektes. Die Salienz der Opportunitätskosten hat, in Einklang mit der subjektiven Erwartungsnutzentheorie, einen empirisch nachgewiesenen negativen Einfluss auf die Eskalation von Commitment.[376] Wird ein Entscheidungsträger durch Anwendung der Realoptionsmethode für das Vorhandensein von Abbruchoptionen sensibilisiert, so steigt auch die Salienz der mit einer entsprechenden Projektbeendigung verbundenen Zahlungskonsequenzen, sofern diese Zahlungsinformationen prinzipiell verfügbar sind. Die Salienz dieser Opportunitätskosten sollte gemäß dem obigen

Vorzeichen aber nicht sinnvoll interpretierbar. Diese Ergebnisse und die grundsätzlich schwierige Messbarkeit des Konstruktes (ohne Beeinflussung des Antwortverhaltens) begründen, dass dieser Ansatz im Rahmen der vorliegenden Untersuchung nicht weiter verfolgt und von einer intervenierenden Funktion der Konstruktzugänglichkeit eines Projektabbruchs abstrahiert wird.

372 Die Salienz eines Konstruktes wird hier als das Ausmaß verstanden, in dem Informationen über dieses Konstrukt aus einem Entscheidungskontext hervorstechen und dadurch einem Individuum auffallen. Eine erhöhte Salienz bewirkt, dass dem Konstrukt mehr Aufmerksamkeit zu Teil wird (vgl. Müller/ Krummenacher/ Schubert (2015), S. 62 f.; Betsch/ Funke/ Plessner (2011), S. 25; Northcraft/ Neale (1986), S. 350 f.; West/ Odom (1979), S. 1261; Pryor/ Kriss (1977), S. 49).

373 Vgl. zum Einfluss schriftlicher Instruktionen auf die Konstruktzugänglichkeit Higgins/ King/ Mavin (1982), S. 36 und siehe für eine empirische Untersuchung Higgins/ Chaires (1980).

374 In einer Studie zeigen Posavac/ Sanbonmatsu/ Fazio (1997), dass erhöhte Salienz und Konstruktzugänglichkeit durch konkrete Angabe von Entscheidungsalternativen, im Vergleich zu unspezifizierten Entscheidungssituationen, zu der Wahl präferierter Alternativen führen (vgl. Posavac/ Sanbonmatsu/ Fazio (1997), S. 258). Zudem nehmen bereits Keil/ Truex III/ Mixon (1995) und Northcraft/ Neale (1986) an, dass Projektmanagement Techniken, die einen Entscheidungsträger zur Generierung und Betrachtung von Alternativen zwingen, zur Reduzierung von Eskalationstendenzen beitragen (vgl. Keil/ Truex III/ Mixon (1995), S. 378; Northcraft/ Neale (1986), S. 354).

375 Vgl. Schirmeister (1981), S. 11.

376 Vgl. Sleesman et al. (2012), S. 547, 551, 556.

Zusammenhang zu einer Verringerung von Eskalationstendenzen führen, wenn der Abbruchwert den Fortführungswert des Projektes übersteigt.

Die eskalationsmindernde Wirkung der Konstruktzugänglichkeit sowie der Salienz der Opportunitätskosten könnte jedoch durch einen der wesentlichsten Gründe für Eskalationstendenzen – die (Selbst-)Rechtfertigung – vereitelt werden. Aber auch hierbei stellt der Realoptionsansatz ein wirkungsvolles Instrument zur Abmilderung des Rechtfertigungsdrucks und damit der Eskalation von Commitment dar.[377] So liefert die Einbeziehung von ereignisabhängigen Realoptionen in die Investitionsentscheidung bei späterem Ausbleiben oder, in negativer Abgrenzung, bei späterem Eintreten des Ereignisses einen klar definierten exogenen Grund für die Fehlentwicklung des Projektes und damit einen extern bestimmten und nicht zu verantwortenden Projektabbruch. Eine solche externe Schuldzuweisung stünde in Einklang mit der Attributionstheorie.[378] Denn gemäß der sogenannten selbstwertdienlichen Verzerrung versuchen Individuen Erfolge den eigenen Fähigkeiten zuzuschreiben, aber Misserfolge auf äußere Ursachen zurückzuführen.[379] Eine Minderung des Erwartungswertes einer Fortführungsoption durch ein exogenes Ereignis stellt eine solche äußere Ursache dar. Für einen daraus folgenden Projektabbruch kommt zusätzlich dem Framing der Entscheidungssituation eine Bedeutung zu. So kann die Realoptionsbewertung dazu beitragen, dass der Abbruch eines Projektes nicht als Verlust, sondern als Gewinn im Vergleich zu einer Fortführung gesehen wird und daraufhin die Fortführungsoption verfällt, aber die Abbruchoption ausgeübt wird. Denn gerade in diesem Fall wäre eine Eskalation über den Zeitpunkt eines gerechtfertigten Abbruchs[380] hinaus ökonomisch irrational und insofern erklärungsbedürftig. Die subjektiven Kosten einer solchen Erklärung würden die Kosten der Rechtfertigung eines Abbruchs übersteigen, wenn die Notwendigkeit des Abbruchs eindeutig aus einer sichtbaren externen Ursache entsteht.[381] Der verstärkende Einfluss des Rechtfertigungsdrucks auf die Eskalation von Commitment könnte auf diese Weise durch den Einbezug von Realoptionen in den Entscheidungsprozess abgemildert werden.

---

[377] Vgl. hierzu und im Folgenden Zardkoohi (2004), S. 117.

[378] Siehe für eine Einführung in die Attributionstheorie z.B. Fincham/ Hewstone (2002); Zuckerman (1979); Kelley (1973).

[379] Siehe für eine Metaanalyse zu diesem Phänomen Campbell/ Sedikides (1999).

[380] Wenn für ein Projekt alle Realoptionen von Beginn an explizit erkannt und bewertet wurden, dann beschreiben Tiwana/ Keil/ Fichman (2006) einen Projektabbruch als gerechtfertigt und nicht als Misserfolg (vgl. Tiwana/ Keil/ Fichman (2006), S. 384).

[381] Vgl. Zardkoohi (2004), S. 117.

Die bisherige Argumentation zu den Annahmen einer Wirkung der Realoptionsmethode auf das Entscheidungsverhalten von Projektverantwortlichen erlaubt somit die Aufstellung der folgenden Hypothese:

Hypothese 1: Ein Entscheidungsträger wird unter Verwendung der Realoptionsmethode zur Bewertung eines Investitionsprojektes mit Abbruchoption sein Commitment durch Fortführung des erfolglosen Projektes mit einer geringeren Wahrscheinlichkeit eskalieren als unter Verwendung der Kapitalwertmethode.

Dieser direkte Einfluss der Bewertungsmethode auf die Eskalationstendenzen eines Entscheidungsträgers ist in Hypothese 1 als allgemeingültig formuliert. Eine Allgemeingültigkeit wäre insofern wünschenswert, als dass die eskalationsmindernde Wirkung der Realoptionsbetrachtung für jede Entscheidungssituation eines beliebigen Entscheidungsträgers angenommen werden könnte. Die bereits aufgezeigten vielfältigen Einflussfaktoren eskalierenden Commitments lassen jedoch vermuten, dass der direkte Wirkungszusammenhang von Bewertungsmethode und Eskalation von Commitment durch bestimmte Variablen moderiert werden könnte.[382] Diese Eventualität eines nicht homogenen Wirkungszusammenhangs unter Beachtung von Moderatorvariablen gilt es zu überprüfen.[383] Da sich sowohl für einen stabilen als auch nicht stabilen direkten Effekt theoretische Argumente vorbringen lassen, sollen im Folgenden jeweils konkurrierende Hypothesen aufgestellt werden. Der Fokus liegt dabei auf ausgewählten projektbezogenen und psychologischen Einflussfaktoren, deren Relevanz im theoretischen Rahmen der direkten Wirkungsbeziehung begründet liegt.[384] Einen Überblick über das gesamte Forschungsmodell mit dem zentralen direkten Effekt des Bewertungsansatzes auf die Eskalation von Commitment sowie den zu betrachtenden Moderatorvariablen bietet die Abbildung 2.

---

[382] Die meisten, wenn nicht sogar alle Theorien auf dem Gebiet der angewandten Psychologie und der Managementforschung enthalten angenommene oder bestätigte Interaktionseffekte (vgl. Aguinis (2002), S. 207 f.). Sie sind damit keine Ausnahmeerscheinung, sondern vielmehr zentraler Bestandteil des Testens wissenschaftlicher Theorien (vgl. Cohen et al. (2003), S. 255).

[383] Grundsätzlich können Moderatorvariablen die Art und/oder Stärke des Zusammenhangs zwischen einer unabhängigen und einer abhängigen Variablen beeinflussen (vgl. Andersson/ Cuervo-Cazurra/ Nielsen (2014), S. 1064; Aguinis/ Gottfredson (2010), S. 776; Baron/ Kenny (1986), S. 1174; Arnold (1984), S. 218-221). In dieser Untersuchung erfolgt eine Konzentration auf die Eigenschaft von Moderatorvariablen, die Art eines Wirkungszusammenhangs zu verändern. Die Art eines Wirkungszusammenhangs ist als die Richtung des Zusammenhangs oder noch präziser als die Steigung der Regressionsgeraden zu interpretieren.

[384] Darüber hinaus ist das empirische Forschungsdesign für die Untersuchung vielfältiger Einflüsse ungeeignet. Soziale und strukturelle Determinanten werden daher nicht als Moderatorvariablen in das zu entwickelnde Forschungsmodell einbezogen.

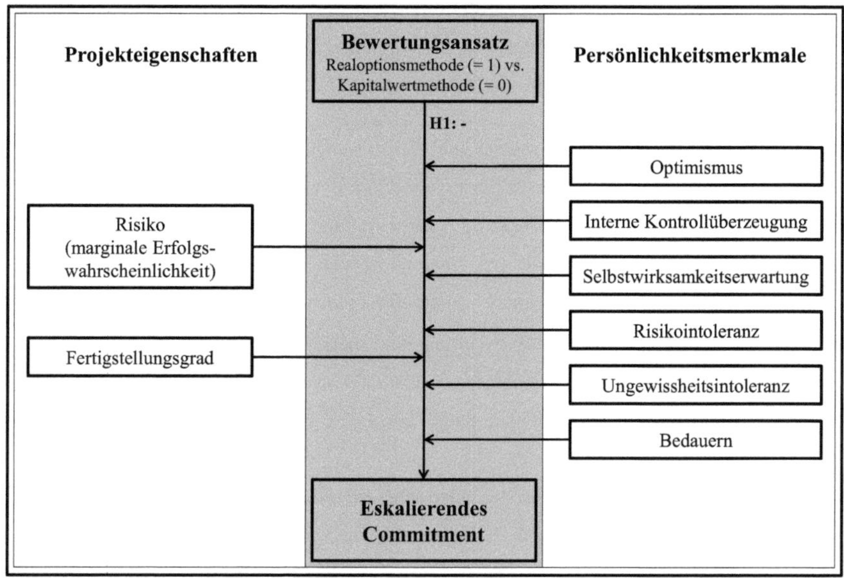

Abbildung 2: Forschungsmodell ohne Interaktionshypothesen

2. Der Einfluss von Bewertungsansätzen auf eskalierendes Commitment unter Berücksichtigung situativ spezifischer Projekteigenschaften

a) Veränderung der Eskalationstendenzen durch das Projektrisikoniveau im Kontext der Realoptionsbewertung

Das mit einem Investitionsprojekt verbundene Risiko, welches in einer Wahrscheinlichkeitsverteilung zukünftiger Zahlungsströme zum Ausdruck kommt, ist die bedeutendste Wertdeterminante von Realoptionen.[385] Denn eine sichere Zahlungsreihe führt zur Wertlosigkeit eines bedingten Termingeschäfts. Dabei darf die Sicherheit von Zahlungsströmen nicht mit dem Erfolg eines Investitionsprojektes verwechselt werden. Eine sichere, aber negative Abweichung zukünftiger Zahlungsüberschüsse von einem Anspruchsniveau bedeutet die eindeutige Misserfolgsaussicht eines Projektes und damit im Allgemeinen die Verwerfung der Investitionsmöglichkeit. Sind hingegen sowohl positive als auch negative Abweichungen der zukünftigen Zahlungsüberschüsse von einem Anspruchsniveau mit einer positiven Wahrscheinlich-

[385] Siehe hierzu auch Kapitel II.A.2.a).

keit belegt, so kann das Risiko eines Investitionsprojektes, in Analogie zu Finanzoptionen, grundsätzlich als die Standardabweichung der möglichen Zahlungen von deren Erwartungswert definiert werden.[386]

Bei Anwendung des Realoptionsansatzes und der entsprechenden Unterstellung von Handlungsflexibilität der Projektverantwortlichen führt diese Symmetrie des Risikomaßes zu einer meist positiven Korrelation zwischen dem Projektrisiko und dem initialen Realoptionswert.[387] Denn indem positive Abweichungen von einem Anspruchsniveau genutzt und negative Abweichungen vermieden werden können, erhält das Investitionsprojekt ein asymmetrisches Zahlungsprofil.[388] Eine symmetrische Erhöhung des Risikos, bei der gleichermaßen die möglichen positiven und negativen Abweichungen der Zahlungen tangiert werden, steigert dementsprechend den Realoptionswert und damit auch den Wert des Investitionsprojektes.[389] Steigt die Wahrscheinlichkeit oder die Höhe positiver Abweichungen an, so resultiert ebenfalls ein höherer Projektwert. Dieser ist aber selbst bei einer erhöhten Standardabweichung auf eine Erhöhung des passiven Kapitalwertes zurückzuführen. Der Wert der Handlungsflexibilität stagniert oder sinkt hingegen.[390] Veränderungen negativer Abweichungen sind differenzierter zu betrachten. Werden negative Abweichungen der Zahlungen von einem Anspruchsniveau wahrscheinlicher, dann sinkt der Projektwert insgesamt, aber der Beitrag der Realoption zu diesem Wert steigt. Steigt hingegen die absolute Höhe der negativen Abweichungen, dann bleibt der Projektwert konstant, wobei der passive Kapitalwert sinkt und der Wert für die Handlungsflexibilität steigt. Unter Realoptionsbetrachtung tangiert eine wertmäßige Veränderung der negativen Abweichungen folglich nicht den Projektwert, obwohl sie einen Einfluss auf die Standardabweichung haben kann.[391]

[386] Auf die grundsätzlich nicht triviale Bestimmung der Standardabweichung zukünftiger erwarteter Zahlungsströme in realwirtschaftlichen Investitionsprojekten sei an dieser Stelle nur hingewiesen. Für eine kurze Diskussion siehe z.B. Hilpisch (2006), S. 96; Chance/ Peterson (2002), S. 58 f., 70 f.; Peske (2002), S. 124-126.

[387] Unter der Normalverteilungsannahme des Black-Scholes-Modells ist dieser Zusammenhang stets gegeben.

[388] Vgl. z.B. Smit/ Moraitis (2014), S. 10; Tong/ Reuer (2007), S. 11; Meise (1998), S. 16-21; Trigeorgis (1996), S. 122; Kogut/ Kulatilaka (1994), S. 59.

[389] Vgl. z.B. Hull (2015), S. 305; Alessandri et al. (2004), S. 758; Baecker/ Hommel (2004), S. 6; Carruth/ Dickerson/ Henley (2000), S. 125; Busby/ Pitts (1997), S. 171.

[390] Bei einer erhöhten Wahrscheinlichkeit für positive Abweichungen ist von einer Senkung und bei einer absoluten Erhöhung der positiven Abweichungen von einer Stagnation des Wertes für die Handlungsflexibilität als Komponente des gesamten Projektwertes auszugehen.

[391] Sobald Optionen aus dem Geld sind, werden Sie nicht ausgeübt und haben in diesem Moment, unabhängig davon wie weit sie aus dem Geld sind, einen Wert von null. Miller/ Shapira (2004) stellen in einer empirischen Untersuchung allerdings fest, dass Individuen die eigentlich irrelevante Höhe verlustbringender Zahlungen in der Realoptionsbewertung fälschlicherweise berücksichtigen (vgl. Miller/ Shapira (2004), S. 278).

Für die Erklärung von eskalierendem Commitment wird der Höhe der negativen Abweichungen von einem Anspruchsniveau aber sehr wohl eine Bedeutung zugesprochen. Risiko kann hier auch darüber definiert werden, wie unerwünscht die möglichen Konsequenzen einer Investitionsalternative sein können und mit welcher Wahrscheinlichkeit diese negativen Wirkungen eintreten.[392] Im Fokus steht also ein als Verlustpotential verstandenes Risiko.[393] In Einklang mit der subjektiven Erwartungsnutzentheorie hat das Verlustpotential einen negativen Einfluss auf die Investitionsattraktivität von Entscheidungsalternativen und damit die Eskalation von Commitment.[394]

Als projektbezogene Determinante liefert das Verlustpotential insbesondere einen Erklärungsbeitrag für die initiale Realisierung eines Investitionsprojektes und mithin den Beginn eines möglichen Eskalationsprozesses. Die tatsächliche Eskalation von Commitment liegt aber per Definition erst dann vor, wenn ein Projekt trotz negativer Signale bezüglich des Investitionserfolges fortgesetzt wird. In diesem Stadium ist die Risikoposition eines Projektes, und zwar nun definiert als die Standardabweichung der möglichen Zahlungen von deren Erwartungswert, ebenfalls Ausgangspunkt für eine Erklärung eskalierenden Commitments. Dies wird mit der Betrachtung eines Extremfalls deutlich, indem die Auflösung der initialen Projektunsicherheit durch das negative Signal eines sicheren Projektmisserfolges zu einer marginalen Erfolgswahrscheinlichkeit variiert wird. Im Fall eines sicheren Projektmisserfolges ist der Abbruch des Projektes wahrscheinlicher als bei einer marginalen Erfolgsaussicht, auch wenn diese weiterhin zu einem erwarteten Projektmisserfolg führt und demnach die Ausübung der Abbruchoption objektiv rational wäre.[395] Die theoretische Basis für die Erklärung des Zusammenhangs bietet die Prospect Theorie. Bei Annahme risikofreudigen Investitionsverhaltens in einem Verlustkontext wird der aufgrund irreversibler Kosten sichere Verlust durch einen Projektabbruch von der marginalen Aussicht auf einen Gewinn dominiert. Eine

[392] Vgl. He/ Mittal (2007), S. 225 in Verbindung mit Sitkin/ Weingart (1995), S. 1575.

[393] Das Verständnis von Risiko als ein möglicher Verlust ist in der unternehmerischen Praxis verbreitet. Die Höhe des Verlustes ist dabei häufig entscheidungsrelevanter als die Wahrscheinlichkeit des Verlustes (vgl. March/ Shapira (1987), S. 1407).

[394] Vgl. Sleesman et al. (2012), S. 543; March/ Shapira (1987), S. 1404 f. In einer empirischen Untersuchung von Schaubroeck/ Davis (1994) wird deutlich, dass Individuen in einem Eskalationskontext eine, im Sinne des Verlustpotentials, risikoärmere einer risikoreicheren Investitionsalternative vorziehen, auch wenn letztere die ursprünglich gewählte Handlungsoption war (vgl. Schaubroeck/ Davis (1994), S. 75 f.). Wong (2005) zeigt in einer empirischen Untersuchung ebenfalls die eskalationsmindernde Wirkung des Risikos, wobei er auf die Präsentation einer risikoärmeren Investitionsalternative verzichtet (vgl. Wong (2005), S. 601). Dieses Ergebnis wird von He/ Mittal (2007) in ihrer Studie bestätigt (vgl. He/ Mittal (2007), S. 232).

[395] Vgl. ähnlich Staw (1981), S. 580. In empirischen Untersuchungen von Staw/ Ross (1978) sowie Bateman (1986) wird deutlich, dass Individuen ihre Eskalationstendenzen verstärken, wenn der Erfolg eines Investitionsprojektes wahrscheinlicher wird (vgl. Bateman (1986), S. 38 f.; Staw/ Ross (1978), S. 54 f.).

minimale Chance auf einen Projekterfolg kann also bereits die Eskalation von Commitment begründen oder vielmehr bestärken.

Problematisch ist in diesem Zusammenhang, dass Individuen die Informationen zu einem Investitionsprojekt, und so auch das Projektrisiko, selektiv wahrnehmen und filtern können.[396] Einem Projekt ohne Erfolgsaussicht könnte daher eine objektiv unbegründete Erfolgschance zuerkannt werden und dadurch eine Steigerung der Eskalationstendenzen erfolgen.[397] Ein ähnliches Argument kann in einem direkten Zusammenhang mit dem Realoptionsansatz vorgebracht werden, indem auf die eskalationsverstärkende Wirkung von Investitionsoptionen Bezug genommen wird. Denn nicht nur das grundsätzliche Risikoniveau eines Projektes beeinflusst die Höhe von Realoptionswerten und damit die initiale sowie auch fortgesetzte Investition in ein Projekt, sondern eben häufig auch die intuitive Wahrnehmung und Bewertung zukünftiger Investitionsoptionen. Die Überbewertung dieser Realoptionen bei einer marginalen Erfolgsaussicht des Projektes könnte die eskalationsmindernde Wirkung der Abbruchoption überlagern.[398] Wird mithin der Realoptionsansatz zur Bewertung eines Investitionsprojektes herangezogen und es besteht bei einem erwarteten Projektmisserfolg aber die minimale Chance auf einen Projekterfolg, so könnte die intuitiv zu hohe Bewertung von Investitionsoptionen

---

[396] Vgl. Staw (1981), S. 580 in Verbindung mit Caldwell/ O'Reilly (1982); Lord/ Ross/ Lepper (1979).

[397] Eine akkurate Wahrnehmung von Risiken vermag hingegen die Eskalation von Commitment einzuschränken (vgl. Jani (2008), S. 726 in Verbindung mit Keil et al. (2000a); Keil et al. (2000b)).

[398] Grundsätzlich kann das Vorhandensein von Investitionsoptionen bei einem Risiko bezüglich der Investitionsrückflüsse kontrovers diskutiert werden. Einerseits könnte das Investitionsaufkommen zunächst reduziert werden, wenn eine Warteoption ausgeübt und eine irreversible Investition entsprechend hinausgezögert wird (vgl. ähnlich z.B. Carruth/ Dickerson/ Henley (2000), S. 121, 125; Dixit/ Pindyck (1994), S. 8 f.; McDonald/ Siegel (1986), S. 708, 714; Bernanke (1983), S. 86). Andererseits könnte ein hohes Projektrisiko zu einem hohen Wert für andere Investitionsoptionen führen und durch die Aussicht auf hohe Gewinne die Motivation zur Investition verstärken (vgl. Dalziel (2009), S. 409; Kulatilaka/ Perotti (1998), S. 1021). Vor dem Hintergrund dieser Kontroverse ist auch das Untersuchungsergebnis von Dalziel (2009) zu interpretieren, welches keinen Einfluss des Risikos auf die Investitionsentscheidung zeigt (vgl. Dalziel (2009), S. 409). Allerdings setzt der Eskalationskontext in dieser Untersuchung voraus, dass ein Investitionsprojekt bereits begonnen wurde, womit die Argumentation für eine reine Warteoption nicht mehr zutreffend ist. Zudem wird in Studien zur investitionshemmenden Wirkung von Warteoptionen meist Risikoaversion der Entscheidungsträger unterstellt (vgl. z.B. McDonald/ Siegel (1986), S. 707). Diese Annahme ist in einem Eskalationskontext ebenfalls nicht haltbar. Einen Nachweis der Dominanz von Wachstumsoptionen gegenüber Warteoptionen bei hohem Projektrisiko erbringen zudem Lin/ Kulatilaka (2007) und Folta/ O'Brien (2004). In einem Eskalationskontext kann daher bei steigender Projektunsicherheit von einer eher verstärkenden Wirkung des Realoptionsgedankens auf die Investitionsintensität ausgegangen werden. Diese Gefahr wird offensichtlich auch in der Praxis wahrgenommen, da die Ermutigung zu risikofreudigem Verhalten durch den Realoptionsgedanken einer der primären Gründe für die Ablehnung des Realoptionsansatzes durch Manager ist (vgl. zu diesem Befragungsergebnis Block (2007), S. 261).

eine Deeskalation durch eine Abbruchoption behindern.[399] Diese Überlegung führt zu der folgenden Hypothese:

Hypothese 2a: *Der eskalationsmindernde Einfluss der Realoptionsbewertung auf das Commitment gegenüber einem erfolglosen Projekt wird durch eine marginale Erfolgswahrscheinlichkeit reduziert.*

Eine umgekehrte Interpretation dieses Interaktionseffektes, gemäß derer die Bewertungsmethode den Einfluss des Projektrisikos auf die Eskalation von Commitment moderieren könnte, kann hier ausgeschlossen werden. Denn eine Annahme dieser Untersuchung ist gerade eine unternehmensweit verpflichtende Vorgabe der Bewertungsmethode, die demnach der Ermittlung der benötigten und projektabhängigen Bewertungsparameter zeitlich vorgelagert ist.[400] Das Projektrisikoniveau als von der Bewertungsmethode unabhängige situative Eigenschaft eines Investitionsprojektes wird dann zum gegebenen Bewertungsanlass ermittelt[401] und könnte unter Realoptionsbetrachtung das wahrgenommene Gewinnpotential durch Investitionsoptionen beeinflussen.

Ausschließbar ist hingegen nicht, dass die Instruktionen eines konkreten Bewertungsansatzes derart restriktiv und bestimmend sind, dass die Bewertung konsequent und schematisch in Umsetzung der Vorgaben erfolgt. Damit kann auch die folgende konkurrierende Gegenhypothese aufgestellt werden:

---

[399] In einer empirischen Studie zeigen Damaraju/ Barney/ Makhija (2015), dass Unternehmen bei steigender Projektunsicherheit ein Projekt eher nicht abbrechen und stattdessen ihre Realoptionen weiter offen halten (vgl. Damaraju/ Barney/ Makhija (2015), S. 737, 740).

[400] Diese Annahme stellt eine grundsätzliche Limitation der Arbeit dar. Denn gewiss wird nicht in jedem Unternehmen eine für sämtliche Investitionsprojekte verpflichtende Bewertungsmethode vorgegeben. Die Wahl einer Bewertungsmethode kann grundsätzlich auch situativ, in Abhängigkeit der verfügbaren Informationen über einzelne Projektparameter, erfolgen. Dies liegt jedoch außerhalb des Fokus der vorliegenden Arbeit. Die Annahme einer verpflichtend vorgegebenen Bewertungsmethode ist indes nicht unrealistisch. Denn in einer Vielzahl von Unternehmen wird in 75% bis 100% der Investitionsprojekte dieselbe Bewertungsmethode zur Beurteilung herangezogen (vgl. für einen empirischen Beleg Ryan/ Ryan (2002), S. 359).

[401] Es darf gewiss nicht unterstellt werden, dass Bewertungsparameter in der Praxis stets eindeutig bestimmbar sind. Bei vollkommener Unkenntnis der Wahrscheinlichkeitsverteilung zukünftiger Zahlungsströme kann weder mit der Kapitalwertmethode noch mit der Realoptionsmethode ein erwarteter Projektwert bestimmt werden. Eine Eskalation von Commitment kann gemäß der strengen Definition in dieser Arbeit aber nur vorliegen, wenn keine Ungewissheit über die Wahrscheinlichkeitsverteilung eins Projekterfolges besteht. Der Fall ungewisser Zahlungsströme liegt daher außerhalb des Fokus dieser Arbeit. Unterschiedlichen Informationen über die Wahrscheinlichkeitsverteilung des Projekterfolges kann hingegen mit verschiedenen Verfahren der Realoptionsbewertung begegnet werden.

Hypothese 2b: Der eskalationsmindernde Einfluss der Realoptionsbewertung auf das Commitment gegenüber einem erfolglosen Projekt wird durch eine marginale Erfolgswahrscheinlichkeit nicht tangiert.

b) Fertigstellungsdruck in Abhängigkeit der irreversiblen Kosten und des Fertigstellungsgrades eines Projektes

Neben dem Merkmal der Unsicherheit wird häufig auch die Irreversibilität von Investitionen als Grund für die Werthaltigkeit von Realoptionen angesehen.[402] Dabei gilt die Annahme, dass Realoptionen nur dann einen Wert haben, wenn ihre Ausübung und damit verbundene Konsequenzen nicht vollständig umkehrbar sind.[403] Denn könnten die für eine Projektumsetzung getätigten Ausgaben vollständig und ohne Wertverlust zurückgewonnen werden, wäre eine mögliche Fehlentwicklung des Projektes weniger problematisch und flexible Handlungsspielräume von geringerer Bedeutung. Die zumindest anteilige Irreversibilität kann für reale Investitionsprojekte unterstellt werden, wobei die versunkenen Kosten umso höher sind, je unternehmens- oder zumindest branchenspezifischer das Investitionsprojekt und die in diesem gebundenen Vermögensgegenstände sind.[404] Jede Option zur Hinauszögerung irreversibler Investitionen, zur Umnutzung oder Anpassung getätigter Investitionen sowie auch zur teilweisen Rückgewinnung der Ausgaben hat daher einen Wert.[405] Aufgrund dieser grundsätzlichen Relevanz versunkener Kosten im Rahmen der Realoptionsbetrachtung soll auch ihre möglicherweise moderierende Rolle in der Beziehung zwischen der Bewertungsmethodik und der Eskalation von Commitment analysiert werden.

Die Eskalationsforschung unterstellte lange Zeit einen eindeutig positiven Einfluss irreversibler Kosten auf die Eskalation von Commitment, welcher in vielzähligen Experimenten nach-

[402] Vgl. z.B. Kogut/ Kulatilaka (2001), S. 746; Schäfer (1999), S. 16; Dixit/ Pindyck (1994), S. 8 f.; Bernanke (1983), S. 87 f.

[403] Vgl. z.B. O'Brien/ Folta (2009), S. 2; Baecker/ Hommel (2004), S. 3.

[404] Vgl. Hommel/ Pritsch (1999), S. 123; Trigeorgis (1996), S. 12; Dixit/ Pindyck (1995), S. 109; Dixit/ Pindyck (1994), S. 8 f. Gleichzeitig führen weniger spezialisierte Vermögenwerte aber zu einem höheren Abbruchoptionswert, da sie zu einem höheren Preis veräußert werden können (vgl. Berger/ Ofek/ Swary (1996), S. 259). Damit besteht im Fall von Abbruchoptionen grundsätzlich ein Widerspruch zur Realoptionslogik. Dieser leistet einen weiteren möglichen Erklärungsbeitrag für die geringe Wertschätzung von Abbruchoptionen zu Beginn eines Projektes, wenn ein Unternehmen nicht etwa ein konkret vertraglich geregeltes Recht zur Liquidierung spezialisierter Vermögensgegenstände besitzt.

[405] Die größte Bedeutung hat die Irreversibilität für den Wert von Warteoptionen (siehe für eine Untersuchung des Einflusses der Irreversibilität auf die Ausübung von Warteoptionen zu Beginn eines unsicheren Investitionsprojektes Folta/ O'Brien (2004), S. 125, 131-134).

gewiesen wurde.[406] So wurde empirisch belegt, dass Individuen häufig dem Sunk Cost Effekt erliegen. Sie können die versunkenen Kosten eines Investitionsprojektes kaum ignorieren und halten diese stattdessen auf einem mentalen Konto fest.[407] Der Einfluss von irreversiblen Kosten auf Fortführungsentscheidungen konnte aber nicht in sämtlichen Untersuchungen bestätigt werden.[408] Vielmehr wurde erstmals von Conlon/ Garland (1993) postuliert und empirisch gezeigt, dass nicht die versunkenen Kosten, sondern der Fertigstellungsgrad eines Projektes ausschlaggebend für die Eskalation von Commitment ist.[409] Dieses Ergebnis wurde von nachfolgenden Studien reproduziert.[410] Eine Erklärung für den zuvor vermeintlich festgestellten Einfluss der versunkenen Kosten wird darin gesehen, dass deren Operationalisierung nicht trennscharf oder sogar explizit als Projektfortschritt erfolgte.[411] Hinter den Ergebnissen zum verstärkenden Effekt irreversibler Kosten auf die Eskalation von Commitment würde sich in diesem Fall eigentlich der Einfluss des Fertigstellungsgrades eines Projektes verbergen.[412] Insofern könnte die Wirkung versunkener Kosten auf eskalierendes Commitment zumindest in Frage gestellt werden.[413] Dem ist aber entgegenzuhalten, dass in weiteren Studien direkte positive Einflüsse beider Variablen auf die Eskalation von Commitment und auch Interakti-

406 Die positive Wirkung versunkener Kosten auf die Eskalation von Commitment wurde z.B. von Keil/ Truex III/ Mixon (1995), Garland/ Newport (1991), Garland (1990) und Arkes/ Blumer (1985) nachgewiesen.

407 Vgl. Keil/ Truex III/ Mixon (1995), S. 372 f.; Staw/ Ross (1989), S. 217; Statman/ Caldwell (1987), S. 8; Staw (1981), S. 578.

408 Siehe z.B. Friedman et al. (2007); Heath (1995); Garland (1990). Heath (1995) findet sogar eher einen Hinweis auf eine deeskalierende Wirkung von versunkenen Kosten und erklärt dieses Ergebnis mit der Aufzehrung mentaler Budgets für ein Projekt (vgl. Heath (1995), S. 38, 40-47, 52 f.).

409 Vgl. Conlon/ Garland (1993), S. 406, 409 f. Die Autoren finden nicht mal einen Hinweis auf einen signifikanten Interaktionseffekt von versunkenen Kosten und Fertigstellungsgrad auf die Eskalation von Commitment (vgl. Conlon/ Garland (1993), S. 409).

410 Siehe Sleesman et al. (2012); Ting (2011); Jensen et al. (2011); Humphrey et al. (2004); Boehne/ Paese (2000); Garland/ Conlon (1998). Boehne/ Paese (2000) äußern Kritik an den Experimenten von Conlon/ Garland (1993) und Garland/ Conlon (1998), da in diesen keine Angaben zur Profitabilität eines Projektes gemacht werden. Unter Einbezug dieser Informationen können Boehne/ Paese (2000) aber dennoch den Einfluss des Fertigstellungsgrades, und nicht den von versunkenen Kosten, bestätigen. Sie machen somit den Fertigstellungsgrad als eine einflussreiche Determinante von eskalierendem Commitment aus (vgl. Boehne/ Paese (2000), S. 178, 180, 185, 187, 190-192). Humphrey et al. (2004) können den Einfluss des Fertigstellungsgrades auf die Eskalation von Commitment zudem auch in einer Längsschnittstudie nachweisen (vgl. Humphrey et al. (2004), S. 20) und Jensen et al. (2011) bestätigen den Einfluss sowohl für Individual- als auch für Gruppenentscheidungen, während sie keinen Einfluss von versunkenen Kosten belegen können (vgl. Jensen et al. (2011), S. 412, 416).

411 Vgl. Sleesman et al. (2012), S. 555 f.; Ting (2011), S. 93; Moon (2001), S. 106; Boehne/ Paese (2000), S. 179, 191; Conlon/ Garland (1993), S. 403.

412 In Einklang mit dieser Schlussfolgerung steht das Ergebnis von Garland/ Newport (1991), welches einen größeren Einfluss der relativen als der absoluten versunkenen Kosten besagt (vgl. Garland/ Newport (1991), S. 63, 65). Die Höhe des Gesamtbudgets hat entsprechend ebenfalls keinen Einfluss auf die Eskalation von Commitment (vgl. He/ Mittal (2007), S. 228; Arkes/ Blumer (1985), S. 130).

413 In einer Metastudie stellen Sleesman et al. (2012) für die geschätzte wahre Korrelation versunkener Kosten und der Eskalation von Commitment sogar ein 95% Konfidenzintervall fest, welches den Wert null enthält (ρ=-0,036 bis 0,236), wenn die versunkenen Kosten nicht explizit mit dem Fertigstellungsgrad kovariiert werden (vgl. Sleesman et al. (2012), S. 556).

onseffekte nachgewiesen wurden.[414] Zudem nennen Probanden häufiger die versunkenen Kosten als Grund für eine Projektfortführung und eben nicht den Fertigstellungsgrad.[415] Die kontroverse Diskussion zur Korrelation irreversibler Kosten mit der Eskalation von Commitment kann also nicht als abschließend gelöst betrachtet werden.[416]

Zudem sind die versunkenen Kosten und der Fertigstellungsgrad eines Investitionsprojektes in der Realität gewiss stark positiv miteinander korreliert, aber ihre Wirkung ist konzeptionell zu unterscheiden.[417] Während die positive Korrelation zwischen irreversiblen Kosten und der Eskalation von Commitment mit der Selbstrechtfertigungstheorie sowie der Prospect Theorie begründet wird, basiert der positive Einfluss des Fertigstellungsgrades auf dem Effekt der Zielsubstitution.[418] Diese Theorien weisen jedoch auf eine komplementäre und zwar positive Wirkungsrichtung der beiden situativen Projekteigenschaften hin.[419] Aufgrund dieses richtungsgleichen Effektes und der nicht eindeutig sinnvollen Trennbarkeit der beiden Merkmale werden im Folgenden Moderatorhypothesen hergeleitet, die beide Determinanten parallel erfassen.[420]

Der moderierende Einfluss der irreversiblen Kosten respektive des Fertigstellungsgrades auf die Beziehung zwischen der Bewertungsmethode und der Eskalation von Commitment ist darauf zurückzuführen, dass die Irreversibilität von Investitionen nicht nur zu Beginn eines Projektes einen Einfluss auf den Wert von Realoptionen hat. Denn bei einem etwaigen Wiedereinstieg nach einem Projektabbruch wären die bereits getätigten irreversiblen Teilinvestitionen erneut aufzubringen. Der Optionswert beruht dabei auch auf der Möglichkeit zur Ver-

---

414 Siehe z.B. He/ Mittal (2007); Girandola/ Gauthier (2001); Moon (2001); Keil/ Truex III/ Mixon (1995). Girandola/ Gauthier (2001) stellen in ihrer Untersuchung fest, dass die versunkenen Kosten dann einen Einfluss haben, wenn der Entscheidungsträger für das Projektergebnis verantwortlich ist, und der Fertigstellungsgrad dann entscheidungswirksam ist, wenn der Entscheidungsträger für den Entscheidungsprozess Verantwortung trägt (vgl. Girandola/ Gauthier (2001), S. 115-117). Moon (2001) führt die gegensätzlichen Ergebnisse zum Sunk Cost Effekt auf die fälschliche Annahme eines linearen Funktionsverlaufs zurück und weist stattdessen einen kurvenförmigen Funktionsverlauf nach (vgl. Moon (2001), S. 106, 110).

415 In einer empirischen Untersuchung von Keil/ Truex III/ Mixon (1995) waren die versunkenen Kosten der am häufigsten genannte Grund für eine Projektfortführung (vgl. Keil/ Truex III/ Mixon (1995), S. 377).

416 Dennoch ist verwunderlich, dass auch aktuelle Studien zur Eskalation von Commitment nur den Sunk Cost Effekt als Einflussfaktor nennen, aber nicht den Fertigstellungsgrad eines Projektes (vgl. Sleesman et al. (2012), S. 556 in Verbindung mit Berg/ Dickhaut/ Kanodia (2009); Schulz-Hardt/ Thurow-Kröning/ Frey (2009); Ku (2008a)).

417 Vgl. Boehne/ Paese (2000), S. 179; Conlon/ Garland (1993), S. 403.

418 Für die Erläuterung der Theorien sei auf das Kapitel II.A.1.b) verwiesen.

419 Vgl. Sleesman et al. (2012), S. 543.

420 Im Folgenden gelten daher die Aussagen zu einer Wirkung des Fertigstellungsgrades analog für die irreversiblen Kosten eines Projektes und vice versa. In der empirischen Untersuchung werden die beiden Merkmale entsprechend immer parallel variiert. Auf diese Weise wird auch eine weitere Erhöhung der Anzahl unterschiedlicher Szenarien vermieden.

meidung von Wiedereinstiegskosten.[421] Auch in einer Eskalationssituation[422] könnte daher der Gedanke an eine teure Wiederaufnahme des Investitionsvorhabens zur vorläufigen Toleranz von Verlusten führen, wenn damit eine Realoption auf eine später identische Nutzung oder auch Umnutzung der mit der Investition verbundenen Vermögenswerte erhalten bliebe. Je höher die irreversiblen Kosten sind und je teurer damit ein eventueller Wiedereinstieg ist, desto höher wäre dieser Argumentation entsprechend die Wahrscheinlichkeit einer Projektfortführung. Gleichzeitig könnte der Effekt der Zielsubstitution bei einem hohen Fertigstellungsgrad den Einfluss der Bewertungsmethode reduzieren, weil Profitabilitätsziele, und damit die Relevanz der Projektbewertung, in den Hintergrund rücken. Auf dieser Überlegung aufbauend kann die Hypothese 3a formuliert werden.

Hypothese 3a: Der eskalationsmindernde Einfluss der Realoptionsbewertung auf das Commitment gegenüber einem erfolglosen Projekt wird durch einen hohen Fertigstellungsgrad in Verbindung mit hohen irreversiblen Kosten reduziert.

Der Ausschluss einer umgekehrten Interpretation des Interaktionseffektes folgt einer analogen Logik wie der zu Hypothese 2a. Auch der Fertigstellungsgrad und die irreversiblen Kosten eines Investitionsprojektes stellen situative Eigenschaften eines Investitionsprojektes dar, die zum gegebenen Bewertungsanlass ermittelt werden und als Informationen in die Entscheidungsvorbereitung einfließen. Dem ist die Wahl einer Bewertungsmethode hier zeitlich vorgelagert.

Eine Gegenhypothese, die den moderierenden Einfluss der Irreversibilität negiert, kann erneut mit den restriktiven und bestimmenden Instruktionen eines konkreten Bewertungsansatzes begründet werden. Gestützt wird diese Annahme zum einen durch die Ergebnisse von Boehne/ Paese (2000), die einen direkten Effekt der Profitabilität eines Projektes auf die Eskalation von Commitment, aber keinen Interaktionseffekt mit der Irreversibilität zeigen.[423] Zum anderen finden Elfenbein/ Knott (2014) in einer ersten empirischen Untersuchung keinen Nachweis für den Zusammenhang zwischen den irreversiblen Kosten eines Wiederein-

[421] Vgl. Elfenbein/ Knott (2014), S. 962; O'Brien/ Folta (2009), S. 2, 4 in Verbindung mit Dixit (1992); Dixit (1989).

[422] Dies impliziert eine grundsätzliche Ineffizienz der Projektfortführung, auch unter Beachtung von Realoptionen.

[423] Siehe Boehne/ Paese (2000), S. 185.

stiegs und der Wartezeit bis zu einem Projektabbruch.[424] Die konkurrierende Gegenhypothese zu Hypothese 3a wird daher in Hypothese 3b formuliert.

Hypothese 3b: *Der eskalationsmindernde Einfluss der Realoptionsbewertung auf das Commitment gegenüber einem erfolglosen Projekt wird durch einen hohen Fertigstellungsgrad in Verbindung mit hohen irreversiblen Kosten nicht tangiert.*

3. Moderierende Effekte persönlicher Eigenschaften des Entscheidungsträgers auf den Zusammenhang zwischen Eskalationstendenzen und dem Bewertungsansatz

Nicht nur die Merkmale von Investitionsprojekten, sondern auch die persönlichen Eigenschaften von Entscheidungsträgern als psychologische Einflussfaktoren können die Wirkungsbeziehung zwischen der Bewertungsmethode und der Eskalation von Commitment moderieren. Diese grundsätzliche Annahme kann darin begründet werden, dass Persönlichkeitsmerkmale die im Rahmen einer Bewertung notwendige Verarbeitung von Informationen beeinflussen können und bestimmte Ausprägungen dieser Merkmale dabei die Eskalation von Commitment begünstigen.[425]

Sechs verschiedene Persönlichkeitsmerkmale, deren Auswahl allgemein auf ihrer Relevanz sowohl in der Eskalationsforschung als auch im Realoptionsansatz beruht, werden daher einer Analyse zu ihrer moderierenden Wirkung unterzogen. Dabei kann für all diese Moderatorvariablen eine umgekehrte Interpretation des Interaktionseffektes ausgeschlossen werden. Denn individuelle Persönlichkeitsmerkmale gelten grundsätzlich als persistente Eigenschaften, die zumindest kurzfristig nicht durch einzelne Entscheidungssituationen verändert werden.[426] Diese persönlichen Eigenschaften zeigen dann – möglicherweise – in einem konkreten Bewertungs- und Entscheidungskontext ihre Wirkung.

---

[424] Siehe Elfenbein/ Knott (2014), S. 969-972.

[425] Siehe zum Einfluss von Persönlichkeitsmerkmalen auf die Informationsverarbeitung und auf Verhaltensweisen von Individuen Staw/ Ross (1989), S. 217 und Weller/ Matiaske (2009), S. 259 in Verbindung mit Barrick/ Mount/ Judge (2001). Der Effekt von speziellen persönlichen Eigenschaften auf die Eskalation von Commitment wurde bereits in verschiedenen Untersuchungen nachgewiesen (siehe z.B. Poerink (2013), S. 31-35; Korzaan/ Morris (2009), S. 1327; Sivanathan et al. (2008), S. 5; Brockner/ Rubin/ Lang (1981), S. 73 f.), aber konnte nicht immer bestätigt werden (siehe z.B. Teger (1980)).

[426] Vgl. z.B. Korzaan/ Morris (2009), S. 1321 f.; Rauch/ Frese (2007), S. 355; Roccas et al. (2002), S. 790; Caprara/ Cervone (2000), S. 146; McCrae/ Costa (1994), S. 174. Persistente Persönlichkeitsmerkmale sind daher von kurzfristigen und situativen Stimmungen abzugrenzen. Dies ist bei der Messung der Persönlichkeitsmerkmale im Rahmen der empirischen Untersuchung streng zu beachten.

a) Überschätzung des Investitionserfolges durch optimistische Entscheidungsträger

Optimismus wird über das Ausmaß definiert, in dem Individuen inhaltlich generalisierte positive Erwartungen an die Zukunft haben, auch wenn diese Erwartungen nicht rational gerechtfertigt sind.[427] Ein starker und damit meist unrealistischer Optimismus äußert sich in der Überschätzung der Eintrittswahrscheinlichkeit für positive Erlebnisse sowie der Annahme, dass negative Ereignisse der eigenen Person seltener wiederfahren als anderen Personen.[428] Solche positiven Ergebniserwartungen werden bei Entscheidungsträgern in einem Unternehmen zum Beispiel dadurch deutlich, dass sie die Erfolgswahrscheinlichkeit von Investitionsprojekten systematisch überschätzen.[429] Ein situations- und projektspezifischer Optimismus wird mithin von dem als stabiles Persönlichkeitsmerkmal definierten Optimismus bestärkt.[430]

Der positive Zusammenhang von Optimismus und eskalierendem Commitment wurde bereits vielfach nachgewiesen.[431] Zum einen kann dieser mit der subjektiven Erwartungsnutzentheorie begründet werden, weil eine überschätzte Erfolgswahrscheinlichkeit zu einem höheren erwarteten Nutzen führt. Darüber hinaus kann auch unabhängig von einer konkreten Wahrscheinlichkeitsannahme die optimistische Erwartung eines Projekterfolges den wahrgenommenen Nutzen einer Projektfortführung erhöhen.[432] Zum anderen leistet die Selbstrechtferti-

427 Vgl. z.B. Mahlendorf/ Wallenburg (2013), S. 2273; Carver/ Scheier/ Segerstrom (2010), S. 879; Hmieleski/ Baron (2009), S. 473; Glaesmer et al. (2008), S. 26; Shefrin (2007), S. 3; Scheier/ Carver/ Bridges (1994), S. 1063; Scheier/ Carver (1985), S. 219 f.

428 Vgl. Tekçe/ Yılmaz (2015), S. 36; Poerink (2013), S. 12; Caponecchia (2010), S. 601; Åstebro/ Jeffrey/ Adomdza (2007), S. 254; Staw (1997), S. 198. Dass Individuen häufig zu solch einem unrealistischen Optimismus neigen, wurde von Weinstein (1980) empirisch gezeigt (vgl. Weinstein (1980), S. 811 f.). Durch den Nachweis von unrealistischem Optimismus in verschieden Anwendungsbereichen, gilt dieser als robustes Phänomen der Entscheidungsverzerrung (vgl. Steinkühler/ Mahlendorf/ Brettel (2014), S. 195; Fellner/ Güth/ Maciejovsky (2004), S. 355; Adomdza (2004), S. 16; Armor/ Taylor (2002), S. 334).

429 Vgl. Heaton (2002), S. 33, 41 und siehe für eine empirische Bestätigung des Phänomens Kaplan/ Ruback (1995), S. 1087.

430 Vgl. Steinkühler/ Mahlendorf/ Brettel (2014), S. 196; Mahlendorf/ Wallenburg (2013), S. 2273 und siehe für eine empirische Überprüfung Lay (1988), S. 208-210.

431 Siehe für empirische Belege Steinkühler/ Mahlendorf/ Brettel (2014), S. 208; Åstebro/ Jeffrey/ Adomdza (2007), S. 264; Juliusson (2006), S. 347; Adomdza (2004), S. 61.

432 In diesem Zusammenhang steht das Phänomen, dass die Veränderung von objektiven Erfolgswahrscheinlichkeiten auf eine Entscheidung mit besonders relevanten Konsequenzen für den Entscheidungsträger häufig kaum Bedeutung hat. Individuen reagieren demgemäß vielmehr auf die grundsätzliche Möglichkeit der Realisation eines bestimmten Ereignisses als auf die Wahrscheinlichkeit des Ereigniseintritts. Als Beispiel ist die Teilnahme an einer Lotterie zu nennen, wobei die gefühlte Gewinnchance unabhängig davon ist, ob die Gewinnwahrscheinlichkeit bei eins zu zehn Millionen oder eins zu Zehntausend liegt (vgl. Slovic et al. (2004), S. 318; Loewenstein et al. (2001), S. 267, 276).

gungstheorie einen Erklärungsbeitrag, wenn die Überschätzung von Erfolgswahrscheinlichkeiten der Rechtfertigung einer vorherigen Entscheidung dient.[433]

Dieses Ergebnis einer eskalationsverstärkenden Wirkung von Optimismus wird durch die Analysen zum entscheidungsbeeinflussenden Effekt von Selbstüberschätzung,[434] welche sich unter anderem in einem unrealistischen Optimismus manifestiert,[435] bekräftigt. Sowohl Selbstüberschätzung als auch Optimismus verleiten zu risikofreudigeren Entscheidungen,[436] führen zu Überinvestition[437] und begünstigen damit letztlich die Eskalation von Commitment. Der Nachweis eines direkten Zusammenhangs zwischen Selbstüberschätzung und eskalierendem Commitment gelingt aber nicht immer.[438] Eine Erklärung hierfür ist die Mehrdimensionalität des Konstruktes. Diese führt dazu, dass Aussagen zum Effekt von Selbstüberschätzung auf Entscheidungen immer abhängig von der konkreten Definition und operationalen Messung des Konstruktes sind.[439] Daher ist für die Analyse eines Interaktionseffektes die Konzentration auf einzelne Dimensionen der Selbstüberschätzung angemessen.

Ein starker Optimismus vermag Investitionsentscheidungen auch insbesondere auf Basis der Realoptionsanalyse zu beeinflussen.[440] Denn der Realoptionsgedanke könnte die überoptimistische Berücksichtigung von Investitionsoptionen zur Folge haben. Eine Überschätzung der Existenz sowie des Wertes der mit einem Investitionsprojekt verbundenen Erweiterungs- und Wachstumsoptionen kann sodann zu einer Überinvestition und zur Eskalation von Commitment führen.[441] Eine solch überoptimistische und ungerechtfertigte Einschätzung des Investi-

---

433 Vgl. Karlsson/ Juliusson/ Gärling (2005), S. 839 in Verbindung mit Arkes/ Hutzel (2000).

434 Selbstüberschätzung ist ein häufig zu beobachtendes Phänomen (vgl. z.B. Broihanne/ Merli/ Roger (2014), S. 64, 68; Bazerman/ Moore (2013), S. 15; Gort/ Wang (2010), S. 242-245; Dittrich/ Güth/ Maciejovsky (2005), S. 472; Klayman et al. (1999), S. 217; Russo/ Schoemaker (1992), S. 9; Yates (1990), S. 94-99; Fischhoff/ Slovic/ Lichtenstein (1977), S. 561) und gilt als einer der robustesten Einflussfaktoren auf Beurteilungen und Entscheidungen (vgl. z.B. Fellner/ Güth/ Maciejovsky (2004), S. 356; De Bondt/ Thaler (1995), S. 389). Sie kann als die systematische Überschätzung eigener Fähigkeiten und der Richtigkeit vorgenommener Beurteilungen und Entscheidungen definiert werden (vgl. z.B. Tekçe/ Yılmaz (2015), S. 36; Koellinger/ Minniti/ Schade (2007), S. 505; Shefrin (2007), S. 6; Dittrich/ Güth/ Maciejovsky (2005), S. 471; Fellner/ Güth/ Maciejovsky (2004), S. 356).

435 Vgl. z.B. Broihanne/ Merli/ Roger (2014), S. 65; Smit/ Moraitis (2010), S. 63 und implizit Beck (2014), S. 58-60.

436 Siehe für empirische Belege Broihanne/ Merli/ Roger (2014), S. 70 f.; Nosic/ Weber (2010), S. 294; Barber/ Odean (2001), S. 289.

437 Vgl. z.B. Huang/ Tan/ Zhong (2014), S. 1 f.; Gervais/ Heaton/ Odean (2011), S. 1739; Gervais (2010), S. 415-418; Goel/ Thakor (2008), S. 2740; Heaton (2002), S. 41; Russo/ Schoemaker (1992), S. 9 und siehe für eine empirische Untersuchung Malmendier/ Tate (2005), S. 2696.

438 Siehe z.B. Åstebro/ Jeffrey/ Adomdza (2007), S. 264.

439 Vgl. Olsson (2014), S. 1769.

440 Vgl. ähnlich Triantis (2005), S. 13.

441 Vgl. Smit/ Moraitis (2014), S. 2; Poerink (2013), S. 13; Smit/ Moraitis (2010), S. 57.

tionsprojektes könnte folglich der sonst unterstellten eskalationsmindernden Wirkung der Realoptionsbewertung entgegenwirken. Dieses Argument führt zu Hypothese 4a.

Hypothese 4a: Der eskalationsmindernde Einfluss der Realoptionsbewertung auf das Commitment gegenüber einem erfolglosen Projekt wird durch eine optimistische Grundeinstellung des Entscheidungsträgers reduziert.

Der Hypothese 4a kann wiederum das Argument entgegengestellt werden, dass der Einfluss einer optimistischen Grundhaltung durch die restriktiven und bestimmenden Instruktionen des Realoptionsansatzes unterbunden werden. Denn der Ansatz betont die Relevanz von Projektunsicherheiten und erfordert auch eine Auseinandersetzung mit einem möglichen Projektmisserfolg sowie den entsprechenden Handlungsoptionen bei einer negativen Projektentwicklung. Unrealistische optimistische Erwartungen an einen Projekterfolg könnten dadurch verhindert oder korrigiert werden. Daher kann die konkurrierende Hypothese 4b formuliert werden:

Hypothese 4b: Der eskalationsmindernde Einfluss der Realoptionsbewertung auf das Commitment gegenüber einem erfolglosen Projekt wird durch eine optimistische Grundeinstellung des Entscheidungsträgers nicht tangiert.

b) Unterschätzung negativer Projektaussichten aufgrund individueller Steuerungs- und Kontrollillusionen

Neben Optimismus stellt auch Kontrollillusion eine Dimension der Selbstüberschätzung dar.[442] Projektverantwortliche neigen häufig nicht nur dazu, die Wahrscheinlichkeit für einen Projekterfolg zu überschätzen, sondern unterliegen der Illusion, sogar zufallsbedingte Projektergebnisse kontrollieren zu können.[443] Der Wirkungsgrad eigener Fähigkeiten zur Überwindung von Projektschwierigkeiten und zur Beeinflussung oder Kontrolle von Zufallsereignissen, die offenkundig nicht steuer- oder kontrollierbar sind, wird mithin falsch beurteilt und führt durch eine geringe Wahrnehmung von Projektrisiken zu einem ungerechtfertigten Ge-

---

[442] Vgl. Broihanne/ Merli/ Roger (2014), S. 65; Smit/ Moraitis (2010), S. 63. Eine Steigerung der Kontrollillusion führt zudem auch zu einem gesteigerten Optimismus (vgl. Shefrin (2007), S. 8).

[443] Vgl. Malmendier/ Tate (2005), S. 2662 f.; Fellner/ Güth/ Maciejovsky (2004), S. 355 f.; Staw (1997), S. 198; Shapira (1995), S. 127. Für eine empirische Überprüfung siehe Langer (1975).

fühl der Erfolgssicherheit.[444] Solche Individuen, die zufällige Umweltbedingungen als formbar ansehen, haben meist eine interne Kontrollüberzeugung.[445]

Interne Kontrollüberzeugung wird definiert als die Überzeugung, dass Ereignisse oder Ergebnisse aus eigenem Verhalten und persönlichen Eigenschaften resultieren.[446] Eigene Projekte und sogar Umweltentwicklungen werden annahmegemäß durch das eigene Verhalten kontrolliert. Negativen Signalen im Rahmen eines Projektes wird daher wenig Beachtung geschenkt.[447] In Abgrenzung dazu nehmen Individuen mit einer externen Kontrollüberzeugung ihr Leben als von Dritten, Schicksal und Zufall bestimmt wahr.

Ein verwandtes und daher häufig mit Kontrollüberzeugung verwechseltes psychologisches Konstrukt ist das der wahrgenommenen Selbstwirksamkeit.[448] Hohe Selbstwirksamkeitserwartung wird darin deutlich, dass die eigene Fähigkeit zur Organisation und Durchführung notwendiger Handlungen zur Erreichung vorgegebener Ergebnisse als hoch beurteilt wird, und zwar unabhängig von den tatsächlichen Fähigkeiten des Individuums.[449] Die gefühlte Selbstwirksamkeit hat ebenfalls einen Einfluss auf die Beurteilung von Projektrisiken und auf die wahrgenommen Kontrolle über ein Projekt.[450] Aufgrund dieser verzerrten Kontrollwahrnehmung sind der Zusammenhang von Kontrollüberzeugung und wahrgenommener Selbstwirksamkeit sowie ihre ähnliche Wirkung auf Entscheidungen offensichtlich.

Die Annahme eines gleichgerichtet positiven Einflusses interner Kontrollüberzeugung und hoher Selbstwirksamkeitserwartung auf die Eskalation von Commitment liegt zunächst darin

---

[444] Vgl. z.B. Biondi/ Marzo (2011), S. 427 f.; Tyebjee (1987), S. 398; Langer (1975), S. 311. Für einen empirischen Nachweis des negativen Einflusses von Kontrollillusion auf die Wahrnehmung von Risiken siehe Simon/ Houghton/ Aquino (2000), S. 124.

[445] Vgl. Dittrich/ Güth/ Maciejovsky (2005), S. 485; Tyebjee (1987), S. 398; Miller/ De Vries/ Toulouse (1982), S. 251.

[446] Das psychologische Konstrukt der Kontrollüberzeugung wurde erstmals von Rotter (1966) eingeführt. Vgl. für eine Definition und die Abgrenzung von interner und externer Kontrollüberzeugung z.B. Korzaan/ Morris (2009), S. 1322; Meier/ Albrecht (2003), S. 48; Judge/ Erez/ Bono (1998), S. 170 f.; Singer/ Singer (1986), S. 199; Rotter (1966), S. 1.

[447] Vgl. Sleesman et al. (2012), S. 543; Korzaan/ Morris (2009), S. 1323.

[448] Vgl. Whyte/ Saks (2007), S. 27; Judge/ Erez/ Bono (1998), S. 171.

[449] Das psychologische Konstrukt der Selbstwirksamkeit wurde vor allem durch die Forschung von Albert Bandura geprägt. Vgl. für eine Definition z.B. Bandura (2010), S. 3; Jani (2008), S. 727; Whyte/ Saks (2007), S. 24, 27; Bandura (1977), S. 193. In einer empirischen Untersuchung stellt Shapira (1995) fest, dass Manager an den Einfluss ihrer Fähigkeiten auf die Kontrolle riskanter Ergebnisse glauben (vgl. Shapira (1995), S. 48 f.). Der Einfluss von wahrgenommener Selbstwirksamkeit auf das Verhalten sowie die Entscheidungen von Individuen konnte schon vielfach nachgewiesen werden und wird daher als relevant für die Analyse von Managemententscheidungen angesehen (vgl. Whyte/ Saks/ Hook (1997), S. 417).

[450] Siehe für einen empirischen Nachweis Jani (2011), S. 393 f.; Jani (2008), S. 730.

begründet, dass beide Konstrukte Bestandteil eines positiven Selbstkonzeptes sind[451] und Individuen mit einem positiven Selbstkonzept bei negativem Feedback ihre Anstrengung zur Erreichung eines Ziels erhöhen.[452] Insbesondere für die aus den beiden Konstrukten resultierende Zielpersistenz[453] können zwei theoretische Erklärungsansätze herangezogen werden. Zum einen ist anzunehmen, dass Individuen mit einer internen Kontrollüberzeugung oder hoher Selbstwirksamkeitserwartung bei Fehlentwicklungen eines Projektes eine größere kognitive Dissonanz empfinden und infolge dessen höhere Anstrengungen unternehmen, um das Projekt wieder zum Erfolg zu führen.[454] Die Eskalation des Commitments erfolgt in diesem Fall, gemäß der Selbstrechtfertigungstheorie, aus einem internen Selbstrechtfertigungsstreben heraus. Zum anderen könnten eine Kontrollillusion und eine damit einhergehende Vernachlässigung negativer Projektaussichten den subjektiven Erwartungsnutzen des Projektes beeinflussen. Werden mögliche negative Abweichungen von einem Anspruchsniveau im Extremfall ignoriert, so wird der Projektwert gemäß der subjektiven Erwartungsnutzentheorie höher als gerechtfertigt wahrgenommen und damit die subjektiv rationale Eskalation von Commitment begünstigt.

Empirische Untersuchungen zur Wirkung der Kontrollüberzeugung auf eskalierendes Commitment zeigen kein eindeutiges Ergebnis. Während Korzaan/ Morris (2009) eine signifikant positive Beziehung zwischen interner Kontrollüberzeugung und der Fortführung fehllaufender Projekte feststellen,[455] belegen Singer/ Singer (1986) keinen eindeutigen Einfluss auf die Eskalation von Commitment.[456] Einerseits können sie nicht nachweisen, dass Individuen mit einer internen Kontrollüberzeugung ein begonnenes, aber fehllaufendes Projekt gegenüber einer alternativen Investitionsmöglichkeit systematisch bei der Kapitalallokation bevorzugen. Andererseits finden sie heraus, dass bei externer Kontrollüberzeugung signifikant weniger in ein scheiterndes Projekt investiert wird als bei interner Kontrollüberzeugung. Der Einfluss der Kontrollüberzeugung auf die Eskalation von Commitment ist daher nicht auszuschließen.

---

[451] Ein positives Selbstkonzept setzt sich aus einem hohen Selbstwertgefühl, hoher Selbstwirksamkeitserwartung, interner Kontrollüberzeugung und einem niedrigen Neurotizismuswert zusammen (vgl. Judge/ Erez/ Bono (1998), S. 169).

[452] Vgl. Judge/ Erez/ Bono (1998), S. 176.

[453] Siehe für die Annahme der Zielpersistenz bei interner Kontrollüberzeugung und hoher Selbstwirksamkeitserwartung z.B. Jani (2008), S. 726; Whyte/ Saks (2007), S. 27; Meier/ Albrecht (2003), S. 49; Judge/ Erez/ Bono (1998), S. 170; Whyte/ Saks/ Hook (1997), S. 27; Bandura (1982), S. 123.

[454] Vgl. Singer/ Singer (1986), S. 199.

[455] Siehe Korzaan/ Morris (2009), S. 1326.

[456] Siehe Singer/ Singer (1986), S. 201 f.

Die Relevanz der Selbstwirksamkeitserwartung für die Eskalationsforschung ist hingegen weniger fraglich.[457] In mehreren Studien wird der positive Einfluss hoher Selbstwirksamkeitserwartung auf die Zielpersistenz sowie eskalierendes Commitment nachgewiesen.[458] Dieses Ergebnis wird in einer Metastudie von Sleesman et al. (2012) bestätigt.[459] Individuen mit einer hohen Selbstwirksamkeitserwartung neigen also tendenziell dazu, auch nach einem eindeutig negativen Feedback auf ihre Fähigkeiten zu vertrauen und an einem Projekt festzuhalten.[460]

Neben den direkten Effekten der beiden Konstrukte kann ihnen in einem konkreten Bewertungskontext für ein Investitionsprojekt auch eine entscheidungsmoderierende Wirkung zugesprochen werden. Ausgangspunkt für diese Überlegung ist die Tatsache, dass Individuen ihre Projekterfolge häufig den eigenen Fähigkeiten zuschreiben, während Misserfolge auf externe Gründe oder Pech zurückgeführt werden.[461] Speziell unter Anwendung des Realoptionsansatzes wird der Erfolg eines Investitionsprojektes ex post sehr wahrscheinlich als Ergebnis der guten Steuerung und Ausnutzung von Realoptionen betrachtet,[462] also ebenfalls als Resultat der eigenen Fähigkeiten. Im Umkehrschluss könnten eine interne Kontrollüberzeugung oder eine als hoch wahrgenommene Selbstwirksamkeit die Erwartung einer erfolgreichen Steuerung und Ausnutzung solcher Realoptionen, die zur Erreichung des ursprünglichen Investitionsziels führen, ex ante bestärken. Unter dieser verzerrten Kontrollwahrnehmung werden die einer Zielerreichung widersprechenden Informationen oder Meinungen nicht beachtet.[463] Dann würde auch einer Desinvestitionsoption und potentiellen Investitionsalternativen wenig Beachtung geschenkt. Darüber hinaus könnten auch gerade der dem Realoptionsansatz immanente Flexibilitätsgedanke und die vorausgesetzte Handhabung dieser Flexibilität eine Kontrollillusion unterstützen. Dies gilt gleichermaßen für die Sequenzierung eines Investitions-

---

[457] Raum für eine kontroverse Diskussion bietet hierbei aber die Frage, ob die Selbstwirksamkeitserwartung entweder als generelles und zeitstabiles Persönlichkeitsmerkmal oder als situations- und aufgabenspezifische Wahrnehmung der eigenen Fähigkeiten zu definieren ist. Für beide Interpretationen der Selbstwirksamkeitserwartung wird aber ein direkter Einfluss auf die Zielpersistenz von Individuen angenommen (vgl. Whyte/ Saks (2007), S. 27; Judge/ Erez/ Bono (1998), S. 169 f.; Whyte/ Saks/ Hook (1997), S. 418).

[458] Siehe für einen empirischen Nachweis z.B. Jani (2011), S. 941; Whyte/ Saks (2007), S. 33, 37 f.; Whyte/ Saks/ Hook (1997), S. 424. Jani (2011) stellt zudem fest, dass der Einfluss von Selbstwirksamkeit auf die Eskalation von Commitment durch die Risikowahrnehmung mediiert wird (vgl. Jani (2011), S. 941).

[459] Siehe Sleesman et al. (2012), S. 551. Adomdza (2004) kann hingegen weder einen Effekt der Selbstwirksamkeit noch der Kontrollüberzeugung auf die Eskalation von Commitment nachweisen. Die Ergebnisse zeigen aber einen Einfluss der Kontrollillusion (vgl. Adomdza (2004), S. 61 f.).

[460] Vgl. ähnlich Whyte/ Saks (2007), S. 24.

[461] Vgl. Tekçe/ Yılmaz (2015), S. 36; Fellner/ Güth/ Maciejovsky (2004), S. 356; Kunda (1987), S. 646; Langer (1975), S. 312; Miller/ Ross (1975), S. 223.

[462] Vgl. Janney/ Dess (2004), S. 69.

[463] Vgl. Korzaan/ Morris (2009), S. 1323.

projektes in verbundene Teilinvestitionen, da Entscheidungsträger die kleineren Teilinvestitionen als kontrollierbarer wahrnehmen könnten.[464] Aus diesen Argumenten resultieren die Hypothesen 5a und 6a.

Hypothese 5a: Der eskalationsmindernde Einfluss der Realoptionsbewertung auf das Commitment gegenüber einem erfolglosen Projekt wird durch eine interne Kontrollüberzeugung des Entscheidungsträgers reduziert.

Hypothese 6a: Der eskalationsmindernde Einfluss der Realoptionsbewertung auf das Commitment gegenüber einem erfolglosen Projekt wird durch eine hohe Selbstwirksamkeitserwartung des Entscheidungsträgers reduziert.

Ein Gegenargument zu den Hypothesen 5a und 6a ist aber, dass ein erwartetes Investitionsergebnis nicht zwingend von der empfundenen Selbstwirksamkeit beeinflusst wird.[465] Trotz einer niedrigen (hohen) Selbstwirksamkeitserwartung kann ein Individuum eine hohe (niedrige) Ergebniserwartung haben. Diese Überlegung ist auch auf die Kontrollüberzeugung übertragbar. Eine Kontrollillusion und damit einhergehende Vernachlässigung negativer Projektaussichten beeinflusst also nicht zwangsläufig den subjektiven Erwartungsnutzen, womit auch der Erklärung des direkten Effektes der beiden Konstrukte auf Basis der subjektiven Erwartungsnutzentheorie zumindest partiell widersprochen wird. Erfolgt also eine Ergebniserwartungsbildung durch eine Investitionsbewertung unter konsequenter Berücksichtigung der Vorgaben eines Bewertungsansatzes, welcher unter anderem auch die Beachtung alternativer Investitionsverläufe erfordert, so könnte trotz hoher Selbstwirksamkeitserwartung oder interner Kontrollüberzeugung eine Projektverlaufsänderung, wie etwa der Projektabbruch, in Betracht kommen. Die Hypothesen 5b und 6b können mithin als Gegenhypothesen zu den Hypothesen 5a und 6a aufgestellt werden.

Hypothese 5b: Der eskalationsmindernde Einfluss der Realoptionsbewertung auf das Commitment gegenüber einem erfolglosen Projekt wird durch eine interne Kontrollüberzeugung des Entscheidungsträgers nicht tangiert.

---

[464] Vgl. Janney/ Dess (2004), S. 68.
[465] Vgl. Bandura (2010), S. 21; Wong (2005), S. 588 f.

Hypothese 6b: Der eskalationsmindernde Einfluss der Realoptionsbewertung auf das Commitment gegenüber einem erfolglosen Projekt wird durch eine hohe Selbstwirksamkeitserwartung des Entscheidungsträgers nicht tangiert.

c) Intoleranz gegenüber riskanten und ungewissen Zukunftsszenarien als Auslöser von Projektabbrüchen

Nicht nur die Ignoranz von Projektrisiken oder negativen Projektaussichten, sondern auch die Toleranz oder Intoleranz von Risiken oder Ungewissheiten kann das Entscheidungsverhalten von Individuen beeinflussen. Insbesondere extreme Risikoeinstellungen können zu Verletzungen von Optimierungsregeln für Investitionsentscheidungen führen.[466]

Die Risikoeinstellung oder Risikotoleranz von Individuen ist darüber definiert, in welchem Ausmaß Risiken eingegangen oder vermieden werden.[467] Sie stellt zunächst ein stabiles Persönlichkeitsmerkmal dar, welches aber langfristig, etwa aufgrund von Erfahrungen, Veränderungen unterliegen kann.[468] Zudem kann die Stabilität des Persönlichkeitsmerkmals nicht derart interpretiert werden, dass ein Individuum in verschiedenen Entscheidungskontexten gleichermaßen risikotolerant ist.[469] So könnte eine Person in ihren finanziellen Entscheidungen sehr risikotolerant sein, aber gleichzeitig keine gesundheitlichen Risiken eingehen. Im Rahmen von unternehmerischen Investitionsentscheidungen besitzt aber insbesondere die finanzielle Risikotoleranz von Entscheidungsträgern eine Relevanz, weshalb diese auch bei einer Analyse von Eskalationstendenzen in den Fokus rückt.[470]

Ein Einfluss der finanziellen Risikotoleranz auf die Eskalation von Commitment ist zu vermuten, weil die Fortführung von Investitionsprojekten in einem Eskalationskontext ein risikofreudiges Verhalten darstellt.[471] Individuen mit einer hohen finanziellen Risikotoleranz neigen eher zu risikofreudigen Investitionsentscheidungen, während Individuen mit niedriger finanzieller Risikotoleranz in ihren Investitionsentscheidungen eine Risikoaversion zeigen. Somit

[466] Siehe für einen empirischen Nachweis im Kontext der Optionsbewertung Shavit/ Sonsino/ Benzion (2002), S. 169, 175 f.

[467] Vgl. z.B. Wong (2005), S. 586; Hallahan/ Faff/ McKenzie (2004), S. 57; Grable (2000), S. 625; Keil et al. (2000b), S. 303; Sitkin/ Weingart (1995), S. 1575.

[468] Vgl. Weber/ Johnson (2009), S. 133; Sitkin/ Weingart (1995), S. 1575.

[469] Vgl. z.B. Weber/ Johnson (2009), S. 133.

[470] Die finanzielle Risikotoleranz hat zudem grundsätzlich einen weitreichenden Einfluss auf die ökonomische und soziale Existenz eines Individuums (vgl. Grable (2000), S. 625).

[471] Vgl. hierzu und im Folgenden Wong (2005), S. 591; Keil et al. (2000b), S. 303; Sitkin/ Weingart (1995), S. 1577.

ist zu erwarten, dass risikotolerante Individuen eine größere Eskalationstendenz aufweisen als risikointolerante Individuen.

Zur theoretischen Fundierung dieser Annahme dienen die Prospect Theorie und die subjektive Erwartungsnutzentheorie. Die Prospect Theorie erklärt die Eskalation von Commitment durch grundsätzlich risikofreudige Entscheidungen in einem Verlustkontext.[472] Eine generelle und situationsübergreifende Risikotoleranz vermag diesen Effekt zu verstärken, eine Risikointoleranz könnte ihn hingegen abmildern. In der subjektiven Erwartungsnutzentheorie beschreibt die Risikotoleranz eines Individuums die Krümmung der subjektiven Nutzenfunktion.[473] Bei Risikoaversion weist die Nutzenfunktion einen konkaven und bei Risikofreude einen konvexen Verlauf auf. Das Ausmaß der Risikotoleranz wird in der absoluten Höhe der 2. Ableitung der Nutzenfunktion deutlich, wobei stärkere Krümmungen der Nutzenfunktion ein höheres Ausmaß der jeweiligen Risikoeinstellung widerspiegeln. Je risikoaverser ein Entscheidungsträger ist, desto geringer wird ceteris paribus sein subjektiver Erwartungsnutzen aus einem riskanten Investitionsprojekt sein. Dieser geringere Erwartungsnutzen impliziert die Annahme, dass risikoaverse im Vergleich zu risikofreudigen Individuen in einem scheiternden Projekt weniger Eskalationstendenzen zeigen.

Der Zusammenhang zwischen individueller Risikotoleranz und der Eskalation von Commitment konnte von Wong (2005) empirisch gezeigt werden, wohingegen Åstebro/ Jeffrey/ Adomdza (2007) und Keil et al. (2000b) kein signifikantes Ergebnis präsentieren.[474] Aufgrund dieser uneinheitlichen Ergebnisse kann ein Einfluss der Risikotoleranz auf eskalierendes Commitment aber noch nicht ausgeschlossen werden.

Vielmehr sollte zusätzlich auch die Ungewissheitstoleranz eines Entscheidungsträgers als weiteres Persönlichkeitsmerkmal, welches die Einstellung gegenüber unsicheren Situationen zum Ausdruck bringt, in die Analyse einbezogen werden. Ungewissheitstoleranz wird über das Ausmaß definiert, in dem Individuen Ungewissheit als Bedrohung empfinden und sich ungewissen Situationen entziehen wollen.[475] Auch wenn die Fortführung eines fehllaufenden Projektes unter Ungewissheit nicht als eine Eskalation von Commitment im strengen Sinne

---

[472] Siehe hierzu ausführlich Kapitel II.A.1.b).

[473] Vgl. z.B. Laux/ Gillenkirchen/ Schenk-Mathes (2014), S. 117-119; Eisenführ/ Weber/ Langer (2010), S. 262-265; Weber/ Johnson (2009), S. 133. Für die Bestimmung der Nutzenfunktion sei z.B. auf Laux/ Gillenkirchen/ Schenk-Mathes (2014), S. 120-125; Eisenführ/ Weber/ Langer (2010), S. 269-284 verwiesen.

[474] Siehe Åstebro/ Jeffrey/ Adomdza (2007), S. 264; Wong (2005), S. 595; Keil et al. (2000b), S. 312.

[475] Vgl. z.B. Westerberg/ Singh/ Häckner (1997), S. 256; Dermer (1973), S. 512; Budner (1962), S. 29.

definiert wurde, so könnte doch neben der Risikotoleranz auch die Ungewissheitstoleranz eines Individuums einen Einfluss auf die Eskalation von Commitment haben. Denn es kann nicht ausgeschlossen werden, dass ein Individuum eine Entscheidungssituation als ungewiss wahrnimmt. Diese Vermutung beruht darauf, dass die Ungewissheitstoleranz nicht nur als Persönlichkeitsmerkmal des Entscheidungsträgers, sondern auch als Wahrnehmungsprozess interpretiert werden kann.[476] Darüber hinaus ist die Ungewissheitstoleranz auch verbunden mit einer Abneigung gegenüber einer Auseinandersetzung mit Wahrscheinlichkeitsbedingungen und dem Vorzug scheinbar sicherer Handlungsalternativen.[477]

Der Einfluss der Ungewissheitstoleranz auf die Eskalation von Commitment kann also zum einen damit erklärt werden, dass ungewissheitsintolerante Individuen zur Vermeidung von Situationen neigen, die sie als unsicher empfinden. In einem Eskalationskontext würden sie folglich die sicheren Konsequenzen eines Projektabbruchs vorziehen. Zum anderen leistet die Theorie der kognitiven Dissonanz in Verbindung mit der Selbstrechtfertigungstheorie einen Erklärungsbeitrag. Denn ungewissheitsintolerante Individuen haben bei Entscheidungen unter Unsicherheit weniger Vertrauen in ihre eigenen Entscheidungen.[478] Im Fall des Scheiterns eines Investitionsprojektes empfinden diese Individuen daher eine geringere kognitive Dissonanz als ungewissheitstolerante Individuen und würden gemäß der Selbstrechtfertigungstheorie ein entsprechend geringeres Selbstrechtfertigungsstreben entwickeln. Dieser Wirkmechanismus resultiert in einer verminderten Eskalationstendenz.

Neben den direkten Effekten der Risikotoleranz und der Ungewissheitstoleranz auf die Eskalation von Commitment kann auch ihre moderierende Wirkung auf die Beziehung zwischen Bewertungsansatz und eskalierendem Commitment argumentiert werden. So kann angenommen werden, dass ein risiko- oder ungewissheitsintoleranter Entscheidungsträger in einem Eskalationskontext auch bei Anwendung der Kapitalwertmethode weniger Eskalationstendenzen zeigt. Dies ist mitunter darauf zurückzuführen, dass solche Individuen auch einen größeren Informationsumfang als wichtig erachten, um eine Entscheidung treffen zu können, und diese Informationen auch einholen.[479] Dabei könnte auch die Abbruchoption stärker in den Fokus rücken und als sicherere Alternative den Vorzug in der Entscheidung erhalten. Der

---

476 Vgl. Furnham/ Ribchester (1995), S. 179-181; Norton (1975), S. 607; Budner (1962), S. 32, 46-48; Frenkel-Brunswik (1949), S. 122, 140.

477 Vgl. Frenkel-Brunswik (1949), S. 130.

478 Vgl. Westerberg/ Singh/ Häckner (1997), S. 256 und siehe für einen empirischen Nachweis Gul (1986), S. 102.

479 Siehe für einen empirischen Nachweis Dermer (1973), S. 513, 515.

Einfluss des vorgegebenen Bewertungsansatzes auf die Eskalation von Commitment würde somit für risiko- oder ungewissheitsintolerante Entscheidungsträger entfallen, weshalb die Hypothesen 7a und 8a aufgestellt werden können.

Hypothese 7a: Der Einfluss des Bewertungsansatzes auf das Commitment gegenüber einem erfolglosen Projekt wird durch eine Risikointoleranz des Entscheidungsträgers reduziert.

Hypothese 8a: Der Einfluss des Bewertungsansatzes auf das Commitment gegenüber einem erfolglosen Projekt wird durch eine Ungewissheitsintoleranz des Entscheidungsträgers reduziert.

Diesen Hypothesen ist entgegenzuhalten, dass die ohnehin verminderte Eskalationstendenz bei Anwendung der Realoptionsmethode für einen risiko- oder ungewissheitsintoleranten Entscheidungsträger noch geringer ausfallen könnte. Die Fortführung eines scheiternden Projektes wäre in diesem Fall noch unwahrscheinlicher. Auf diese Weise läge kein interagierender Einfluss der Bewertungsmethode mit der Risiko- oder Ungewissheitsintoleranz auf die Eskalation von Commitment vor. Die Veränderung der Eskalationstendenzen würde stattdessen lediglich in Abhängigkeit der beiden Bewertungsansätze auf einem anderen Eskalationsniveau erfolgen. Diese Überlegung führt zu den Hypothesen 7b und 8b, die in direkter Konkurrenz zu den Hypothesen 7a und 8a stehen.

Hypothese 7b: Der Einfluss des Bewertungsansatzes auf das Commitment gegenüber einem erfolglosen Projekt wird durch eine Risikointoleranz des Entscheidungsträgers nicht tangiert.

Hypothese 8b: Der Einfluss des Bewertungsansatzes auf das Commitment gegenüber einem erfolglosen Projekt wird durch eine Ungewissheitsintoleranz des Entscheidungsträgers nicht tangiert.

d) Antizipiertes Bedauern entgangener Realoptionen als emotionale Begründung der Eskalation von Commitment

Das Risiko, unter welchem ein Projektverantwortlicher eine Investitionsentscheidung treffen muss, sowie die Irreversibilität der Entscheidung bedingen auch den Einfluss einer emotionalen Determinante auf die Eskalation von Commitment. Diese ist das Bedauern einer getroffenen Entscheidung. Bedauern ist eine negative, kognitiv basierte Emotion, welche ein Individuum dann erfahren kann, wenn es realisiert oder vermutet, dass die Entscheidungskonsequenzen besser wären, hätte es eine andere Entscheidungsalternative gewählt.[480] Eine solche Einschätzung setzt voraus, dass der Entscheidungsträger Kenntnis über die tatsächliche Realisation der zuvor unbekannten Entscheidungskonsequenzen erlangt hat oder diese zumindest weniger riskant sind als noch vor der Entscheidung.[481] Zudem ist das Ausmaß der Irreversibilität einer Entscheidung maßgeblich für das empfundene Bedauern eines Entscheidungsträgers, wobei irreversible Entscheidungen zu einem stärkeren Gefühl des Bedauerns führen.[482] Da die Irreversibilität für Investitionsprojekte zumindest teilweise unterstellt werden kann und die Investitionsentscheidungen in einer dynamischen Umwelt meist einem Risiko unterliegen, ist das Bedauern von Entscheidungen ein reales, kognitiv emotionales Risiko des Entscheidungsträgers.

Gemäß der Regret Theorie antizipieren Individuen dieses Risiko eines retrospektiven Bedauerns und versuchen potentiell hoch bedauernswerte Entscheidungsalternativen zu vermeiden.[483] Sie beziehen daher, neben dem erwarteten Nutzen der Zahlungsströme aus einem Investitionsprojekt, auch ihr antizipiertes Bedauern in ihre Investitionsentscheidung ein und wählen daher eventuell entgegen der subjektiven Erwartungsnutzentheorie eine nicht erwartungsnutzenmaximierende Entscheidungsalternative aus.[484] Loomes/ Sugden (1982) und Bell (1982) lösen diesen Konflikt, indem sie das Bedauern einer Entscheidung in eine modifizierte Nutzenfunktion integrieren und als Entscheidungsregel die Maximierung des modifizierten Erwartungsnutzens vorschlagen.[485] Die Ergebnisse nachfolgender Studien zum Einfluss von (antizipiertem) Bedauern auf Entscheidungen sind konsistent mit diesen Entscheidungsmodellen.[486] Spätestens damit wird deutlich, dass antizipiertes Bedauern eine einflussreiche Determinante von Entscheidungen und dem Verhalten von Individuen ist.[487]

[480] Vgl. für diese Definition der Emotion des Bedauerns Zeelenberg (1999), S. 94. Empirisch konnte schon vielfach nachgewiesen werden, dass Individuen in solchen Situationen ihre vorherige Entscheidung bedauern (vgl. Ku (2008a), S. 224). Darüber hinaus ist Bedauern eine der am häufigsten empfundenen negativen Emotionen (vgl. Shimanoff (1984), S. 514).

[481] Vgl. ähnlich Wong/ Kwong (2007), S. 547.

[482] Vgl. Anderson (2003), S. 151; Zeelenberg et al. (1996), S. 157 und siehe für eine empirische Überprüfung Tsiros/ Mittal (2000), S. 409.

[483] Vgl. z.B. Lankton/ Luft (2008), S. 203, 208; Wong/ Kwong (2007), S. 545 f.; Zeelenberg et al. (1996), S. 149; Bell (1982), S. 979.

[484] Vgl. Lankton/ Luft (2008), S. 203, 208 und ähnlich Anderson (2003), S. 143.

[485] Siehe Loomes/ Sugden (1982), S. 808 f., 816; Bell (1982), S. 965-972.

[486] Vgl. Lankton/ Luft (2008), S. 208 f.

[487] Vgl. Ku (2008a), S. 222, 224; Zeelenberg (1999), S. 94.

Dieser Einfluss von in der Zukunft erwarteten Emotionen des Bedauerns gilt gleichermaßen für Entscheidungen in einem Eskalationskontext. Dabei ist entsprechend anzunehmen, dass Individuen eine Fortführungsentscheidung bezüglich eines fehllaufenden Projektes auch unter der Motivation treffen, ein potentiell zukünftiges Bedauern ihrer Entscheidung zu minimieren.[488] Würde ein Projektabbruch bei einer Entscheidung unter Unsicherheit beschlossen, so könnte im Nachhinein deutlich werden, dass eine Projektfortführung zu einem höheren realisierten Projektwert geführt hätte.[489] Die Antizipation des Bedauerns der entgangenen Zahlungsüberschüsse könnte zu einer Eskalation des Commitments führen. Diese Annahme eines positiven Zusammenhangs von antizipiertem Bedauern eines Projektabbruchs und eskalierendem Commitment konnte bereits in mehreren Experimenten empirisch bestätigt werden.[490] Je höher das Ausmaß des potentiell zukünftigen Bedauerns eines Projektabbruchs ist, desto wahrscheinlicher ist also die Eskalation von Commitment.

Zu vernachlässigen ist aber nicht, dass auch die Fortführung eines scheiternden Projektes bedauert werden könnte und Entscheidungsträger dies ebenfalls antizipieren würden.[491] In diesem Fall würde auch gemäß der Selbstrechtfertigungstheorie der interne Rechtfertigungsdruck des Projektverantwortlichen sinken, weshalb ein negativer Zusammenhang mit der Eskalation von Commitment zu erwarten wäre.[492] Empirische Untersuchungen von Ku (2008b) zeigen jedoch, dass ein antizipiertes Bedauern der Projektpersistenz keinen signifikanten Einfluss auf die Eskalation von Commitment hat und Individuen vielmehr trotz eines erwarteten Bedauerns der Eskalation ein Projekt nicht abbrechen.[493] In Experimenten von Wong/ Kwong (2007) wird der Zusammenhang von antizipiertem Bedauern und eskalierendem Commitment noch deutlicher.[494] So zeigen die Autoren, dass ein antizipiertes Bedauern einer Projektpersistenz zwar einen negativen Einfluss auf die Eskalation von Commitment hat, stellen aber gleichzeitig fest, dass dieser Einfluss von einem antizipierten Bedauern eines Projektabbruchs überkompensiert wird. In Summe ist der Einfluss des antizipierten Bedauerns auf die Eskalation von Commitment daher positiv.

---

488 Vgl. Wong/ Kwong (2007), S. 545, 551.
489 Vgl. z.B. Hoelzl/ Loewenstein (2005), S. 15.
490 Siehe Wong/ Kwong (2007), S. 545, 547-550; Hoelzl/ Loewenstein (2005), S. 15, 20-23.
491 Vgl. Ku (2008a), S. 224.
492 Vgl. Sleesman et al. (2012), S. 543, 554; Ku (2008b), S. 1479; Wong/ Kwong (2007), S. 546 f.
493 Siehe Ku (2008b), S. 1477, 1485, 1487.
494 Siehe hierzu und im Folgenden Wong/ Kwong (2007), S. 549 f.

Die höhere Gewichtung des antizipierten Bedauerns eines Projektabbruchs im Vergleich zum antizipierten Bedauern einer Projektfortführung kann damit erklärt werden, dass Individuen in Folge von offensichtlichen Entscheidungen und Tätigkeiten häufig ein stärkeres Bedauern empfinden als bei der Unterlassung von Entscheidungen oder Untätigkeit in Form der Beibehaltung eines Status Quo[495].[496] Antizipiertes Bedauern beeinflusst daher das Entscheidungsvermeidungsverhalten von Individuen derart, dass häufig der Status Quo bewahrt wird.[497] In einem Eskalationskontext stellt die Projektpersistenz den Status Quo dar, weil an einer ursprünglichen Entscheidung festgehalten wird.[498] Der Projektabbruch erfordert hingegen eine Entscheidung und Handlung entgegen dem ursprünglichen Handlungspfad. Daher ist anzunehmen, dass Individuen, die ohnehin zu kontrafaktischem Denken und zum Bedauern von Entscheidungen neigen, ihr Commitment gegenüber einem Projekt eher eskalieren, als das Projekt abzubrechen.[499]

Neben diesem direkten Effekt des antizipierten Bedauerns auf die Eskalation von Commitment, ist auch ein moderierender Einfluss der psychologischen Determinante auf die Wirkungsbeziehung zwischen Bewertungsansatz und eskalierendem Commitment anzunehmen. Denn wie die empirische Bestätigung der modifizierten subjektiven Erwartungsnutzentheorie zeigt, integrieren Entscheidungsträger ihr antizipiertes Bedauern grundsätzlich in die Bewertung von Entscheidungsalternativen. Dabei ist die Salienz des potentiellen Bedauerns von Relevanz. Steigt die Salienz des Bedauerns einer Entscheidungsalternative, wird diese Alternative mit einer geringeren Wahrscheinlichkeit ausgewählt.[500] Bei Anwendung des Realopti-

[495] Auch das Beibehalten eines Status Quo stellt selbstverständlich eine Entscheidung dar, wenn diese Wahl bewusst getroffen wird (vgl. Schirmeister (1981), S. 5). Individuen nehmen diese Entscheidung aber nicht so sehr als eine solche wahr (vgl. ähnlich Anderson (2003), S. 139).

[496] Vgl. z.B. Anderson (2003), S. 143 f., 148; Zeelenberg et al. (2002), S. 314; Zeelenberg/ Van Dijk/ Manstead (1998), S. 267 f.; Kahneman/ Miller (1986), S. 145 und siehe für einen empirischen Beleg z.B. Inman/ Zeelenberg (2002), S. 119; Zeelenberg et al. (2002), S. 316 f.; Zeelenberg/ Van Dijk/ Manstead (1998), S. 268; N'gbala/ Branscombe (1997), S. 324, 331-334; Ritov/ Baron (1995), S. 119, 121-126; Baron/ Ritov (1994), S. 475, 481-496; Landman (1987), S. 524, 529-531; Kahneman/ Tversky (1982), S. 141 f.

[497] Vgl. Anderson (2003), S. 148.

[498] Vgl. ähnlich Fox/ Bizman/ Huberman (2009), S. 431.

[499] Es ist anzumerken, dass eine vergangene Eskalationserfahrung und ein Bedauern dieser Eskalation zur zukünftigen Vermeidung der negativen Emotion motivieren und daher zur Dee~~skalation in~~ zukünftigen Investitionsprojekten führen könnten (siehe für eine empirische Untersuchung Ku (2008a), S. 221 f., 224, 226, 228). Diesem Argument ist aber entgegenzuhalten, dass die Eskalation von Commitment nicht zwingend zum Bedauern der Persistenz führen muss (vgl. Ku (2008a), S. 227 in Verbindung mit Ku/ Malhotra/ Murnighan (2005), S. 98). Vielmehr überschätzen Individuen vor einer Eskalationsentscheidung deren nachträgliches Bedauern, aber bedauern die Eskalation des Commitments später tatsächlich nur wenig (siehe für eine empirische Untersuchung Ku (2008b), S. 1479, 1482, 1484, 1487). Der Einfluss des Bedauerns eines eskalierten Commitments auf Entscheidungen in einem zukünftigen Eskalationskontext ist somit mindestens fraglich.

[500] Vgl. Wong/ Kwong (2007), S. 546 in Verbindung mit Richard/ Pligt/ Vries (1996), S. 189 f., 192-196; Simonson (1992), S. 109-116.

onsansatzes zur Bewertung eines Investitionsprojektes rücken auch sämtliche mit dem Projekt verbundene Investitionsoptionen stärker in den Fokus des Entscheidungsträgers. Diese Realoptionen und deren Verlust durch den Projektabbruch des Investitionsprojektes könnten entsprechend das antizipierte Bedauern eines Abbruchs erhöhen. Eine hieraus ceteris paribus resultierende Steigerung der Differenz zwischen antizipiertem Bedauern eines Projektabbruchs und antizipiertem Bedauern einer Projektfortführung würde dann zu höheren Eskalationstendenzen führen.[501] Für Individuen, die zum Bedauern von Entscheidungen neigen, wäre daher sowohl bei Anwendung der Realoptionsmethode als auch bei Anwendung der Kapitalwertmethode die Eskalation von Commitment zu erwarten. Aus dieser Argumentation folgt die Hypothese 9a.

Hypothese 9a: *Der eskalationsmindernde Einfluss der Realoptionsbewertung auf das Commitment gegenüber einem erfolglosen Projekt wird durch eine Neigung des Entscheidungsträgers zum Bedauern vergangener Entscheidungen reduziert.*

In Konkurrenz zu dieser Hypothese steht das Argument, dass bei Anwendung des Realoptionsansatzes eben auch die Salienz der Abbruchoption erhöht wird. Die Steigerung der Differenz zwischen dem antizipierten Bedauern eines Projektabbruchs und dem antizipierten Bedauern einer Projektfortführung in Folge der Anwendung des Realoptionsansatzes kann daher nicht zwingend unterstellt werden. Dementsprechend kann die konkurrierende Hypothese 9b formuliert werden.

Hypothese 9b: *Der eskalationsmindernde Einfluss der Realoptionsbewertung auf das Commitment gegenüber einem erfolglosen Projekt wird durch eine Neigung des Entscheidungsträgers zum Bedauern vergangener Entscheidungen nicht tangiert.*

[501] Siehe für eine empirische Bestätigung des Einflusses der Differenz zwischen dem antizipierten Bedauern eines Projektabbruchs und dem antizipierten Bedauern einer Projektpersistenz auf die Eskalation von Commitment Wong/ Kwong (2007), S. 550. In diesem Zusammenhang sei auch nochmals darauf hingewiesen, dass Investitionsoptionen häufig intuitiv überbewertet werden. Dies könnte dazu beitragen, dass der Verlust einer Investitionsoption stärker bedauert werden könnte als der Verlust einer Abbruchoption.

C. Zusammenführung von konkurrierenden Hypothesen im Forschungsmodell

Die theoretische Analyse der potentiellen Moderatorvariablen offenbart, dass für jede der betrachteten projektbezogenen und psychologischen Determinanten sowohl eine Hypothese zu einem interagierenden Effekt mit dem Bewertungsansatz auf die Eskalation von Commitment als auch eine Hypothese zur Negierung eines solchen Interaktionseffektes aufgestellt werden kann. Theoriebasiert kann daher nicht eindeutig festgestellt werden, ob der Bewertungsansatz, der zur Entscheidungsunterstützung herangezogen wird, einen homogenen Einfluss auf die Eskalationstendenzen eines Entscheidungsträgers hat oder ob dieser Wirkungszusammenhang von einer oder mehreren Kontextvariablen moderiert wird. Die jeweiligen konkurrierenden Hypothesen sowie der angenommene direkte Effekt des Bewertungsansatzes auf die Eskalation von Commitment sind in Abbildung 3 als zusammenfassendes Forschungsmodell dargestellt.

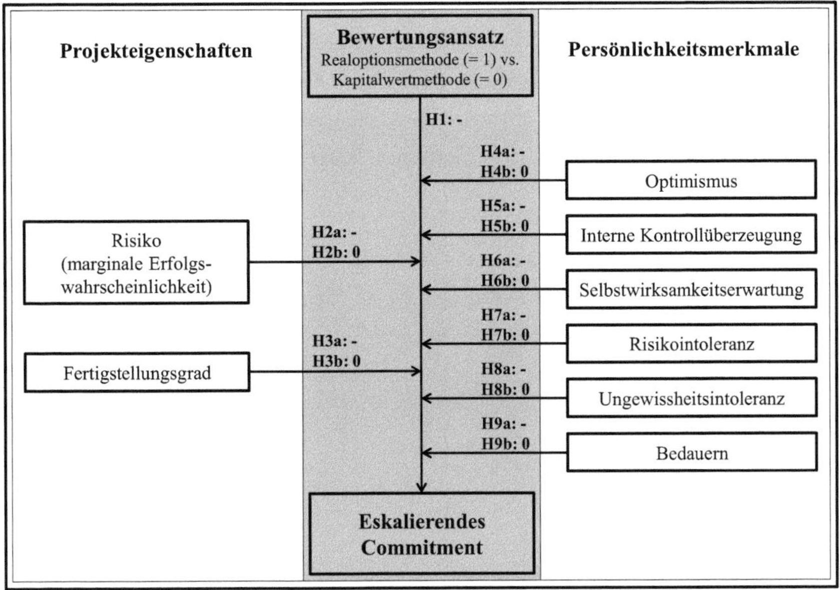

Abbildung 3: Forschungsmodell inklusive Interaktionshypothesen

Eine Überprüfung der Hypothesen soll mithilfe einer empirischen Analyse erfolgen. Auf diese Weise kann eruiert werden, ob der Realoptionsansatz tatsächlich als Steuerungsinstrument zur

Verminderung eskalierenden Commitments eingesetzt werden kann und ob diese eskalationsmindernde Wirkung zumindest von der Ausprägung bestimmter Kontextvariablen abhängt. Erst auf Basis der empirischen Analyseergebnisse kann dann eine Konkretisierung von Maßnahmen, im Sinne einer objektiven Rationalitätssicherung für das Investitionsmanagement, vorgenommen werden.

III. Empirische Untersuchung des Zusammenhangs zwischen dem Bewertungsansatz und eskalierendem Commitment

A. Methodische Konzeption des empirischen Forschungsprojektes

1. Rahmenbedingungen der experimentellen Untersuchung

a) Festlegung des Untersuchungsdesigns

Für die Überprüfung theoretisch angenommener Ursache-Wirkungs-Beziehungen eignen sich ausschließlich experimentelle Untersuchungen.[502] Daher soll dieses Forschungsdesign für eine Analyse des Zusammenhangs zwischen dem Bewertungsansatz und eskalierendem Commitment genutzt werden.

Experimente ermöglichen eine absichtliche Herstellung und systematische Variation der Untersuchungsbedingungen, um unter Kontrolle möglicher weiterer Einflussfaktoren die Effekte der Bedingungsvariation auf eine zuvor festgelegte abhängige Variable zu ermitteln.[503] Die Variation der Untersuchungsbedingungen betrifft die aktive Manipulation mindestens einer unabhängigen Variablen.[504] Eine empirische Überprüfung der hier aufgestellten Hypothesen erfordert eine Instruktionsmanipulation. Bei dieser Art der Manipulation erhalten verschiedene Versuchspersonen innerhalb eines Experimentes unterschiedliche Anweisungen, wobei sich die Unterschiede auf ein Minimum, etwa ein anderes Wort oder eine andere Zahl, beschränken können.[505] Die unterschiedlichen Instruktionen sind somit die operationalisierten Ausprägungen der unabhängigen Variablen.[506] Der experimentelle Versuchsplan weist entsprechend ein between-subjects Design auf, bei welchem ein Vergleich zwischen Gruppen von Versuchspersonen erfolgt, die unterschiedlichen Versuchsbedingungen ausgesetzt sind.[507] In dieser Studie wird zunächst die vorgegebene Bewertungsmethode, welche im Rahmen einer Investitionsentscheidung Anwendung finden soll, manipuliert. Die Unterscheidung erfolgt

[502] Vgl. z.B. Sedlmeier/ Renkewitz (2013), S. 121; Ellermeier/ Bösche (2010), S. 37; Westermann (2000), S. 267.
[503] Vgl. Huber (2013), S. 67; Chalmers (2007), S. 26; Westermann (2000), S. 268-270.
[504] Vgl. Ellermeier/ Bösche (2010), S. 38.
[505] Vgl. Crano/ Brewer (1975), S. 72.
[506] Vgl. Leonhart (2008), S. 139.
[507] Vgl. Ellermeier/ Bösche (2010), S. 40.

auf nominalem Skalenniveau zwischen den Ausprägungen *Kapitalwertmethode* und *Realoptionsmethode*.

Das in dieser Untersuchung zugrunde gelegte Forschungsmodell macht zudem ein mehrfaktorielles Design des Experimentes notwendig. Dabei werden mehr als eine unabhängige Variable manipuliert und deren Auswirkung auf die abhängige Variable geprüft.[508] Neben der Bewertungsmethode werden die beiden unabhängigen Variablen *Fertigstellungsgrad* und *Projektrisiko* jeweils auf einer Ordinalskala mit den Stufen *hoch* und *gering* variiert. In einem vollständig faktoriell kombinierten Versuchsplan entstehen somit 2×2×2=8 unterschiedliche Versuchsbedingungen. Dieser dreifaktorielle Plan erlaubt die Untersuchung von Interaktionshypothesen.[509] Damit kann festgestellt werden, ob die Ausprägung einer unabhängigen Variablen einen Einfluss auf die Auswirkung einer anderen unabhängigen Variablen auf die abhängige Variable hat.

Abweichend von klassischen experimentellen Versuchsanordnungen, bei denen die Ergebnisse auf das Vorhandensein oder Fehlen einer bestimmten Manipulation abstellen,[510] liegt bei diesem Experiment im strengen Sinne folglich kein Vergleich einer Experimental- mit einer Kontrollgruppe vor. Jede Versuchsbedingung ist durch eine Kombination von Ausprägungen der drei unabhängigen Variablen gekennzeichnet. Eine solche Versuchsanordnung erfüllt zwar ebenfalls die Anforderungen an ein Experiment,[511] aber stellt eine Variante des klassischen Designs dar.[512] Für eine entsprechende Abgrenzung werden die Versuchsgruppen daher in Experimentalgruppe (Realoptionsmethode) und Referenzgruppe (Kapitalwertmethode) unterschieden.[513]

Von der Untersuchungsart ist die Erhebungsmethode zu unterscheiden. Hierzu wird eine schriftliche Befragung mithilfe eines standardisierten Fragebogens gewählt. Diese quantitative Methode bietet den Zugang zu Einstellungen, Verhaltensweisen und auch Kognitionen von

508 Vgl. z.B. Sedlmeier/ Renkewitz (2013), S. 159-161; Westermann (2000), S. 273 f.; Crano/ Brewer (1975), S. 49-51.

509 Vgl. z.B. Sedlmeier/ Renkewitz (2013), S. 161-163; Leonhart (2008), S. 139; Crano/ Brewer (1975), S. 51-53.

510 Vgl. Schnell/ Hill/ Esser (2013), S. 215.

511 Diese sind im Allgemeinen die kontrollierte Manipulation und kontrollierte Versuchsbedingungen (vgl. z.B. Sedlmeier/ Renkewitz (2013), S. 120; Ellermeier/ Bösche (2010), S. 38).

512 Vgl. Leonhart (2008), S. 137; Crano/ Brewer (1975), S. 49.

513 Die Gruppenzuordnung liegt darin begründet, dass die Realoptionsmethode die Kapitalwertmethode erweitert und der Fokus dieser Arbeit auf der Realoptionsmethode liegt.

Menschen.[514] Sowohl auf Szenarien basierende, individuelle Investitionsentscheidungen als auch Persönlichkeitsmerkmale der Versuchspersonen können mit einem Fragebogen erhoben werden. Zudem ist die Befragungsmethode für die numerische Darstellung dieser empirischen Sachverhalte geeignet.[515] Die Integration der verschiedenen Fragenformate zu einem einheitlichen Forschungszweck in einer Erhebung erlaubt sodann die Überprüfung weiterer Interaktionseffekte. Gleichzeitig wird aber das Potential für eine Methodenverzerrung (common method bias) geschaffen, da die Versuchspersonen die Daten zu unabhängigen Variablen und auch zu der abhängigen Variablen bereitstellen. Auch wenn in der Literatur kein Konsens über die tatsächlichen Folgen einer monomethodischen Erhebung besteht,[516] ist eine den möglichen Verzerrungen entgegenwirkende Konstruktion des Fragebogens ratsam.[517] Hierzu wird der Fragebogen inhaltlich und optisch zweigeteilt sowie eine unabhängige Bearbeitung aufgrund verschiedener Forschungszwecke instruiert. Die Vielzahl an thematisch variierten Fragen mit unterschiedlichem Fragenformat lässt keinen direkten Schluss auf die hypothetisierten Beziehungen zwischen den Variablen zu und erschwert eine gezielt konsistente Beantwortung durch die Probanden.[518] Für eine Kontrolle der Methodenverzerrung kann zudem der Harman's-One-Factor-Test herangezogen werden. Dieser Test beruht auf der Grundannahme, dass eine bedeutende Methodenverzerrung an zwei Kriterien erkennbar ist: Eine explorative Faktorenanalyse mit allen verwendeten Variablen extrahierten nur einen einzelnen Faktor oder die Kovarianz zwischen den Variablen wird zur Mehrheit durch einen einzelnen Faktor erklärt.[519] Bereits an dieser Stelle sei darauf hingewiesen, dass die im Experiment gewonnenen Daten eine starke Methodenverzerrung der Untersuchungsergebnisse ausschließen lassen.[520] Denn eine Hauptkomponentenanalyse[521] mit den 28 in der Studie verwendeten Variablen führt zu der Extraktion von insgesamt elf Faktoren mit Eigenwerten größer als 1. Diese elf

---

514 Vgl. van de Loo (2010), S. 131.

515 Vgl. Raab-Steiner/ Benesch (2012), S. 45.

516 So gehen etwa Crampton/ Wagner (1994) in ihrer Metaanalyse von einer regelmäßigen Überschätzung der Methodenverzerrung aus und Spector (2006) sieht im common method bias eine starke Vereinfachung der wahren Verzerrungen. Hingegen betonen Podsakoff et al. (2003) das Problem der Methodenverzerrung und fordern eine ausgiebige Kontrolle eben jener.

517 Vgl. Podsakoff/ MacKenzie/ Podsakoff (2012), S. 561 f.; Dalziel (2009), S. 408; Podsakoff et al. (2003), S. 887 f.

518 Eine ausgeglichene Verwendung negativer und positiver Items in den Messskalen der latenten Konstrukte könnte ebenfalls zur Vermeidung einer Methodenverzerrung beitragen (vgl. Heigl (2014), S. 158), eliminiert diese aber nicht grundsätzlich (vgl. Baumgartner/ Steenkamp (2001), S. 147). Ausgeglichene Skalen wurden in dieser Untersuchung jedoch bewusst vermieden (siehe hierzu Kapitel III.A.2.b)).

519 Vgl. Podsakoff et al. (2003), S. 889; Podsakoff/ Organ (1986), S. 536.

520 Vgl. Zapkau/ Schwens/ Kabst (2010), S. 807, 809.

521 Die Hauptkomponentenanalyse ist an dieser Stelle als Extraktionsmethode geeignet, da sie mit den Hauptkomponenten möglichst viel Varianz der Variablen zu erklären versucht (vgl. z.B. Moosbrugger/ Schermelleh-Engel (2012), S. 327).

Faktoren erklären gemeinsam 70,459% der Varianz, wobei der größte Erklärungsanteil eines einzelnen Faktors bei 10,676% liegt.

b) Auswahl der Probanden

Als Versuchspersonen für die experimentelle Studie fungieren Bachelorstudierende ab dem vierten Fachsemester und Masterstudierende der Wirtschaftswissenschaftlichen Fakultät der Heinrich-Heine-Universität in Düsseldorf.[522] Damit reiht sich diese Untersuchung in die bisherigen Studien zu eskalierendem Commitment ein, in denen zumeist ebenfalls Studierende befragt wurden.[523] Auch zu einer Vielzahl von Studien zu Finanz- oder Realoptionen ist dieses Experiment damit konsistent.[524]

Obwohl im Rahmen dieser Untersuchung ein Erkenntnisgewinn über das Verhalten von Entscheidungsträgern in der Wirtschaft angestrebt wird, sind studentische Probanden als Befragungseinheiten rechtfertigbar. Die Annahme einer Übertragbarkeit der aufgedeckten Zusammenhänge beruht zunächst auf der Ähnlichkeit von Studienergebnissen zur Eskalation von Commitment bei Managern[525] mit Ergebnissen aus entsprechenden Untersuchungen, in denen Studierende befragt werden.[526] Darüber hinaus kann in Vergleichsstudien nachgewiesen werden, dass Studierende und Manager in Informationsverarbeitungs- und Entscheidungsfindungsaufgaben, zumindest unter bestimmten Bedingungen, ähnlich reagieren.[527] Voraussetzung hierfür ist ein adäquater Wissensstand der Befragten in Bezug auf die zu lösende Aufgabe und die zu treffende Entscheidung.[528] Dabei wird angenommen, dass Studierende eines

522 Die Grundgesamtheit setzt sich laut Studierendenstatistik der Heinrich-Heine-Universität Düsseldorf zum Erhebungszeitpunkt im Sommersemester 2015 aus 809 Bachelorstudierenden ab dem vierten Fachsemester und 482 Masterstudierenden zusammen (vgl. Heinrich-Heine-Universität (2015)).

523 Siehe z.B. Kwong/ Wong (2014); Moser/ Wolff/ Kraft (2013); Duxbury (2012); Ting (2011); Denison (2009); Berg/ Dickhaut/ Kanodia (2009); Fox/ Bizman/ Huberman (2009); Gunia/ Sivanathan/ Galinsky (2009); Wong/ Kwong/ Ng (2008); Ku (2008a); Pfeiffer et al. (2007); He/ Mittal (2007); Karlsson/ Gärling/ Bonini (2005); Cheng et al. (2003); Schulz/ Cheng (2002); Kirby/ Davis (1998); Beeler/ Hunton (1997); Bobocel/ Meyer (1994); Schoorman et al. (1994); Bateman (1986); McCain (1986); Bazerman/ Giuliano/ Appelman (1984); Brockner/ Shaw/ Rubin (1979); Staw (1976).

524 Siehe z.B. Poerink (2013); Wang/ Bernstein/ Chesney (2012); Ford/ Lander (2011); Murphy/ Knaus (2011); Denison (2009); Yavas/ Sirmans (2005); Shavit/ Sonsino/ Benzion (2002).

525 Siehe z.B. McNamara/ Moon/ Bromiley (2002); Schmidt/ Calantone (2002); Moser/ Hahn/ Galais (2000); Boulding/ Morgan/ Staelin (1997); Staw/ Barsade/ Koput (1997); McCarthy/ Schoorman/ Cooper (1993).

526 Vgl. Pfeiffer et al. (2007), S. 176.

527 Vgl. Singh (1998), S. 153; Ashton/ Kramer (1980), S. 11; Khera/ Benson (1970), S. 531; Hofstedt (1972), S. 687; Mock (1969), S. 146; Dyckman (1966), S. 179, 183.

528 Vgl. Gordon/ Slade/ Schmitt (1987), S. 162; Gordon/ Slade/ Schmitt (1986), S. 201 f.; Khera/ Benson (1970), S. 531 f. Vergleichsstudien, die unterschiedliche Ergebnisse für Studierende und Experten aufzeigen, weichen in ihrer Fragestellung und der Probandenauswahl von den hier vorausgesetzten Bedingungen ab oder

wirtschaftswissenschaftlichen Studiengangs Erfahrungen in der Bearbeitung und Lösung von Fallstudien haben, in denen eine (investitions-)strategische Entscheidungssituation präsentiert und eine Empfehlung für eine Handlungsoption gefordert wird.[529] Dieser Tatbestand kann wiederum dann einen Nachteil bedeuten, wenn Studierende die Aufgabe im Vergleich zu Praktikern zu analytisch lösen.[530] Die hier vorgestellte Studie verlangt aber gerade eine allein in der Wirtschaftlichkeit des Investitionsprojektes begründete Entscheidung. So soll etwa die Produktidee keinen Einfluss nehmen. Aufgrund dieser Transparenz der Aufgabe sowie des darin beschriebenen Projektes wäre kein anderes Antwortverhalten der eigentlichen Expertenzielgruppe anzunehmen.[531] Zudem darf Studierenden der Wirtschaftswissenschaft ein gewisses Verständnis für betriebswirtschaftliche Zusammenhänge zugesprochen werden,[532] sodass im Kontext dieses Experimentes keine abweichende Reaktion von Managern zu erwarten ist. Die Übertragbarkeit der stichprobenbasierten Ergebnisse nicht nur auf die Grundgesamtheit, sondern auch auf Entscheidungsträger in der Wirtschaft, wird durch diese Annahmen gestützt.

Auch im Hinblick auf die Auswertung der gewonnenen Daten ist die Verwendung einer möglichst homogenen Gruppe, die sich kaum bis gar nicht in ihrer Ausbildung oder auch ihren praktischen Erfahrung unterscheidet, sinnvoll. Denn diese Faktoren können damit kontrolliert und als Einfluss auf die Varianz der abhängigen Variablen in dieser Untersuchung nahezu ausgeschlossen werden.[533]

Zuletzt sprechen die Verfügbarkeit der Probanden, zeitliche Restriktionen sowie Ressourcenbeschränkungen für die Befragung von Studierenden. Aus diesen Gründen wird auch von einer parallelen Datenerhebung bei Managern abgesehen. Somit kann ein einheitlicher Fragebogen entwickelt werden, der in der Ansprache und den demografischen Fragen allein auf Studierende der Wirtschaftswissenschaft ausgerichtet ist.

verzerren die Ergebnisse durch monetäre Anreize (vgl. Gordon/ Slade/ Schmitt (1986), S. 194-202; Ashton/ Kramer (1980), S. 2; Alderfer/ Bierman (1970), S. 349).

529 Vgl. Bateman (1986), S. 36; Staw (1976), S. 30.

530 Vgl. Abbink/ Rockenbach (2006), S. 499.

531 Vgl. Ford/ Lander (2011), S. 133.

532 Vgl. Pfeiffer et al. (2007), S. 176.

533 Vgl. Duxbury (2012), S. 148; Ford/ Lander (2011), S. 133.

2. Erstellung des Fragebogens als Erhebungsinstrument

a) Entwicklung der Szenarien als Grundlage des Experimentes

Das Hauptziel dieser Untersuchung ist die Feststellung, ob die Anwendung der Realoptionsmethode zur Investitionsbewertung im Vergleich zur Kapitalwertmethode zu einer Verringerung von eskalierendem Commitment führt. Hierzu soll ein Vergleich von Investitionsentscheidungen, die jeweils eine der beiden Bewertungsmethoden zur Entscheidungsunterstützung heranziehen, angestellt werden. Die im Forschungsmodell unterstellten moderierenden Variablen machen zudem eine Unterscheidung der Investitionsszenarien notwendig.

In einer einheitlichen Einleitung wird den Versuchspersonen zunächst die Anonymität, die vertrauliche Behandlung der gewonnenen Daten sowie der ausschließlich wissenschaftliche Zweck der Befragung zugesichert. Damit soll die wahrgenommene Seriosität der Untersuchung erhöht werden. Eine erste Anweisung betrifft die unabhängige Beantwortung der zwei Fragebogenteile aufgrund unterschiedlicher Forschungszwecke.[534] Dabei erlaubt die schriftliche Befragung stets eine standardisierte Instruktion.

Zu Beginn des ersten Fragebogenteils erhalten die Teilnehmer eine kurze Einführung in die Aufgabe. Sie sollen die Rolle des Finanzvorstandes eines Unternehmens übernehmen und über die Investition in ein Projekt entscheiden. Nach der Angabe von Bearbeitungsregeln wird den Versuchspersonen die Bewertungsmethode des Unternehmens vorgestellt. Hierin unterscheiden sich die Informationen der Experimental- und Referenzgruppen, indem entweder die Realoptionsmethode oder die Kapitalwertmethode beschrieben wird. Dabei wird die Referenzgruppe explizit darauf hingewiesen, dass im Fall von Investitionsalternativen, jene mit dem höchsten Kapitalwert vorzuziehen ist.[535] Ein Rechenbeispiel schließt beide Anleitungen ab, um ein Verständnis für die Falllösung zu entwickeln. Auf dieses Beispiel dürfen die Probanden während der Bearbeitung des Fragebogens jederzeit zurückgreifen.

---

[534] Diese Instruktion soll der Abschwächung einer Methodenverzerrung dienen (siehe Kapitel III.A.1.a)).

[535] In bisherigen Forschungsarbeiten wurde lediglich ein positiver Kapitalwert als Kriterium für die Durchführungswürdigkeit eines Projektes angegeben. Dies könnte jedoch zu Verzerrungen führen, wenn Probanden allein die Instruktionen zur Berechnung des Kapitalwertes befolgen. Dies gibt Denison (2009) auch als Limitation ihrer Untersuchung an (vgl. Denison (2009), S. 150). Daher wird in dieser Untersuchung eine restriktivere Entscheidungsregel präsentiert (vgl. z.B. Ross (1995), S. 96), die unter Annahme knapper Ressourcen und Investitionsalternativen in der Praxis angemessen erscheint.

In der folgenden Fallbeschreibung[536] wird den Versuchspersonen, neben dem Verantwortungsbereich in ihrer Rolle als Finanzvorstand eines Technologieunternehmens, ein Investitionsprojekt vorgestellt: Der Aufbau einer Produktionstechnologie für einen solarbetriebenen Mobiltelefon-Akku. Experimental- und Referenzgruppen erhalten die identischen Informationen über die erforderliche Anfangsinvestition, die Zahlungsströme des Projektes und deren Eintrittswahrscheinlichkeiten, die daraus resultierenden erwarteten Zahlungsströme, den Planungshorizont, die geforderte Mindestverzinsung und die Möglichkeit, die Technologie während des ersten Jahres für 70% des bis dahin investierten Kapitals verkaufen zu können. Im Anschluss werden die Teilnehmer erneut auf die unternehmensweit verpflichtend vorgegebene Bewertungsmethode hingewiesen. Ihre Investitionsentscheidung soll zudem allein auf der Wirtschaftlichkeit des Projektes basieren und nicht von der Produktidee abhängen. Auf diese Weise soll der Einfluss individueller Produktpräferenzen ausgeschlossen werden. Nach diesen Hinweisen wird den Teilnehmern Raum für Rechnungen gegeben. Dies dient zum einen der Prüfung des Methodenverständnisses der Probanden und zum anderen der Schaffung einer Entscheidungsgrundlage.

Die Entscheidung, ob die Versuchspersonen das Investitionsprojekt realisieren werden, ist sodann auf einer 7-stufigen bipolaren Likert-Skala mit den Extrempunkten -3 (vollkommen unwahrscheinlich) und 3 (vollkommen wahrscheinlich) zu treffen.[537] Ein Nullpunkt wurde bewusst als indifferente Position gegenüber einer Projektrealisation in die Ratingskala eingeschlossen. Die präsentierten Projektdaten sollten jedoch bei richtiger Rechnung, unabhängig von der Bewertungsmethode, aufgrund eines positiven erwarteten Projektwertes zur Realisation des Projektes führen (siehe Anhang 10 und Anhang 11). Indem die Probanden durch die Initialentscheidung stärker in das Projekt involviert sind, wird auch eine größere Verantwortung der Probanden induziert als in einem statischen, einperiodischen Szenario, das lediglich über die vorherige Realisation des Projektes informiert.[538]

In verschiedenen Studien wird gezeigt, dass persönliche Verantwortung eine wichtige, aber nicht strikt notwendige Bedingung für eskalierendes Commitment ist.[539] Die Erzeugung eines

---

[536] Die Konstruktion des Fallszenarios erfolgte in Anlehnung an Denison (2009).

[537] Die aktuelle Lehrmeinung empfiehlt eine maximale Abstufung von 7 Kategorien, damit die Testpersonen die Intensitäten verlässlich differenzieren können (vgl. Weiber/ Mühlhaus (2014), S. 117; Raab-Steiner/ Benesch (2012), S. 57).

[538] Vgl. Jani (2008), S. 728.

[539] Vgl. Denison (2009), S. 139; Schulz-Hardt/ Thurow-Kröning/ Frey (2009), S. 179 f.; Wong/ Kwong/ Ng (2008), S. 253; Schulz/ Cheng (2002), S. 81; Schoorman/ Holahan (1996), S. 792; Ruchala/ Hill/ Dalton

persönlichen Verantwortungsgefühls erfordert ein vernünftiges Maß an Kontextinformationen, sodass die Probanden die Investition als ein möglichst realistisches Entscheidungsszenario empfinden.[540] Aus diesem Grund werden in der Fallbeschreibung nicht nur der Verantwortungsbereich und die konkrete Aufgabe des Finanzvorstandes geschildert, sondern auch eine persönliche Betroffenheit damit hervorgerufen, dass ein Teil der variablen Vergütung des Finanzvorstandes vom Erfolg der ausgewählten Projekte abhängt. Die Aktivierung der persönlichen Verantwortung erfolgt zuletzt durch die Entscheidung der Probanden für oder gegen die Realisation des Investitionsprojektes und die anschließende Begründung dieser Entscheidung.[541] Mit der erforderlichen Begründung werden die Teilnehmer zu einer logischen und verteidigungsfähigen Entscheidung motiviert.[542] Aufgrund der letztlich aber vorherrschenden Fiktion des Entscheidungsszenarios kann ein mangelndes oder nur geringfügig ausgeprägtes Verantwortungsgefühl nicht ausgeschlossen werden. Diese mögliche Limitation der Analyseergebnisse gilt es zu beachten.

Nach der Initialentscheidung werden die Teilnehmer darum gebeten, ihre Antworten im Nachhinein nicht mehr zu ändern. Damit soll eine Anpassung der Antworten aufgrund der nachfolgenden neuen Informationen vermieden werden. Diese Informationen betreffen einen Rückschlag für das Investitionsprojekt nachdem vor drei Monaten mit dem Bau der Produktionstechnologie begonnen wurde. Ein Konkurrent hat ebenfalls mit der Vermarktung eines solarbetriebenen Akkus für Mobiltelefone begonnen.[543] Dieses Angebot des Konkurrenzproduktes beeinflusst die Nachfrage nach dem Akku des Beispielunternehmens negativ.[544] Der Fertigstellungsgrad sowie das Risiko des Investitionsprojektes werden an dieser Stelle manipuliert. Jeweils zwei Ausprägungen der unabhängigen Variablen werden unterschieden: Fer-

(1996), S. 20 f.; Schoorman et al. (1994), S. 515; Goltz (1993), S. 990-993; Staw/ Ross (1989), S. 217; Conlon/ Parks (1987), S. 349; Arkes/ Blumer (1985), S. 134 f.; Staw/ Ross (1978), S. 55; Staw (1976), S. 39 f.

540 Vgl. Schoorman et al. (1994), S. 512.

541 Vgl. Denison (2009), S. 139; Boehne/ Paese (2000), S. 178, 183; Schoorman/ Holahan (1996), S. 792; Schoorman et al. (1994), S. 513. In einer Metastudie von Sleesman et al. (2012) wird gezeigt, dass die explizite Auswahl eins Projektes nicht unbedingt zu einer stärkeren Eskalation von Commitment führt als die bloße Übertragung der Verantwortung für ein Projekt (vgl. Sleesman et al. (2012), S. 557). Für die Sicherstellung prototypischer Eskalationsbedingungen wird hier jedoch eine explizite Projektauswahl gefordert.

542 Vgl. Boehne/ Paese (2000), S. 183; Tetlock (1992), S. 340 f.; Tetlock (1985), S. 311.

543 Es wurde bewusst ein exogener Grund für den Rückschlag gewählt, da zumindest nicht ausgeschlossen werden kann, dass mit dieser Form des Rückschlags grundsätzlich stärkere Eskalationstendenzen einhergehen (vgl. Staw (1981), S. 580).

544 Diese Art des Rückschlags wurde bereits in vielen Studien zur Prüfung von eskalierendem Commitment eingesetzt (vgl. z.B. Denison (2009), S. 139; He/ Mittal (2007), S. 228; Garland/ Conlon (1998), S. 2030; Tan/ Yates (1995), S. 313; Conlon/ Garland (1993), S. 404 f.; Garland/ Newport (1991), S. 67; Arkes/ Blumer (1985), S. 129).

tigstellungsgrad hoch (90%) oder niedrig (40%) und Risiko hoch (zu 99% niedriger und zu 1% hoher Zahlungsstrom) oder gering (zu 100% niedriger Zahlungsstrom). Der Fertigstellungsgrad spiegelt sich zugleich in einer äquivalenten Höhe des bisher investierten Kapitals wider. Bei weiterhin expliziter Vorgabe der Bewertungsmethode entsteht der folgende dreifaktorielle Versuchsplan mit 8 Szenarien:

			Fertigstellungsgrad	
		Risiko	hoch	gering
Bewertungsmethode	Realoptionsmethode	hoch	R_{hh}	R_{hg}
		gering	R_{gh}	R_{gg}
	Kapitalwertmethode	hoch	K_{hh}	K_{hg}
		gering	K_{gh}	K_{gg}

Tabelle 3: Dreifaktorieller Versuchsplan[545]

Die Probanden sollen nun eine Entscheidung über die Projektfortführung treffen. Hierfür erhalten sie erneut Raum für notwendige Rechnungen und sollen anschließend auf einer zur ersten Entscheidung identischen Likert-Skala angeben, ob sie das Investitionsprojekt fortführen werden. Die Entscheidung soll durch die Teilnehmer ebenfalls kurz begründet werden. Die veränderte Datenkonstellation sollte in jedem Szenario bei richtiger Rechnung zur Beendigung des Projektes führen, da die Möglichkeit eines sofortigen Abbruchs den höchsten erwarteten Gegenwartswert aufweist (siehe Anhang 12 bis Anhang 19).[546] Abweichungen von dieser Ideallösung sind gemäß Forschungsmodell auf die unterschiedlichen Ausprägungen der unabhängigen Variablen zurückzuführen. Eskalierendes Commitment als abhängige Variable wird demnach in diesem Fall auf einer Skala gemessen, welche die Wahrscheinlichkeit der Projektfortführung angibt. Je höher die Wahrscheinlichkeit einer (ineffizienten) Fortführung des Projektes ist, desto stärker ist die Eskalation des Commitments.[547] Damit weicht die Ope-

[545] Schematische Darstellung in Anlehnung an Crano/ Brewer (1975), S. 50.

[546] Das Prinzip der Optionsbewertung wird sowohl für die Initialentscheidung als auch hier in vereinfachter Form (in Anlehnung an eine Entscheidungsbaumanalyse) genutzt, da komplexere Rechnungen im Rahmen einer standardisierten Befragung nicht realisierbar sind. Vgl. für eine beispielhafte Optionsbewertung auf Basis eines Entscheidungsbaums z.B. Schulmerich (2003), S. 69-72; Trigeorgis (1996), S. 166-168.

[547] Vgl. für eine ähnliche Messung von eskalierendem Commitment Denison (2009), S. 140; Kadous/ Sedor (2004), S. 64.

rationalisierung der abhängigen Variablen von der häufig verwendeten Messung über die Zuteilung von Geldeinheiten zu einem Projekt ab.[548] Diese Abweichung ist notwendig, da die Probanden im vorliegenden Fall eine Fortführungsentscheidung treffen und nicht eine determinierte Menge an Investitionskapital auf verschiedene Projekte verteilen müssen.[549]

Der erste Fragebogenteil schließt mit zehn Manipulationscheck- und Zusatzfragen ab. Dabei sollen die Teilnehmer angeben, in welchem Ausmaß sie auf einer 7-stufigen Skala von -3 (stimme gar nicht zu) bis 3 (stimme voll zu) den jeweiligen Aussagen zustimmen. Diese Fragen dienen zum einen der Überprüfung einer durch die Manipulationen induzierten unterschiedlichen Wahrnehmung des Szenarios (Manipulationscheckfragen 1, 2, 4 und 5). Zum anderen soll die Eignung des Szenarios und der Fragenkonstellation für den Aufbau einer Drohkulisse für das Beispielprojekt (Manipulationscheckfrage 3) und die Hervorrufung eines Verantwortungsgefühls bei den Probanden (Manipulationscheckfrage 8) geprüft werden. Letzteres dient insbesondere der Abwägung einer möglichen Limitation der Analyseergebnisse durch mangelndes Verantwortungsgefühl der Teilnehmer. Darüber hinaus wird der Fertigstellungsdrang, der in Zusammenhang mit der Zielsubstitution und dem Sunk Cost Effekt steht, kontrolliert (Zusatzfrage 6). Zudem erfolgt eine direkte Abfrage des Bewusstseins für die Möglichkeit eines Projektabbruchs und dessen Einbindung in die Investitionsentscheidung (Zusatzfrage 7) sowie der Kenntnisse über die Bewertungsmethoden (Zusatzfragen 9 und 10).

b) Bestimmung geeigneter Messskalen für die latenten Konstrukte

Die im vorliegenden Forschungsmodell relevanten latenten Konstrukte sind Persönlichkeitsmerkmale der Teilnehmer. Diese entziehen sich demnach einer direkten Messung. Stattdessen eignet sich zu deren empirischer Untersuchung ein reflektives Messmodell.[550] Dabei stellen direkt abfragbare Messindikatoren die Konsequenzen der Wirksamkeit der hypothetischen Konstrukte dar.[551] Nach dem Konzept multipler Items sollen latente Konstrukte stets über mehrere Indikatoren, sogenannte Messitems, erfasst werden. Diese mehrfache Operationalisierung hat den Vorteil einer höheren Messgenauigkeit.[552] Die Entwicklung von Itembatte-

---

[548] Vgl. z.B. Staw (1976), S. 31, dessen Fallszenario in zahlreichen nachfolgenden Studien Verwendung fand.

[549] Vgl. Denison (2009), S. 140.

[550] Dies gilt gemäß der Entscheidungsregeln für ein formatives oder reflektives Messmodell (vgl. Jarvis/ MacKenzie/ Podsakoff (2003), S. 202 f.).

[551] Vgl. Backhaus/ Erichson/ Weiber (2013), S. 128.

[552] Siehe zum Konzept multipler Items Weiber/ Mühlhaus (2014), S. 112 f.; Backhaus/ Erichson/ Weiber (2013), S. 128; Diamantopoulos et al. (2012), S. 434; Churchill (1979), S. 66.

rien, die als reliable und valide Messskala zur Erhebung eines latenten Konstruktes eingesetzt werden können, ist ein umfangreiches und komplexes Forschungsvorhaben.[553] Für eine sorgfältige Operationalisierung der Persönlichkeitsmerkmale wird daher in dieser Untersuchung auf bereits existierende, etablierte Skalen zurückgegriffen,[554] da ungeeignete Messungen zu fragwürdigen Ergebnissen und möglicherweise falschen Schlussfolgerungen führen können.[555] Notwendige Anpassungen erfolgen aus methodischen und inhaltlichen Gründen.[556]

Eine erste methodische Anpassung erfolgt durch die Vereinheitlichung der 7-stufigen bipolaren Likert-Skala zur Abfrage der Messindikatoren für alle latenten Konstrukte. Die Teilnehmer sollen auf einer Skala von der Ausprägung *trifft gar nicht zu* bis zu der Ausprägung *trifft voll zu* angeben, inwieweit die nachfolgenden Aussagen auf ihre individuelle Person zutreffen. Dieses standardisierte Antwortformat dient einer Vereinfachung der Beantwortung durch die Probanden. Zur Wahrung eines angemessenen Fragebogenumfangs werden zudem alle Skalen einheitlich auf fünf Messitems begrenzt. Skalen von drei bis sechs Items haben sich in der Forschung für die Messung persönlichkeitsbezogener latenter Konstrukte etabliert.[557] Sie erreichen auch bei späterem Ausschluss einzelner, in der Regel niedrig korrelierter Items im Skalenbereinigungsprozess meist angemessene Reliabilitätskoeffizienten.[558] Im Hinblick auf eine notwendige Faktorenanalyse und die Aggregation der Messitems einer Skala zu einem Wert für das latente Konstrukt werden die Items gleichgerichtet formuliert.[559] Andernfalls wäre ein späteres Umcodieren der invers codierten Items erforderlich. Dabei können jedoch Verzerrungen, etwa durch Akquieszenz auftreten. Unter Akquieszenz wird die vom Frageninhalt unabhängige Zustimmung zu einer Frage verstanden.[560] Daraus folgt auch, dass Individuen einer Aussage tendenziell stärker zustimmen als sie eine konträre Aussage ablehnen. Bei dem nachträglichen Umcodieren eines Items wird demnach nicht zwingend die Antwort der Probanden auf ein nicht invers codiertes Item abgebildet. Dieser Effekt wird dadurch verstärkt, dass negativ formulierte Items nicht immer das genaue Gegenteil von positiv formu-

553 Vgl. DeVellis (2012), S. 15; Gerbing/ Anderson (1988), S. 186.
554 Vgl. Homburg/ Klarmann (2003), S. 77. Diese anerkannten Skalen sind gerade für die Messung persistenter Persönlichkeitsmerkmale konstruiert und nicht auf die Erfassung kurzfristiger sowie situativer Stimmungen ausgerichtet.
555 Vgl. Zapkau et al. (2015), S. 643; Crook et al. (2010), S. 202; Edwards/ Bagozzi (2000), S. 155.
556 Vgl. für ein ähnliches Vorgehen z.B. Korzaan/ Morris (2009), S. 1325.
557 Vgl. Weiber/ Mühlhaus (2014), S. 113 und siehe z.B. Hmieleski/ Baron (2009), S. 477 f.; Korzaan/ Morris (2009), S. 1328; Jacobs-Lawson/ Hershey (2005), S. 335; Lee/ Tsang (2001), S. 591; Westerberg/ Singh/ Häckner (1997), S. 270; Rosenberg (1979), S. 295-298.
558 Vgl. Kopalle/ Lehmann (1997), S. 196; Peterson (1994), S. 388.
559 Dieses Vorgehen entspricht der gängigen Forschungspraxis (vgl. Weijters/ Baumgartner (2012), S. 739).
560 Vgl. Schnell/ Hill/ Esser (2013), S. 346 f.

lierten Items sind und vice versa.[561] Damit ist zu erklären, warum invers codierte Items in der Faktorenanalyse häufig zu einer zweidimensionalen Faktorstruktur führen.[562] Da die Probanden zudem durch den Wechsel zwischen negativen und positiven Items angestrengt werden, ist ein Verzicht auf invers codierte Items im Hinblick auf die Länge des Fragebogens vorteilhaft.[563] Aus letzterem Grund wird auch auf die Verwendung von Füllitems verzichtet.

Inhaltliche Anpassungen betreffen die Eliminierung von Items, die nicht zielgruppengerecht sind[564] oder eine überflüssige Wiederholung eines anderen Items darstellen.[565] Um eine Gleichrichtung der Messindikatoren zu gewährleisten, wird zudem der Wortlaut von manchen Items marginal verändert. Zuletzt werden drei Skalen aus dem Englischen ins Deutsche übersetzt,[566] wobei zur Überprüfung einer sinngetreuen Übersetzung eine Rückübersetzung durch unabhängige Dritte vorgenommen wurde. Eine Anpassung an sprachliche Gepflogenheiten erfolgte dabei unter Vermeidung von inhaltlichen Aussagenverfälschungen.

Die Festlegung der Länge, Ausrichtung und inhaltlichen Spezifikation der Skalen erfordert für vier der sechs Konstrukte eine Kürzung der ursprünglichen Skala[567] und für ein Konstrukt eine Zusammensetzung der Skala aus zwei[568] Ursprungsskalen.[569] Lediglich die Skala für das Konstrukt *Bedauern* wird ohne Änderung übernommen und dabei ein einziges invers codiertes Item zugelassen.

Die Messskalen für die sechs Konstrukte werden im Fragebogen nicht gemischt, um die Beantwortung durch die Probanden erneut zu erleichtern. So geben die Items eins bis fünf die Messskala für das Konstrukt *Optimismus* wieder. Diese beruht auf der deutschen Version des Life-Orientation-Tests zum dispositionellen Optimismus.[570] Mit den Items sechs bis zehn

---

561 Vgl. Herche/ Engelland (1996), S. 367, 372.

562 Vgl. Schermelleh-Engel/ Werner (2012), S. 134; DeVellis (2012), S. 84; Percy/ McCrystal/ Higgins (2008), S. 45 f.; Blum (2006), S. 117; Herche/ Engelland (1996), S. 368-370.

563 Vgl. Heigl (2014), S. 158; DeVellis (2012), S. 84.

564 Ein nicht zielgruppengerechtes Beispiel-Item für das Konstrukt *Kontrollüberzeugung* ist: „Manchmal kann ich nicht verstehen, wie Lehrer zu ihren Noten kommen".

565 Vgl. DeVellis (2012), S. 80.

566 Dies betraf die Konstrukte *Ungewissheitsintoleranz*, *Risikointoleranz* und *Bedauern*.

567 Dies betraf die Konstrukte *Kontrollüberzeugung*, *Selbstwirksamkeitserwartung*, *Optimismus* und *Risikointoleranz*.

568 Dies betraf das Konstrukt *Ungewissheitsintoleranz*.

569 Sofern die Kriterien der Gleichrichtung und inhaltlichen Spezifikation sowie die Eliminierung von Füllitmes nicht zu einer Reduktion auf 5 Items führten, erfolgte eine Auswahl zu Gunsten untereinander hochkorrelierter Items.

570 Vgl. Wieland-Eckelmann/ Carver (1990), nicht veröffentlichter Anhang (zitiert bei Glaesmer et al. (2008), S. 31). Im englischen Original von Scheier/ Carver (1985), S. 225. Für eine empirische Überprüfung der Skala siehe Glaesmer et al. (2008).

wird das Konstrukt *Selbstwirksamkeitserwartung* abgefragt. Die Messindikatoren entstammen der aktuellen Version der Skala zur allgemeinen Selbstwirksamkeitserwartung von Schwarzer/ Jerusalem (1999).[571] Die Items elf bis 15 messen das Konstrukt *Kontrollüberzeugung*. Hierzu wurde die deutsche Übersetzung des Fragebogens zur internen/externen Kontrollüberzeugung von Rotter (1966) herangezogen.[572] Für die Messung des Konstruktes *Bedauern* wurde mit den Items 16 bis 20 die von Schwartz et al. (2002) entwickelte Messskala eingesetzt.[573] Die Items 21 bis 25 sind Messindikatoren für das Konstrukt *Ungewissheitsintoleranz*. Sie entstammen den Messskalen von Budner (1962) und Westerberg/ Singh/ Häckner (1997).[574] Das Konstrukt *Risikointoleranz* wird mit den Items 26 bis 30 gemessen. Diese basieren auf der Risk-Taking Skala der Jackson Personality Inventory.[575]

In einem letzten Schritt werden soziodemografische Charakteristika der Probanden identifiziert. Diese sollen als Kontrollvariablen in die Datenanalyse einfließen. Dabei sind das Geschlecht und das Alter der Teilnehmer von Relevanz, da diese Variablen einen Einfluss auf das Risikoübernahmeverhalten haben[576] und dieses wiederum in Zusammenhang mit der Eskalation von Commitment steht[577].[578] Ein direkter Effekt von Geschlechts- und Altersunterschieden auf eskalierendes Commitment kann ebenso nachgewiesen werden.[579] Die Muttersprache, der Studiengang, das Studienfach, der Studienschwerpunkt, der Studienfortschritt und auch Vorkenntnisse aus einer Berufsausbildung können einen Einfluss auf das Verständnis der Aufgabe sowie der Fallkonstellation haben. Auch diesen möglichen Zusammenhängen soll in der Analyse Rechnung getragen werden.

Eine erste Version des Fragebogens wurde einem Pre-Test mit Promotionsstudierenden, die einen wirtschaftswissenschaftlichen Hochschulabschluss haben, unterzogen. Ziel dieses Tests waren ein Erkenntnisgewinn über die Verständlichkeit der Fragen und der Szenarien, das Aufdecken von Fehlern und eine erste Messung der Bearbeitungsdauer. Nach kleineren An-

---

[571] Vgl. Schwarzer/ Jerusalem (1999), S. 13. Für die Originalfassung vgl. Jerusalem/ Schwarzer (1986), S. 27.
[572] Vgl. Rost-Schaude (1982), S. 253-257. Im englischen Original von Rotter (1966), S. 11 f. Für eine ausführliche Beschreibung und Güteprüfung siehe Mielke (1982).
[573] Vgl. Schwartz et al. (2002), S. 1182.
[574] Vgl. Westerberg/ Singh/ Häckner (1997), S. 270; Budner (1962), S. 34.
[575] Vgl. Jackson (1994), S. 107 f.
[576] Vgl. Vroom/ Pahl (1971), S. 404; Slovic (1966), S. 173-175.
[577] Vgl. Wong (2005), S. 584; Brockner (1992), S. 50 f.; Whyte (1986), S. 312, 316.
[578] Vgl. Wong/ Kwong/ Ng (2008), S. 253.
[579] Männer zeigen bei Fehlschlägen oder negativem Feedback zu ihren Entscheidungen stärkere Eskalationstendenzen als Frauen (vgl. Bateman (1986), S. 42). Die Eskalationstendenzen verstärken sich ebenfalls mit steigendem Alter (vgl. Ojiako et al. (2014), S. 563).

passungen wurde mit der zweiten Version des Fragebogens ein Pre-Test mit der eigentlichen Zielgruppe der Befragung durchgeführt. Daraus ergab sich die Notwendigkeit weniger Formulierungsänderungen in den Szenarien, die zur finalen Version des Fragebogens führten (siehe Anhang 1 bis Anhang 9).

Die Pre-Tests ergaben eine durchschnittliche Bearbeitungsdauer von etwa 25 Minuten.[580] Dabei ist zu berücksichtigen, dass die Befragten in den Pre-Tests neben der Ausfüllung des Fragebogens auch auf Unverständlichkeiten geachtet haben. In der Durchführung der Hauptbefragung konnte die durchschnittliche Bearbeitungszeit von 25 Minuten jedoch bestätigt werden.

3. Durchführung der experimentellen Untersuchung

Die Erhebung der Daten konnte im Sommersemester 2015 über einen Zeitraum von drei Wochen in sechs Lehrveranstaltungen der Wirtschafswissenschaftlichen Fakultät vorgenommen werden.[581] Als Auswahlkriterium für die Lehrveranstaltungen galt eine hohe Teilnehmerzahl bei möglichst hoher Überschneidungsfreiheit der Teilnehmer.[582] Die Zielsetzung dieses Auswahlprozesses war die Erreichbarkeit möglichst vieler Studierenden der Grundgesamtheit, um somit einen maximalen Fragebogenrücklauf zu erhalten.

In den Lehrveranstaltungen wurden die Fragebögen nach einer kurzen Einweisung an die Studierenden verteilt. Als einzige inhaltliche Information wurde den Studierenden mitgeteilt, dass sie eine Investitionsentscheidung zu treffen hätten und hierzu Rechnungen durchführen müssten.[583] Die Zuweisung der Versuchspersonen zu den insgesamt acht Experimental- und Referenzgruppen des Experimentes erfolgte zufällig. Zur Sicherstellung der Randomisierung wurden alle Fragebögen gemäß einer generierten Zufallszahlentabelle geordnet. Auf diese Weise kann ein systematischer Unterschied bezogen auf personale Merkmale in der Gruppenzusammensetzung nahezu ausgeschlossen werden. Veränderungen in der abhängigen Variab-

[580] Die Promotionsstudierenden benötigten im Durchschnitt etwa 23 Minuten und die Studierenden in etwa 26 Minuten für die Bearbeitung des Fragebogens.

[581] Folgende Veranstaltungen wurden für die Befragung gewählt: Produktion und Logistik (Bachelor), Investitions- und Finanzmanagement I (Bachelor), Risk Management and Regulation in Financial Institutions (Master), Investitionstheorie (Master), Markt und Strategie (Master) und Konzeptionen der Betriebswirtschaft (Master).

[582] Eine mehrfache Ausfüllung des Fragebogens wurde durch eine entsprechende Instruktion der betroffenen Studierenden ausgeschlossen.

[583] Via E-Mail wurden die Studierenden im Vorfeld gebeten, in die Veranstaltung einen Taschenrechner mitzubringen.

len sind daher mit großer Wahrscheinlichkeit auf die Variation der experimentellen Behandlung zurückführen.[584] Diese interne Validität erlaubt erst kausale Schlussfolgerungen aus dem statistischen Datenmaterial.[585]

Während der Bearbeitung der Fragebögen fanden weitere Techniken der Kontrolle von Störvariablen Anwendung: Die Elimination und die Konstanthaltung. Beide Techniken tragen ebenfalls zur Steigerung der internen Validität der Studienergebnisse bei.[586] Zur Elimination von Störfaktoren wurde vom Studienleiter in den Hörsälen auf eine ruhige Arbeitsatmosphäre geachtet, um die Konzentration der Teilnehmer nicht zu unterbrechen. Störungen durch andere Personen wurden gleichsam unterbunden. Aber nicht alle störenden Einflüsse konnten kontrolliert verhindert werden. Dies betrifft zum Beispiel die Instruktion durch den Studienleiter, die Ablenkung durch visuelle Reize oder auch die Qualität der Sitzposition im Hörsaal. Solchen unvermeidlichen Störfaktoren kann zumindest mit einer Konstanthaltung begegnet werden.[587] Hierzu werden die Versuchsbedingungen für alle Befragungsgruppen bis auf die experimentelle Variation maximal homogenisiert. Auf diese Weise wird eine möglichste gleichartige Wirkung aller anderen Einflüsse erreicht. Andere Störfaktoren, wie etwa die Tageszeit der Befragung oder Raumtemperaturen, konnten nicht über alle Lehrveranstaltungen und damit alle Befragungen konstant gehalten werden. Dieser Umstand ist jedoch vernachlässigbar, da diesen Einflüssen im Rahmen der in diesem Experiment untersuchten Fragestellung keine Bedeutung zukommt.

Eine Laborsituation mit maximaler Aus- oder Gleichschaltung aller Störeinflüsse konnte unter den gegebenen Rahmenbedingungen somit nicht konstruiert werden. Allerdings wirkt die Befragung der Studierenden in einer für sie gewohnten und natürlichen Umgebung positiv auf die externe Validität der Befragungsergebnisse.[588] Da sowohl die interne als auch externe Validität angestrebt wird, diese aber zumeist in Wechselwirkung zueinander stehen, ist stets ein mit dem Studienziel vereinbarer Kompromiss zu finden.[589] Eine Quantifizierung beider Güte-

[584] Vgl. z.B. Schnell/ Hill/ Esser (2013), S. 214; Crano/ Brewer (1975), S. 44-46; Riecken/ Boruch (1974), S. 55.
[585] Vgl. z.B. Westermann/ Krohn (2010), S. 80; Krauth (2000), S. 37.
[586] Vgl. z.B. Westermann (2000), S. 308-310.
[587] Vgl. z.B. Schnell/ Hill/ Esser (2013), S. 212; Westermann (2000), S. 308-310.
[588] Vgl. z.B. Schnell/ Hill/ Esser (2013), S. 216.
[589] Vgl. Raab-Steiner/ Benesch (2012), S. 41; Leonhart (2008), S. 135.

kriterien ist jedoch nicht möglich. Vielmehr gelten sie als regulative Prinzipien und sollen in eine kritische Diskussion der Studienergebnisse integriert werden.[590]

Für die Validität der latenten Konstrukte existieren hingegen statistische Auswertungsmethoden und damit quantifizierbare Gütemaßstäbe. Diese werden im Rahmen der statistischen Auswertung der Befragungsergebnisse bestimmt.

B. Statistische Auswertung der Befragungsergebnisse

1. Bestimmung der Gütekriterien der latenten Konstrukte im Skalenbereinigungsprozess

Die Konstruktvalidität ist ein Maßstab für die adäquate Operationalisierung eines latenten Konstruktes durch empirisch messbare Variablen.[591] Dabei sollen die Messergebnisse ursächlich auf das latente Konstrukt zurückzuführen sein und dieses also widerspiegeln. Für eine Überprüfung der Gültigkeit der Operationalisierung wird eine differenzierte Betrachtung der Inhalts-, der Konvergenz- und der Diskriminanzvalidität vorgenommen. Während die beiden letzteren Kriterien als notwendige Bedingungen der Konstruktvalidität angesehen werden können, stellt die Inhaltsvalidität eine schon eher hinreichende Bedingung dar.[592] Dabei wird unterstellt, dass die Inhalts- und damit auch Konstruktvalidität umso höher ist, je stärker die Messitems und das latente Konstrukt inhaltlich übereinstimmen.[593] Dies kann im Allgemeinen allein durch theoretisch-argumentativ geführte Expertenurteile bestätigt werden.[594] Da im Rahmen dieser Untersuchung auf Items bewährter Skalen zurückgegriffen wurde, kann die inhaltliche Validität der einzelnen Items unterstellt werden. Ihre Erfüllung wird daher im Folgenden nicht weiter untersucht. Da die Messskalen aber mitunter neu zusammengestellt wurden, müssen die Konvergenz- und die Diskriminanzvalidität für die entwickelten Itembatterien statistisch getestet werden. Im Rahmen einer Konstruktvalidierung wird daher nun schrittweise geprüft, ob die Testergebnisse der Stichprobe tatsächlich ein Indikator für die

[590] Vgl. Schnell/ Hill/ Esser (2013), S. 217.
[591] Vgl. z.B. Westermann/ Krohn (2010), S. 76; Churchill (1979), S. 70.
[592] Vgl. z.B. Hartig/ Frey/ Jude (2012), S. 162; Churchill (1979), S. 70.
[593] Vgl. z.B. Hartig/ Frey/ Jude (2012), S. 148; Westermann (2000), S. 302; Bohrnstedt (1970), S. 92.
[594] Vgl. z.B. Hartig/ Frey/ Jude (2012), S. 145, 149. Da die Beurteilung der Inhaltsvalidität insofern nicht objektiv ist, wird sie nicht immer als Gütekriterium geschätzt (vgl. z.B. Schnell/ Hill/ Esser (2013), S. 145).

individuellen Ausprägungen eines bestimmten latenten Konstruktes sind.[595] Hierzu kann eine Analyse auf Itemebene vorgenommen werden. Ein direkter Einbezug der latenten Konstrukte ist an dieser Stelle nicht notwendig. Denn da in dieser Untersuchung keine Annahmen über Zusammenhänge zwischen latenten Konstrukten untersucht werden sollen, können klassische Analyseverfahren zur Validierung der Messskalen angewendet werden.[596]

a) Explorative Faktorenanalyse zur Überprüfung der Konvergenzvalidität als Voraussetzung der Eindimensionalität der Messskalen

Die Güte einer Messskala wird neben ihrer inhaltlichen Validität auch über ihre Konvergenzvalidität bestimmt. Diese erfordert, dass solche Messitems, die demselben latenten Konstrukt zugeordnet sind, ausreichend stark miteinander korrelieren.[597] Je stärker diese Beziehungen sind, desto höher ist auch die Konstruktvalidität. Die Analyseverfahren zur Prüfung der Konvergenzvalidität in reflektiven Messmodellen basieren entsprechend auf den Korrelationen der Messitems.[598]

Eine hohe statistische Korrelation kann als Eindimensionalität einer Messskala interpretiert werden. Eindimensionalität ist dann gegeben, wenn alle Indikatoren eine Messung desselben Konstruktes darstellen.[599] Diese Eigenschaft einer Messskala ist von großer Bedeutung. Denn der empirische Wert des latenten Konstruktes als Merkmal eines Probanden ist nur dann als (gewichtetes) arithmetisches Mittel der Itemwerte des Probanden sinnvoll definiert, wenn eine eindimensionale Messskala vorliegt.[600] Die Überprüfung der Konvergenzvalidität und damit der Eindimensionalität der Messskala erfolgt mithilfe einer explorativen Faktorenanalyse.[601]

Faktorenanalysen dienen im Allgemeinen der Datenreduktion, indem wenige Faktoren zur Erklärung einer größeren Anzahl von Variablen herangezogen werden. Einzelne Faktoren werden dabei als nicht direkt empirisch messbare Hintergrundgrößen verstanden, die ursäch-

---

[595] Vgl. allgemein zur Konstruktvalidierung z.B. Backhaus/ Erichson/ Weiber (2013), S. 140 f.; Schnell/ Hill/ Esser (2013), S. 146-155; Hartig/ Frey/ Jude (2012), S. 153-162.

[596] Vgl. Homburg/ Giering (1996), S. 8 f.; Churchill (1979), S. 69. Eine konfirmatorische Faktorenanalyse, für die auch Annahmen über die Beziehungen zwischen Konstrukten getroffen werden, wird daher nicht durchgeführt. Die mithilfe der konfirmatorischen Faktorenanalyse möglichen Aussagen über die Konvergenz- und Diskriminanzvalidität sind ebenfalls mit den klassischen Analyseverfahren zu treffen.

[597] Vgl. z.B. Westermann (2000), S. 302; Gerbing/ Anderson (1988), S. 187; Bagozzi/ Phillips (1982), S. 468.

[598] Vgl. z.B. Eberl (2006), S. 657; Churchill (1979), S. 68.

[599] Vgl. Hattie (1985), S. 139; McDonald (1981), S. 100; Nunnally (1978), S. 274.

[600] Vgl. z.B. Latcheva/ Davidov (2014), S. 752; Rohwer/ Pötter (2002), S. 93; Gerbing/ Anderson (1988), S. 186.

[601] Vgl. z.B. Hartig/ Frey/ Jude (2012), S. 162; Gerbing/ Anderson (1988), S. 187.

lich für die Zusammenhänge zwischen den Indikatorvariablen sind.[602] Konvergenzvalidität einer Messung ist entsprechend dann gegeben, wenn im Rahmen einer Faktorenanalyse nur ein einziger Faktor extrahiert wird, auf den alle Indikatoren einer Messskala ausreichend hoch laden.[603] Unter dieser Prämisse kann die Faktorenanalyse der Skalenbereinigung dienen, indem solche Indikatorvariablen eliminiert werden, die nicht oder nur gering auf den extrahierten Faktor laden oder gar zur Extrahierung eines weiteren Faktors beitragen.[604]

Bevor die Faktorenanalyse durchgeführt werden kann, müssen die erhobenen Daten aufbereitet werden. Zum einen ist zu untersuchen, ob die einzelnen Variablen eine hohe Anzahl fehlender Werte aufweisen. Dies kann für die vorliegenden Daten verneint werden,[605] sodass keine Methoden zur Ersetzung fehlender Werte eingesetzt oder Variablen ausgeschlossen werden müssen. Zum anderen muss das invers formulierte Item der Skala zur Messung des Konstruktes *Bedauern* umcodiert werden, damit eine einheitliche Interpretation der Antworten auf der Likert-Skala möglich ist. Aufgrund der Bipolarität der Skala sind hier ein spiegelbildlicher Austausch der Antwortkategorien und eine entsprechende Zuweisung der Codes möglich.

Neben der Aufbereitung der Daten ist sicherzustellen, dass die Qualität der Daten ausreichend und damit die Eignung für eine Faktorenanalyse gegeben ist. Die Eignung für eine faktoranalytische Untersuchung basiert auf der Korrelationsmatrix der Ausgangsvariablen.[606] Zur Bestimmung der Güte der Daten kann das Kaiser-Meyer-Olkin Kriterium herangezogen werden.[607] Diese Prüfgröße erlaubt die Beurteilung der Zusammengehörigkeit der Ausgangsvariablen in einem Wertebereich von 0 bis 1, wobei ein Wert unter 0,5 eine Faktorenanalyse quasi ausschließt und ein Wert ab 0,7 als ziemlich gut, ab 0,8 als verdienstvoll und ab 0,9 als erstaunlich angesehen wird.[608] Das jeweilige Kaiser-Meyer-Olkin-Maß für die Messskalen der sechs latenten Konstrukte ist der Tabelle 4 zu entnehmen.

---

602 Vgl. z.B. Schnell/ Hill/ Esser (2013), S. 151-155; Moosbrugger/ Schermelleh-Engel (2012), S. 326.

603 Vgl. z.B. Homburg/ Giering (1996), S. 8; McDonald (1981), S. 100. Eine hohe Faktorladung bedeutet, dass der Indikator mit dem Faktor hoch korreliert.

604 Vgl. Gerbing/ Anderson (1988), S. 189; Churchill (1979), S. 69.

605 Keine der Variablen zur Messung der latenten Konstrukte weist mehr als 5% fehlende Werte auf (Der Prozentsatz liegt zwischen 0,9% und maximal 4,2%). Unterhalb dieser Grenze ist die Diagnose und Ersetzung fehlender Werte nicht erforderlich (vgl. Leonhart (2008), S. 112).

606 Vgl. z.B. Backhaus et al. (2011), S. 339-343; Leonhart (2008), S. 594; Dziuban/ Shirkey (1974), S. 358.

607 Siehe zur Entwicklung des Kriteriums Kaiser (1970).

608 Vgl. Kaiser/ Rice (1974), S. 112.

Messskala für das Konstrukt...	Kaiser-Meyer-Olkin-Maß
Optimismus	0,737
Selbstwirksamkeitserwartung	0,837
Kontrollüberzeugung	0,708
Bedauern	0,693
Ungewissheitsintoleranz	0,636
Risikointoleranz	0,790

Tabelle 4: Kaiser-Meyer-Olkin-Maß der Messskalen für die latenten Konstrukte

Das Kaiser-Meyer-Olkin-Maß zeigt für alle sechs Messskalen einen guten bis zumindest akzeptablen Wert, sodass für jede Skala eine Faktorenanalyse durchgeführt werden kann. Als Extraktionsmethode wird eine Hauptachsen-Faktorenanalyse gewählt. Ziel dieser Methode ist die Aufdeckung latenter Faktoren, welche die Varianz der manifesten Variablen und deren Beziehungsmuster erklären.[609]

Für fünf der sechs Messskalen wurde im Rahmen der Faktorenanalyse nur ein einzelner Faktor extrahiert, womit die Eindimensionalität der Skalen angenommen werden kann.[610] Einzig für die Messskala der *Ungewissheitsintoleranz* wurden zunächst zwei Faktoren extrahiert,[611] weshalb das Item 24, welches als einziges auf den zweiten Faktor hoch lädt, aus der Skala eliminiert wird. Auf diese Weise wird auch für das sechste latente Konstrukt eine eindimensionale Messskala verwendet. Die entsprechenden Faktorladungen sollen zur Identifizierung solcher Indikatoren herangezogen werden, die aufgrund einer geringen Faktorladung ebenfalls im weiteren Analyseprozess ausgeschlossen werden.

Für die Messskala des latenten Konstruktes *Optimismus* wurden für den extrahierten Faktor[612] die folgenden Faktorladungen der Indikatorvariablen ermittelt:

---

609 Vgl. z.B. Moosbrugger/ Schermelleh-Engel (2012), S. 327 f.; Backhaus et al. (2011), S. 356; Fabrigar et al. (1999), S. 275.

610 Extrahiert werden solche Faktoren, die einen Eigenwert größer eins haben. Dieses allgemein angewendete Kriterium geht zurück auf Guttman (1954) und Kaiser (1960). Für eine Diskussion siehe Lance/ Butts/ Michels (2006).

611 Die extrahierten Faktoren weisen Eigenwerte von 2,143 und 1,011 auf. Sie erklären 42,851% und 20,21% der Varianz.

612 Der extrahierte Faktor weist einen Eigenwert von 2,635 auf und erklärt 52,704% der Varianz.

Indikator für Optimismus	Faktorladung
Item 1	0,499
Item 2	0,596
Item 3	0,545
Item 4	0,762
Item 5	0,783

Tabelle 5: Faktorladungen der Messitems des Konstruktes *Optimismus*

Die Faktorladungen können grundsätzlich einen Wert zwischen minus eins und eins annehmen. Eine hohe Faktorladung wird nach allgemeiner Konvention ab einem absoluten Wert von 0,5 angenommen.[613] In dieser Untersuchung werden daher solche Items ausgeschlossen, die eine Faktorladung kleiner 0,5 aufweisen. Für die Messskala des Konstruktes *Optimismus* bedeutet dies den Ausschluss des ersten Items.

Gemäß der Faktorladungen der Messvariablen für das Konstrukt *Selbstwirksamkeitserwartung* wird ebenfalls das erste Item aus den weiteren Untersuchungen ausgeschlossen.[614]

Indikator für Selbstwirksamkeitserwartung	Faktorladung
Item 6	0,449
Item 7	0,791
Item 8	0,726
Item 9	0,764
Item 10	0,740

Tabelle 6: Faktorladungen der Messitems des Konstruktes *Selbstwirksamkeitserwartung*

Die Messskala für das latente Konstrukt *Kontrollüberzeugung* wird um die Items 11 und 12 gekürzt.[615]

[613] Vgl. z.B. Backhaus et al. (2011), S. 362.
[614] Der extrahierte Faktor weist einen Eigenwert von 2,948 auf und erklärt 58,959% der Varianz.

Indikator für Kontrollüberzeugung	Faktorladung
Item 11	0,223
Item 12	0,479
Item 13	0,718
Item 14	0,598
Item 15	0,567

Tabelle 7: Faktorladungen der Messitems des Konstruktes *Kontrollüberzeugung*

Für die Messskala des latenten Konstruktes *Bedauern* ist sogar der Ausschluss von drei Items erforderlich.[616] Damit verbleiben die Items 17 und 18 als Messinstrument. Die Mindestanforderung von zwei Indikatoren zur Messung eines hypothetischen Konstruktes wird durch diese deutliche Kürzung aber nicht verletzt.[617]

Indikator für Bedauern	Faktorladung
Item 16	0,331
Item 17	0,833
Item 18	0,754
Item 19	0,488
Item 20	0,404

Tabelle 8: Faktorladungen der Messitems des Konstruktes *Bedauern*

Die Faktorladungen der Messitems für das latente Konstrukt *Ungewissheitsintoleranz* legen den Ausschluss der Items 21 und 25 nahe.[618] Die Mindestanforderung von zwei Indikatoren zur Messung eines hypothetischen Konstruktes wird auch für dieses Konstrukt mithin nicht verletzt.

615 Der extrahierte Faktor weist einen Eigenwert von 2,11 auf und erklärt 42,194% der Varianz.
616 Der extrahierte Faktor weist einen Eigenwert von 2,296 auf und erklärt 45,913% der Varianz.
617 Vgl. z.B. Weiber/ Mühlhaus (2014), S. 113.
618 Der extrahierte Faktor weist einen Eigenwert von 1,932 auf und erklärt 48,29% der Varianz.

Indikator für Ungewissheitsintoleranz	Faktorladung
Item 21	0,491
Item 22	0,811
Item 23	0,557
Item 25	0,371

Tabelle 9: Faktorladungen der Messitems des Konstruktes *Ungewissheitsintoleranz*

Alle Indikatorvariablen der Skala zur Messung des latenten Konstruktes *Risikointoleranz* weisen eine ausreichend hohe Faktorladung auf, sodass diese Skala nicht verkürzt wird.[619]

Indikator für Risikointoleranz	Faktorladung
Item 26	0,547
Item 27	0,710
Item 28	0,838
Item 29	0,737
Item 30	0,727

Tabelle 10: Faktorladungen der Messitems des Konstruktes *Risikointoleranz*

b) Messung der internen Konsistenz mithilfe von Cronbachs Alpha zur Feststellung der Reliabilität der Messskalen

Die Eindimensionalität der Skalen reicht allein noch nicht aus, um deren Güte und Brauchbarkeit sicherzustellen.[620] Denn selbst eine perfekt eindimensionale Messskala ist nutzlos, wenn die ermittelten Variablenwerte vordergründig durch Messfehler bestimmt werden und damit bei wiederholten Messungen nicht stabil sind. Während also die Validität die Messgültigkeit eines Messinstrumentes angibt, definiert die sogenannte Reliabilität als weiteres Güte-

619 Der extrahierte Faktor weist einen Eigenwert von 3,036 auf und erklärt 60,71% der Varianz.
620 Vgl. hierzu und im Folgenden Gerbing/ Anderson (1988), S. 190.

kriterium die Messgenauigkeit oder auch Zuverlässigkeit einer Messung.[621] Eine Messung ist demnach vollständig reliabel, wenn die empirischen Variablenwerte keine zufälligen Messfehler enthalten.[622]

Da die mehrfache Operationalisierung eines Konstruktes letztlich auch eine wiederholte Messung desselben darstellt, kann die Stabilität der Testergebnisse durch die Korrelationen der Indikatorvariablen untereinander festgestellt werden.[623] Liegt ein hohes Maß an Interkorrelation zwischen den Items vor, weist die Messskala eine interne Konsistenz auf.[624] Diese interne Konsistenz dient als Schätzer der Reliabilität eines Messinstrumentes.[625] Die Reliabilität kann jedoch nur dann richtig über die interne Konsistenz einer Messskala geschätzt werden, wenn alle Indikatorvariablen einer Messskala das gleiche Merkmal erfassen, also eindimensional sind.[626] Daher ist die Prüfung auf Konvergenzvalidität als Voraussetzung der Eindimensionalität der Reliabilitätsprüfung vorgelagert und wurde bereits nachgewiesen, obwohl die Reliabilität gleichzeitig eine notwendige Bedingung für die Konvergenz- und Konstruktvalidität ist.[627]

Beide Gütekriterien stehen also offensichtlich in Wechselwirkung miteinander. So ist auch nicht verwunderlich, dass Cronbachs Alpha (α)[628], als das beste und am häufigsten herangezogene klassische Maß zur Bestimmung der internen Konsistenz,[629] häufig, aber irrtümlich, als Prüfgröße für die Eindimensionalität einer Messskala interpretiert wird.[630] Cronbachs Alpha ist aber allein ein Schätzer für die Reliabilität einer Messung und nicht für die Eindimensionalität der Messskala.[631] Darüber hinaus ist die Reliabilität auch kein allgemeingültiges Charakteristikum des Messinstrumentes, sondern hängt von den konkreten empirischen Test-

621 Vgl. z.B. Schnell/ Hill/ Esser (2013), S. 141; Westermann/ Krohn (2010), S. 78; Campbell/ Fiske (1959), S. 83.

622 Vgl. z.B. Schermelleh-Engel/ Werner (2012), S. 120 f.; Peter/ Churchill (1986), S. 4.

623 Vgl. z.B. Schnell/ Hill/ Esser (2013), S. 142 f.; Schermelleh-Engel/ Werner (2012), S. 130.

624 Vgl. z.B. Crano/ Brewer (1975), S. 223. Die statistische Überprüfung der Validität und auch der Reliabilität basiert demnach auf den Beziehungen der Ausgangsvariablen (vgl. z.B. Campbell/ Fiske (1959), S. 83).

625 Vgl. z.B. Schnell/ Hill/ Esser (2013), S. 142; Schermelleh-Engel/ Werner (2012), S. 130.

626 Vgl. z.B. Schnell/ Hill/ Esser (2013), S. 142; Schermelleh-Engel/ Werner (2012), S. 131 f.; Gerbing/ Anderson (1988), S. 190.

627 Vgl. z.B. Schermelleh-Engel/ Werner (2012), S. 120; Westermann (2000), S. 302; Peterson (1994), S. 381; Dunn/ Seaker/ Waller (1994), S. 162 Peter/ Churchill (1986), S. 4; Carmines/ Zeller (1979), S. 13; Peter (1979), S. 6.

628 Siehe zur Entwicklung der Maßzahl Cronbachs Alpha Cronbach (1951).

629 Vgl. z.B. Schnell/ Hill/ Esser (2013), S. 143; Schermelleh-Engel/ Werner (2012), S. 130; Peterson (1994), S. 382; Crano/ Brewer (1975), S. 224.

630 Vgl. Schermelleh-Engel/ Werner (2012), S. 133; Clark/ Watson (1995), S. 315; Cortina (1993), S. 100.

631 Cronbachs Alpha kann nämlich auch dann hohe Werte annehmen, wenn eine Messskala viele Items umfasst, diese aber mehrere Dimensionen eines Konstruktes oder gar unabhängige Konstrukte erfassen (vgl. Streiner (2003), S. 102; Cronbach (1951), S. 324).

werten einer bestimmten Stichprobe ab.[632] Daher muss auch für diese Untersuchung die Reliabilität geschätzt werden und kann nicht aufgrund der etablierten Messskalen angenommen werden.

Für die eindimensionale Messskala des latenten Konstruktes *Optimismus*, bestehend aus den Items zwei bis fünf, kann der folgende Wert für Cronbachs Alpha berechnet werden:

Messskala für Optimismus	
Cronbachs Alpha (α)	0,767
α wenn Item 2 gelöscht	0,750
α wenn Item 3 gelöscht	0,744
α wenn Item 4 gelöscht	0,666
α wenn Item 5 gelöscht	0,671

Tabelle 11: Cronbachs Alpha für die Messskala des Konstruktes *Optimismus*

Die unteren vier Zeilen geben jeweils den Wert an, den Cronbachs Alpha annimmt, wenn das entsprechende Item aus der Messskala entfernt wird. Für eine Interpretation und Beurteilung dieser Werte muss der Wertebereich des Reliabilitätsschätzers näher betrachtet werden. Cronbachs Alpha nimmt im Allgemeinen einen Wert zwischen null und eins an.[633] Ein hoher Wert lässt dabei auf eine hohe Interkorrelation der Indikatorvariablen, geringe Messfehler und damit eine hohe Reliabilität schließen.[634] Der Akzeptanzwert für Cronbachs Alpha wird im Allgemeinen mit 0,7 festgelegt.[635] Dennoch kommen in der Praxis mitunter auch Messinstrumen-

632 Vgl. z.B. Streiner (2003), S. 101; Caruso (2000), S. 236; Yin/ Fan (2000), S. 203; Wilkinson/ Task Force on Statistical Inference (1999), S. 597; Pedhazur/ Schmelkin (1991), S. 86; Feldt/ Brennan (1989), S. 106.

633 In Ausnahmefällen, die im Zweifel auf Ungenauigkeiten in der Skalenentwicklung und Codierung zurückzuführen sind, kann Cronbachs Alpha auch negative Werte annehmen (vgl. Streiner (2003), S. 102).

634 Vgl. z.B. Schermelleh-Engel/ Werner (2012), S. 132; Homburg/ Giering (1996), S. 8. Es ist zu beachten, dass auch die Anzahl der Indikatorvariablen einen positiven Einfluss auf den Wert von Cronbachs Alpha hat. Dies ist bei einer konkreten Interpretation der Maßzahl zu berücksichtigen (vgl. z.B. Schnell/ Hill/ Esser (2013), S. 143).

635 Vgl. z.B. Streiner (2003), S. 103; Homburg/ Giering (1996), S. 8. Dieser Grenzwert wird auf Nunnally (1978) zurückgeführt, der eigentlich unter dem Aspekt der Zeitersparnis zunächst einen Grenzwert von 0,5 bis 0,6 (vgl. Nunnally (1967), S. 226) und später von 0,7 (vgl. Nunnally (1978), S. 245 f.; Nunnally/ Bernstein (1994), S. 264 f.) für den Bereich der Grundlagenforschung postuliert. Diese Ausführungen werden in den meisten Untersuchungen als Begründung für die Wahl eines Grenzwertes von 0,7 herangezogen, obwohl die Autoren diesen Wert nicht als universellen Standard für die Reliabilität verstehen (vgl. für eine Diskussion Lance/ Butts/ Michels (2006), S. 205-207).

te zur Anwendung, die diesen Mindestwert nicht ganz erreichen, falls die Alternative ein gänzlicher Ausschluss des latenten Konstruktes aus der Untersuchung wäre.[636] Ein Alpha-Wert über 0,9 kann hingegen auf redundante Items hinweisen und ist daher auch nicht erstrebenswert.[637] Die interne Konsistenz für die Messskala des Konstruktes *Optimismus* ist demnach akzeptabel und kann auch nicht durch den Ausschluss eines weiteren Items deutlich gesteigert werden.

Auch die Items sieben bis zehn als eindimensionales Messinstrument für das Konstrukt *Selbstwirksamkeitserwartung* erreichen mit 0,840 einen akzeptablen Wert für den Reliabilitätsschätzer, der ebenfalls nicht durch eine weitere Verkürzung der Messskala erhöht werden kann.

Messskala für Selbstwirksamkeitserwartung	
Cronbachs Alpha (α)	0,840
α wenn Item 7 gelöscht	0,785
α wenn Item 8 gelöscht	0,807
α wenn Item 9 gelöscht	0,791
α wenn Item 10 gelöscht	0,804

Tabelle 12: Cronbachs Alpha für die Messskala des Konstruktes *Selbstwirksamkeitserwartung*

Die eindimensionale Messskala für das Konstrukt *Kontrollüberzeugung* liefert nur einen empirischen Wert für Cronbachs Alpha in Höhe von 0,654. Auch wenn damit nicht der Grenzwert von 0,7 erreicht wird, und auch nicht durch Eliminierung weiterer Items erreicht werden kann, soll die Messung des Konstruktes noch nicht von weiteren Analysen ausgeschlossen werden. Insbesondere da der Wert für Cronbachs Alpha nicht drastisch vom Grenzwert abweicht, soll, nach Konventionen der Praxis, möglichen späteren Analyseergebnissen der Vorzug vor einem gänzlichen Ausschluss des Konstruktes aus der Analyse gegeben werden. Der Wert des Reliabilitätsschätzers muss aber gewiss als Limitation der Analyseergebnisse betrachtet werden.

---

[636] Vgl. Schnell/ Hill/ Esser (2013), S. 143.
[637] Vgl. Streiner (2003), S. 102; McClelland (1980), S. 30.

Messskala für Kontrollüberzeugung	
Cronbachs Alpha (α)	0,654
α wenn Item 13 gelöscht	0,504
α wenn Item 14 gelöscht	0,518
α wenn Item 15 gelöscht	0,642

Tabelle 13: Cronbachs Alpha für die Messskala des Konstruktes *Kontrollüberzeugung*

Da die Messskala des Konstruktes *Bedauern* im Rahmen der Prüfung auf Konvergenzvalidität bereits auf zwei Variablen verkürzt wurde, ist die Berechnung von Cronbachs Alpha unter Löschung eines Items nicht möglich. Der Wert für das Messinstrument aus den Items 17 und 18 ist mit 0,792 aber durchaus akzeptabel.

Messskala für Bedauern	
Cronbachs Alpha (α)	0,792
α wenn Item 17 gelöscht	-
α wenn Item 18 gelöscht	-

Tabelle 14: Cronbachs Alpha für die Messskala des Konstruktes *Bedauern*

Cronbachs Alpha erreicht für das eindimensionale Messinstrument des latenten Konstruktes *Ungewissheitsintoleranz* mit einem maximalen Wert von 0,653 nicht den Grenzwert von 0,7. Auch für dieses Konstrukt kann die gleiche Argumentation für eine fortgeführte Analyse angeführt werden, wie für das Konstrukt *Kontrollüberzeugung*. Daher soll auch die *Ungewissheitsintoleranz* vorerst nicht aus der weiteren Analyse ausgeschlossen werden. Der geringe Wert des Reliabilitätsschätzers gilt aber auch als Limitation der Analyseergebnisse für dieses latente Konstrukt.

Die eindimensionale Messskala für das Konstrukt *Risikointoleranz* erreicht einen Alpha-Wert in Höhe von 0,835. Durch Entfernung des Items 26 aus der fünf-Item-Skala könnte nur eine zu vernachlässigende Steigerung der internen Konsistenz auf den Wert 0,836 erreicht werden.

Von der Eliminierung des Items wird daher zu Gunsten einer umfassenden Messung abgesehen.

Messskala für Ungewissheitsintoleranz	
Cronbachs Alpha (α)	0,653
α wenn Item 22 gelöscht	-
α wenn Item 23 gelöscht	-

Tabelle 15: Cronbachs Alpha für die Messskala des Konstruktes *Ungewissheitsintoleranz*

Messskala für Risikointoleranz	
Cronbachs Alpha (α)	0,835
α wenn Item 26 gelöscht	0,836
α wenn Item 27 gelöscht	0,795
α wenn Item 28 gelöscht	0,772
α wenn Item 29 gelöscht	0,798
α wenn Item 30 gelöscht	0,803

Tabelle 16: Cronbachs Alpha für die Messskala des Konstruktes *Risikointoleranz*

Die resultierenden Messinstrumente der sechs latenten Konstrukte sind mithin alle eindimensional und weisen eine ausreichende Reliabilität auf. Abschließend soll geprüft werden, ob die sechs Messskalen auch trennscharf sind, also wirklich sechs unterschiedliche hypothetische Konstrukte gemessen werden.

c) Prüfung der Diskriminanzvalidität durch eine konstruktübergreifende explorative Faktorenanalyse

Eine Aussage darüber, ob verschiedene Messinstrumente auch unterschiedliche Konstrukte messen, ist mit dem Kriterium der Diskriminanzvalidität möglich.[638] Diese und damit auch

[638] Vgl. z.B. Bagozzi/ Yi/ Phillips (1991), S. 425; Campbell/ Fiske (1959), S. 81.

die Konstruktvalidität sind umso höher, je geringer die Messitems eines Konstruktes mit denen eines anderen Konstruktes korrelieren.[639] Zur Prüfung der Diskriminanzvalidität wird eine konstruktübergreifende, das heißt die Items aller Messskalen erfassende, explorative Faktorenanalyse durchgeführt. Dabei sollten alle Indikatorvariablen nur auf einem Konstrukt-individuellen Faktor hoch laden und keine Kreuzladungen auf anderen Faktoren aufweisen.[640] Jeder Messskala muss demnach ein eigener Faktor zuordenbar sein, mit dem die Messitems deutlich stärker korrelieren als mit allen anderen Faktoren.

Für die sechs latenten Konstrukte sollte eine Faktorenanalyse daher zu der Extraktion von genau sechs unabhängigen Faktoren führen. Als Extraktionsmethode wird erneut die Hauptachsen-Faktorenanalyse gewählt.[641] Zudem wird zur Erleichterung der Interpretation der extrahierten Faktoren eine Rotationstechnik angewendet. Damit soll eine Einfachstruktur der Faktorladungsmatrix erreicht werden, in der entsprechend jede Indikatorvariable nur auf möglichst einem Faktor hoch lädt.[642] Als Rotationsmethode wird die Promax-Methode gewählt. Dieses schiefwinklige Rotationsverfahren ist angemessen, da nicht von einer vollständigen Unabhängigkeit der sechs Konstrukte ausgegangen werden kann und daher die Faktoren nicht orthogonal zueinander stehen sollten.[643]

In Tabelle 17 ist das Ergebnis der Hauptachsen-Faktorenanalyse mit den Faktorladungen aller verbliebenen Items der sechs Konstrukte nach Rotation des Faktorraumes zu finden.

Die Faktorladungsmatrix zeigt, dass genau sechs Faktoren extrahiert wurden, ohne dass dies anwenderseitig zuvor bestimmt wurde.[644] Gleichzeitig weisen alle Indikatorvariablen nur für einen Faktor eine hohe Ladung auf. Hohe Kreuzladungen treten nicht auf (alle Ladungen zwi-

---

[639] Vgl. z.B. Hartig/ Frey/ Jude (2012), S. 160; Westermann (2000), S. 302; Campbell/ Fiske (1959), S. 84.

[640] Vgl. z.B. Schnell/ Hill/ Esser (2013), S. 152; Gerbing/ Anderson (1988), S. 187 f.; Chin (1998), S. 321.

[641] In der Forschung wird zur Prüfung der Diskriminanzvalidität häufig die Hauptkomponentenanalyse gewählt, obwohl dies nicht angebracht ist (vgl. Hildebrandt/ Temme (2006), S. 624; Fabrigar et al. (1999), S. 275). Die Hauptkomponenten- und Hauptachsenanalyse sind zwar beide iterative Verfahren und weisen rechentechnisch keine Unterschiede auf, legen aber unterschiedliche theoretische Modelle zugrunde. Ziel der Hauptkomponentenanalyse ist die Extraktion möglichst weniger Hauptkomponenten bei gleichzeitig umfassender Reproduktion der Datenstruktur (vgl. z.B. Backhaus et al. (2011), S. 356). Sie dient damit allein der Datenreduktion, berücksichtigt aber nicht die Messfehlervarianz oder spezifische Varianz der Indikatorvariablen, was regelmäßig zu einer Überschätzung der Faktorladungen führt (vgl. z.B. Backhaus et al. (2011), S. 356; Hildebrandt/ Temme (2006), S. 624). Die extrahierten Komponenten sollten daher nicht als gemeinsame Faktoren oder latente Konstrukte interpretiert werden (vgl. Sedlmeier/ Renkewitz (2013), S. 684 f.; Fabrigar et al. (1999), S. 275).

[642] Vgl. z.B. Sedlmeier/ Renkewitz (2013), S. 690-692; Backhaus et al. (2011), S. 362-364.

[643] Vgl. z.B. Backhaus et al. (2011), S. 363; Hildebrandt/ Temme (2006), S. 624.

[644] Die Faktoren weisen Eigenwerte von 5,341 (Faktor 1), 2,372 (Faktor 2), 1,911 (Faktor 3), 1,563 (Faktor 4), 1,324(Faktor 5) und 1,221 (Faktor 6) auf. Gemeinsam erklären sie 68,657% der Varianz.

schen -0,35 und 0,35 wurden zum Zwecke der Übersichtlichkeit in der Matrix nicht aufgeführt). Die Items sind also eindeutig einem einzelnen Faktor zuordenbar. Darüber hinaus laden alle Indikatoren zur Messung eines Konstruktes jeweils auf denselben Faktor. Also kann jeder Faktor als ein latentes Konstrukt interpretiert werden, das hinter einer der Itembatterien steht und durch eben diese abgebildet werden kann.

Konstrukt	Item	Faktor					
		1	2	3	4	5	6
Optimismus	Item 2			0,463			
	Item 3			0,511			
	Item 4			0,886			
	Item 5			0,742			
Selbstwirksamkeitserwartung	Item 7		0,697				
	Item 8		0,778				
	Item 9		0,840				
	Item 10		0,761				
Kontrollüberzeugung	Item 13						0,594
	Item 14						0,768
	Item 15						0,602
Bedauern	Item 17				0,806		
	Item 18				0,814		
Ungewissheitsintoleranz	Item 22					0,498	
	Item 23					0,871	
Risikointoleranz	Item 26	0,806					
	Item 27	0,871					
	Item 28	0,719					
	Item 29	0,584					
	Item 30	0,437					

Tabelle 17: Rotierte Faktorladungsmatrix (a)

Auffällig sind jedoch die recht niedrigen Faktorladungen der Items 2, 22 und 30. In dieser konstruktübergreifenden Faktorenanalyse erreichen sie nicht den anvisierten Grenzwert von

0,5.[645] Durch einen nachträglichen iterativen Ausschluss dieser Items sollen die Diskriminanzvalidität und damit die Güte der gesamten Messung verbessert werden. Aufgrund der schon niedrigen Reliabilität der Messskala für das Konstrukt *Ungewissheitsintoleranz*, wird dieses nun endgültig aus der Analyse ausgeschlossen.[646] Das Ergebnis einer erneuten Faktorenanalyse ist in Tabelle 18 angegeben.

Konstrukt	Item	Faktor				
		1	2	3	4	5
Optimismus	Item 2			0,437		
	Item 3			0,485		
	Item 4			0,903		
	Item 5			0,768		
Selbstwirksamkeits-erwartung	Item 7		0,678			
	Item 8		0,740			
	Item 9		0,829			
	Item 10		0,759			
Kontrollüberzeugung	Item 13					0,589
	Item 14					0,762
	Item 15					0,604
Bedauern	Item 17				0,780	
	Item 18				0,823	
Risikointoleranz	Item 26	0,604				
	Item 27	0,804				
	Item 28	0,834				
	Item 29	0,720				
	Item 30	0,622				

Tabelle 18: Rotierte Faktorladungsmatrix (b)

645 Eine Hauptkomponentenanalyse führt zu einer identischen Struktur der Faktorladungen, bei aber insgesamt höheren Werten der Faktorladungen. Auch die Items 2 und 22 würden bei Anwendung dieser Extraktionsmethode den Grenzwert von 0,5 erreichen.

646 Item 30 weist zwar in dieser Faktorenanalyse die geringste Faktorladung auf, eine Eliminierung des Items führt aber in der Folge nicht zu einer Verbesserung der Güte der Messung.

Nach dem Ausschluss der Messskala für das Konstrukt *Ungewissheitsintoleranz* werden genau fünf Faktoren extrahiert.[647] Kreuzladungen bestehen nicht. Jedoch weisen nun weiterhin das Item 2 und zusätzlich das Item 3 eine zu niedrige Faktorladung auf. Diese beiden Items werden für eine weitere Faktorenanalyse aus der Messskala für das Konstrukt *Optimismus* eliminiert.[648] Die Tabelle 19 zeigt die resultierende rotierte Faktorladungsmatrix.

Konstrukt	Item	Faktor				
		1	2	3	4	5
Optimismus	Item 4			0,837		
	Item 5			0,809		
Selbstwirksamkeits-erwartung	Item 7		0,695			
	Item 8		0,746			
	Item 9		0,825			
	Item 10		0,767			
Kontrollüberzeugung	Item 13					0,615
	Item 14					0,759
	Item 15					0,584
Bedauern	Item 17				0,731	
	Item 18				0,875	
Risikointoleranz	Item 26	0,609				
	Item 27	0,813				
	Item 28	0,852				
	Item 29	0,709				
	Item 30	0,623				

Tabelle 19: Rotierte Faktorladungsmatrix (c)

[647] Die Faktoren weisen Eigenwerte von 4,994 (Faktor 1), 2,331 (Faktor 2), 1,863 (Faktor 3), 1,493 (Faktor 4) und 1,309 (Faktor 5) auf. Gemeinsam erklären sie 66,613% der Varianz.

[648] Der Reliabilitätskoeffizient Cronbachs Alpha steigt für die Messskala des Konstruktes *Optimismus* damit sogar auf den Wert 0,806 und liegt damit weiterhin über dem minimalen Akzeptanzwert von 0,7.

Die Faktorstruktur bleibt nach der Eliminierung der Items 2 und 3 erhalten.[649] Zudem erreichen alle Items eine ausreichend hohe Faktorladung. Die Diskriminanzvalidität der Messinstrumente ist folglich erfüllt.

Aufgrund der Verwendung von Items etablierter Messskalen, der nachgewiesenen Reliabilität sowie Konvergenz- und Diskriminanzvalidität kann abschließend eine der kritischsten Annahmen der Messtheorie als erfüllt betrachtet werden: Das ein Messinstrument bestehend aus mehreren Items nur ein einziges Konstrukt misst.[650] Die Messinstrumente können daher in den folgenden statistischen Auswertungen zur Abbildung der latenten Konstrukte verwendet werden.

2. Allgemeine statistische Deskription der gewonnenen Daten

a) Beschreibung der Stichprobenzusammensetzung

Nach Eliminierung von elf nicht auswertbaren Rückläufen[651] konnte eine Stichprobe von 212 Fragebögen gewonnen werden. Darunter sind 100 männliche und 107 weibliche Probanden (5 Teilnehmer machten hierzu keine Angabe). Das durchschnittliche Alter der Probanden liegt bei 23,03 Jahren (25 Teilnehmer machten hierzu keine Angabe).[652] Der Modalwert liegt mit 40 Nennungen bei 21 Jahren. Deutsch als Muttersprache gaben 186 Probanden an, 21 Probanden haben eine andere Sprache zur Muttersprache (5 Teilnehmer machten hierzu keine Angabe). Zur Überprüfung der Unabhängigkeit des Aufgabenverständnisses von der Muttersprache wird überprüft, ob das Vorhandensein und die Richtigkeit der Berechnung des Projektwertes für die Initialentscheidung unabhängig von der Muttersprache sind. Gemäß dem χ^2-Unabhängigkeitstest als approximativem Testverfahren kann die Nullhypothese der Unabhängigkeit der Variablen nicht abgelehnt werden (χ^2=0,714; dF=2; p=0,7).[653/654] Daher kann zu-

[649] Die Faktoren weisen Eigenwerte von 4,721 (Faktor 1), 1,995 (Faktor 2), 1,804 (Faktor 3), 1,443 (Faktor 4) und 1,296 (Faktor 5) auf. Gemeinsam erklären sie 70,377% der Varianz.

[650] Vgl. Hattie (1985), S. 139.

[651] Es wurden solche Fragebögen eliminiert, die weder für den ersten noch den zweiten Fragebogenteil vollständige Daten lieferten und somit zu keiner Auswertung beitragen konnten.

[652] Unter Ausschluss eines Extremwertes von 60 Jahren reduziert sich der Durchschnittswert unwesentlich auf 22,83 Jahre.

[653] Eine ausreichende Güte der Approximation kann durch Erfüllung der Regel von Cochran angenommen werden. Diese besagt, dass die erwartete Häufigkeit in jeder Zelle einer Kontingenztafel mindestens eins und für 80% der Zellen die erwartete Häufigkeit mindestens fünf betragen sollte (vgl. Cochran (1954), S. 420). Diese Regel wird für die Kontingenztafel der beiden Variablen erfüllt. Unter Ausschluss der Probanden, die keine Rechnung vorgenommen haben, zeigt auch Fishers exakter Test auf Unabhängigkeit, dass die Nullhypothese

mindest angenommen werden, dass die Probanden unabhängig von ihrer Muttersprache ein einheitliches sprachliches Verständnis der Aufgabenstellung hatten.

Neben den persönlichen Merkmalen der Probanden konnten auch Informationen über ihren Studienfortschritt erhoben werden. So sind 133 der Probanden Bachelorstudierende und 73 von ihnen sind Masterstudierende (6 Teilnehmer machten hierzu keine Angabe). Die Probanden befanden sich zum Zeitpunkt der Befragung in den folgenden Fachsemestern:[655]

Studiengang	Fachsemester							
	1	2	3	4	5	6	8	15
Bachelor	2	7	3	86	3	28	1	1
Master	10	42	5	13	1	1	0	0

Tabelle 20: Fachsemester der Probanden nach Studiengängen

Ein betriebswirtschaftliches Studium absolvieren 127 der Probanden und ein der Betriebswirtschaftslehre nahes Studium[656] absolvieren 79 der Probanden (6 Teilnehmer machten hierzu keine Angabe). Der Studienschwerpunkt „Investition und Finanzierung" wird von 134 der Probanden belegt (5 Teilnehmer machten hierzu keine Angabe). Eine Berufsausbildung wurde lediglich von 24 Probanden absolviert (5 Teilnehmer machten hierzu keine Angabe).

Die Verteilung der Probanden auf die acht Szenarien des dreifaktoriellen Versuchsplans ist der **Fehler! Verweisquelle konnte nicht gefunden werden.** zu entnehmen. Gemäß dem χ^2-Test kann die Nullhypothese der Gleichverteilung der Probanden auf die Szenarien im Versuchsplan nicht abgelehnt werden (χ^2=0,000; dF=1; p=1,000). Trotz der zufälligen Zuordnung der Probanden zu den Szenarien konnte demnach eine gleiche Fallanzahl für alle Szenarien erreicht werden. Damit erfolgte auch eine gleichmäßige Verteilung der Probanden auf die Experimental- und die Referenzgruppe, die im Folgenden näher betrachtet werden.

---

der Unabhängigkeit für die beiden Variablen mit einer 2x2 Kontingenztafel nicht abgelehnt werden kann (p=0,614) (vgl. Hartung/ Elpelt/ Klösener (2012), S. 416).

654 Das Signifikanzniveau p gibt die Irrtumswahrscheinlichkeit an, mit der eine Nullhypothese verworfen wird. Gemäß dem einheitlichen Sprachgebrauch werden Irrtumswahrscheinlichkeiten kleiner oder gleich 0,001 als höchst signifikant, kleiner oder gleich 0,01 als sehr signifikant und kleiner oder gleich 0,05 als signifikant bezeichnet. Irrtumswahrscheinlichkeiten größer als 0,05 gelten als nicht signifikant (vgl. Bühl (2012), S. 171).

655 Wobei die Zählung der Fachsemester im Masterstudium wieder bei eins begonnen wurde.

656 Dahinter verbergen sich die Studienfächer Volkswirtschaftslehre und Wirtschaftschemie.

			Fertigstellungsgrad	
		Risiko	hoch	gering
Bewertungs-methode	Realoptions-methode	hoch	27	29
		gering	25	27
	Kapitalwert-methode	hoch	28	26
		gering	26	24

Tabelle 21: Verteilung der Probanden auf die Szenarien im Versuchsplan

b) Deskriptive Statistiken der Experimental- und der Referenzgruppe unter Berücksichtigung der Manipulationserfolge

Die Teilnehmer der Experimentalgruppe haben ein Durchschnittsalter von 23,58 Jahren und diejenigen der Referenzgruppe von 22,48 Jahren.[657] Das aktuelle Fachsemester der Probanden ist für beide Gruppen und nach Studiengängen getrennt der Tabelle 22 zu entnehmen.

Studiengang		Fachsemester							
		1	2	3	4	5	6	8	15
Bachelor	Experimental-gruppe	2	4	0	41	1	18	1	1
	Referenz-gruppe	0	3	3	45	2	10	0	0
Master	Experimental-gruppe	6	18	3	6	1	1	0	0
	Referenz-gruppe	4	24	2	7	0	0	0	0

Tabelle 22: Fachsemester der Probanden in der Experimental- und der Referenzgruppe nach Studiengängen

Eine vergleichende Darstellung der Häufigkeitsanalysen der übrigen demografischen Daten in der Experimental- (EG) und der Referenzgruppe (RG) zeigt Abbildung 4.

[657] Aus der Experimentalgruppe machten 15 Probanden keine Altersangabe und aus der Referenzgruppe gaben 10 Probanden ihr Alter nicht an.

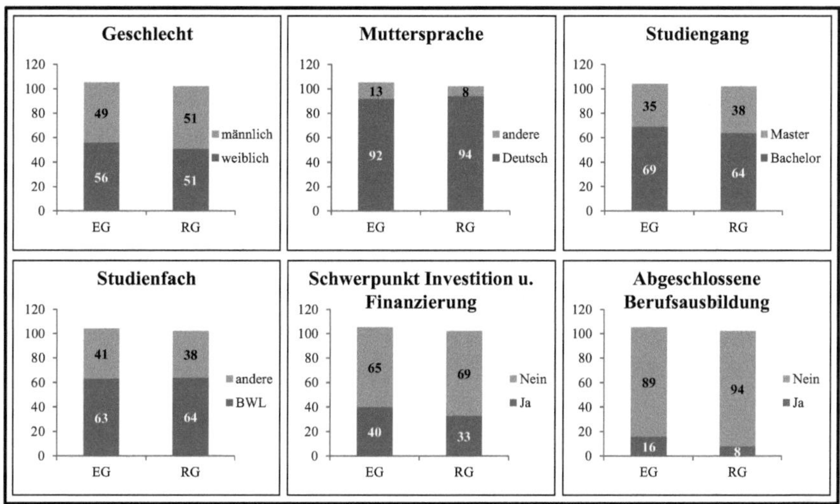

Abbildung 4: Deskriptive Auswertung demografischer Daten der Experimental- und der Referenzgruppe

Markante Unterschiede in der Demografie beider Gruppen sind nicht erkennbar.[658]

Das Investitionsprojekt wird von den Teilnehmern mit einem Mittelwert von $\bar{x}$=2,02 überwiegend wahrscheinlich realisiert. Lediglich elf Probanden würden die Initialinvestition eher bis vollkommen unwahrscheinlich tätigen. Dies betrifft zwei Probanden der Referenzgruppe, die das Risiko des Projektes als zu hoch ansehen, wobei einer der beiden Probanden auch einen falschen Projektwert berechnet. Von den neun Probanden der Experimentalgruppe, die das Projekt nicht realisieren, gibt einer eine zu geringe Rendite als Begründung an, zwei empfinden das Risiko als zu hoch und fünf berechnen einen falschen und gleichzeitig negativen Projektwert.[659]

Eine Projektfortführung wird von den Probanden mit einem Durchschnitt von $\bar{x}$=0,28 nur noch als eher wahrscheinlich angesehen. Diese geringere Wahrscheinlichkeit im Vergleich zur Initialinvestition macht deutlich, dass den Probanden die verschlechterten Erfolgsaussichten für das Projekt nach Markteintritt des Konkurrenten bewusst sind. Diese Tendenz zeigt auch eine getrennte Auswertung für die Experimental- und die Referenzgruppe. So liegt der

[658] Die jeweiligen geringen Abweichungen von der Gesamtstichprobengröße sind auf fehlende Angaben zurückzuführen. Ein systematischer Ausfall ist aber nicht zu erkennen.
[659] Das Problem falscher Berechnungen wird in Kapitel III.B.3.a) aufgegriffen.

Mittelwert für die Realisation des Projektes durch die Experimentalgruppe bei $\bar{x}$=1,79 und sinkt für die Projektfortführung auf $\bar{x}$=-0,26 ab. Die Referenzgruppe entscheidet sich ebenfalls überwiegend wahrscheinlich für eine Projektrealisation ($\bar{x}$=2,26), aber nur eher wahrscheinlich für eine Projektfortführung ($\bar{x}$=0,8). Obwohl beide Gruppen die Wahrscheinlichkeit einer Investition von der Realisations- hin zur Fortführungsentscheidung verringern, scheinen die Investitionsentscheidungen der beiden Gruppen einen der Hypothese 1 entsprechenden Unterschied aufzuweisen. Eine Separierung der Stichprobe anhand der Bewertungsmethode und eine inferenzstatistische Auswertung der Daten von der Experimental- und der Referenzgruppe zur Testung der Hypothesen in Kapitel III.B.3 sind aber nur dann sinnvoll, wenn die entsprechende Manipulation der Szenarien wirksam war. Dies gilt es zu überprüfen.

Die Manipulation der Bewertungsmethode wurde erfolgreich durchgeführt. So stimmen die Probanden der Referenzgruppe der Aussage, das Unternehmen nutze zur Projektbewertung die Kapitalwertmethode, mit einem Mittelwert von $\bar{x}$=2,45 deutlich zu, während die Zustimmung der Experimentalgruppe mit einem Mittelwert von $\bar{x}$=0,24 geringer ausfällt. Die aber dennoch geringe Zustimmung der Experimentalgruppe kann darauf zurückgeführt werden, dass auch bei Verwendung der Realoptionsmethode eine Berechnung von Kapitalwerten erfolgt. Der Aussage, das Unternehmen nutze zur Projektbewertung die Realoptionsmethode, stimmt die Experimentalgruppe im Durchschnitt aber deutlich stärker zu ($\bar{x}$=1,88). Von der Referenzgruppe wird diese Aussage hingegen eher abgelehnt ($\bar{x}$=-0,75).[660] Diese Ergebnisse sind vor dem Hintergrund zu betrachten, dass die Teilnehmer beider Gruppen der Aussage,

---

[660] Sowohl die χ^2-Tests auf Unabhängigkeit der Zustimmung zu den Manipulationsfragen von der Bewertungsmethode (χ^2=67,748; df=6; p=0,000 und χ^2=77,689; df=6; p=0,000) als auch die Ergebnisse der t-Tests auf Mittelwertunterschiede in der Zustimmung (t=9,508; df=189; p=0,000 und t=-10,762; df=188; p=0,000) zeigen höchst signifikante Ergebnisse auf. Zum einen wird aber die Regel von Cochran verletzt. Zum anderen ergibt der Levene-Test der Varianzgleichheit, dass die Varianzen in beiden Gruppen heterogen sind (F=55,405; p=0,000 und F=19,51; p=0,000), und der Kolmogorov-Smirnov-Test auf Abweichung von einer Normalverteilung offenbart, dass die Variablen nicht normalverteilt sind (Experimentalgruppe: KS=0,150; p=0,000 und KS=0,282; p=0,000; Referenzgruppe: KS=0,396; p=0,000 und KS=0,215; p=0,000). Damit sind auch die Voraussetzungen des t-Tests nicht ausreichend erfüllt, auch wenn der korrekte und der errechnete p-Wert bei diesen Voraussetzungsverletzungen nur unwesentlich voneinander abweichen (vgl. Sedlmeier/ Renkewitz (2013), S. 399 f.; 569). Die Ergebnisse beider Tests sind somit in ihrer Aussage eingeschränkt, lassen aber dennoch aufgrund der ausnahmslos hohen Signifikanz, der markanten Datenkonstellation und der Robustheit des t-Tests einen Zusammenhang vermuten. Darüber hinaus zeigen auch die approximativen t-Tests für inhomogene Varianzen (Welch-Test) höchst signifikante Ergebnisse (t=9,291; df=128,339; p=0,000 und t=-10,648; df=162,682; p=0,000) (dieser Test geht zurück auf Welch (1947)). Der Mittelwertvergleich der Experimental- und der Referenzgruppe ist aber ohnehin deshalb in seiner Interpretation eingeschränkt, da gemäß Kolmogorov-Smirnov-Z-Test die Hypothese, dass Experimental- und Referenzgruppe aus Grundgesamtheiten mit gleicher Verteilung der Variablen stammen, abgelehnt werden muss (Z=3,602; p=0,000 und Z=4,065; p=0,000). Diese Erkenntnis ist jedoch wiederum ein Hinweis darauf, dass die Bewertungsmethode als entsprechende Manipulation einen Einfluss auf die Beantwortung der Manipulationsfragen hat.

sie hätten in ihrem Studium Kenntnisse über die Kapitalwertmethode erlangt, im Durchschnitt überwiegend zustimmen. Die Mittelwerte von $\bar{x}$=1,77 für die Referenzgruppe und von $\bar{x}$=1,49 für die Experimentalgruppe sind bei homogener Varianz (F=0,033; p=0,855) nicht statistisch signifikant verschieden (t=1,318; df=199; p=0,189).[661] In ihrer Ablehnung der Aussage, sie hätten in ihrem Studium Kenntnisse über die Realoptionsmethode erlangt, weisen die Teilnehmer der Experimental- und der Referenzgruppe jedoch bei wiederum homogener Varianz (F=1,901; p=0,17) einen sehr signifikanten Mittelwertunterschied auf (t=-3,190; df=198; p=0,002).[662] Eine Erklärung für diese Abweichung des Mittelwertes der Experimental- ($\bar{x}$=-0,55) von dem der Referenzgruppe ($\bar{x}$=-1,43) ist die Darstellung der Methode im Rahmen der Befragung.

Der Aufbau einer Drohkulisse für den Projekterfolg durch den Markteintritt des Konkurrenten ist ebenfalls gelungen. Sowohl die Probanden der Experimentalgruppe ($\bar{x}$=1,79) als auch die der Referenzgruppe ($\bar{x}$=2,11) stimmen der Aussage, der Markteintritt des Konkurrenten bedrohe den Erfolg des Projektes, überwiegend zu. Dabei zeigen die Mittelwerte der Zustimmungstendenz beider Gruppen bei homogener Varianz (F=0,494; p=0,483) keinen statistisch signifikanten Unterschied auf (t=1,577; df=197; p=0,116).[663] Auch der Aussage, die Fortsetzung des Projektes nach Markteintritt des Konkurrenten sei mit einem Risiko verbunden, stimmen die Experimentalgruppe ($\bar{x}$=1,57) und die Referenzgruppe ($\bar{x}$=1,83) im Durchschnitt überwiegend zu. Der Mittelwertunterschied ist bei homogener Varianz (F=0,921; p=0,338)

---

661 Das Ergebnis des t-Tests ist allgemein robust gegenüber der Verletzung von dessen Anwendungsvoraussetzungen (vgl. Sedlmeier/ Renkewitz (2013), S. 400; Bortz/ Weber (2005), S. 141). Da die Experimental- und die Referenzgruppe eine nahezu gleiche Gruppengröße aufweisen, die Stichproben selbst nicht zu klein sind (>30) und gemäß dem Levene-Test eine Varianzhomogenität bezüglich der Zustimmungstendenz beider Gruppen vorherrscht, kann die verletzte Voraussetzung der Normalverteilung des untersuchten Merkmals gemäß Kolmogorov-Smirnov-Test vernachlässigt werden (Experimentalgruppe: KS=0,255; p=0,000; Referenzgruppe: KS=0,251; p=0,000). Die Hypothese, dass Experimental- und Referenzgruppe aus Grundgesamtheiten mit gleicher Verteilung der Variablen stammen, kann hier nicht abgelehnt werden (Z=1,034; p=0,235).

662 Eine Normalverteilung muss für die Variable in beiden Gruppen gemäß Kolmogorov-Smirnov-Test abgelehnt werden (Experimentalgruppe: KS=0,177; p=0,000; Referenzgruppe: KS=0,269; p=0,000). Eine Einschränkung der Interpretation des Mittelwertvergleichs besteht darin, dass gemäß Kolmogorov-Smirnov-Z-Test die Hypothese, dass Experimental- und Referenzgruppe aus Grundgesamtheiten mit gleicher Verteilung der Variablen stammen, abgelehnt werden muss (Z=1,626; p=0,010). Diese Erkenntnis ist in diesem Fall aber ein erneuter Hinweis darauf, dass die Bewertungsmethode als entsprechende Manipulation einen Einfluss auf die Beantwortung der Manipulationsfragen hat.

663 Eine Normalverteilung muss für die Variable in beiden Gruppen gemäß Kolmogorov-Smirnov-Test abgelehnt werden (Experimentalgruppe: KS=0,249; p=0,000; Referenzgruppe: KS=0,288; p=0,000). Die Hypothese, dass Experimental- und Referenzgruppe aus Grundgesamtheiten mit gleicher Verteilung der Variablen stammen, kann hier nicht abgelehnt werden. (Z=1,096; p=0,180). Diese Eigenschaft gilt für alle weiteren Manipulationsfragen, weshalb auf eine ausführliche Darstellung im Folgenden verzichtet wird.

ebenfalls nicht signifikant (t=1,177; df=200; p=0,24).[664] Somit werden die Wahrnehmungen der Bedrohung des Projekterfolges sowie des Risikos einer Projektfortführung nach Markteintritt des Konkurrenten, wie intendiert, nicht von der Bewertungsmethode beeinflusst.[665] Jedoch wirkt die Manipulation des Risikos einer Projektfortführung nicht wie beabsichtigt auf das wahrgenommene Risiko. So nehmen solche Probanden, denen ein Szenario mit hohem Investitionsrisiko nach Markteintritt des Konkurrenten präsentiert wird, das Risiko einer Projektfortsetzung im Durchschnitt ($\bar{x}$=1,78) zwar minimal höher wahr als solche Probanden, denen ein geringes Investitionsrisiko beschrieben wird ($\bar{x}$=1,62), aber dieser Mittelwertunterschied ist nicht statistisch signifikant (t=-0,741; df=200; p=0,46).[666] Den Fehlschlag der Risikomanipulation gilt es bei der Verifizierung der Hypothesen 2a und 2b zu berücksichtigen und zu diskutieren.

Die Manipulation des Fertigstellungsgrades war hingegen erfolgreich. Dies zeigt eine Überprüfung anhand der Zustimmung der Probanden zu der Aussage, die Produktionstechnologie sei bei Markteintritt des Konkurrenten nahezu fertiggestellt. Während die vorgegebene Bewertungsmethode nicht zu statistisch signifikanten Mittelwertunterschieden in der Zustimmung zu der Aussage führt (t=1,630; df=201; p=0,105),[667] hat aber der beschriebene Fertigstellungsgrad einen Einfluss auf die Zustimmungstendenz. Probanden im Szenario mit einem hohen Fertigstellungsgrad des Projektes stimmen der Aussage mit einem Mittelwert von $\bar{x}$=2,09 überwiegend zu. Im Gegensatz dazu stimmen die Probanden im Szenario mit einem niedrigen Fertigstellungsgrad des Projektes der Aussage eher nicht zu ($\bar{x}$=-0,86). Dieser Mit-

[664] Eine Normalverteilung muss für die Variable in beiden Gruppen gemäß Kolmogorov-Smirnov-Test abgelehnt werden (Experimentalgruppe: KS=0,276; p=0,000; Referenzgruppe: KS=0,288; p=0,000).

[665] Dies zeigen auch die χ^2-Tests auf Unabhängigkeit der Zustimmung zu den Manipulationsfragen von der Bewertungsmethode (χ^2=9,901; df=6; p=0,129 und χ^2=6,528; df=6; 0,367). Deren Ergebnisse sind mit Kontingenztafeln, deren Zellen jeweils zu 57,1% eine erwartet Häufigkeit kleiner fünf ausweisen und die damit die Regeln von Cochran teilweise verletzen, jedoch eingeschränkt.

[666] Die Gruppe mit hohem Risiko und die mit niedrigem Risiko weisen eine nahezu gleiche Gruppengröße auf und die Stichproben selbst sind nicht zu klein (>30). Gemäß dem Kolmogorov-Smirnov-Test muss eine Normalverteilung für die Variable in beiden Gruppen aber abgelehnt werden (Gruppe mit hohem Risiko: KS=0,257; p=0,000; Gruppe mit niedrigem Risiko: KS=0,310; p=0,000). Die Voraussetzung der Varianzhomogenität ist jedoch erfüllt (F=2,619; p=0,107). Das Ergebnis des t-Tests ist somit in seiner Aussagekraft kaum eingeschränkt. Auch der χ^2-Test auf Unabhängigkeit lässt keinen Zusammenhang vermuten (χ^2=5,247; df=6; p=0,513). Das Ergebnis des χ^2-Tests ist mit einer Kontingenztafel, deren Zellen zu 57,1% eine erwartet Häufigkeit kleiner fünf ausweisen und die damit die Regeln von Cochran teilweise verletzt, jedoch eingeschränkt.

[667] Im Durchschnitt liegt die Zustimmung der Experimentalgruppe bei $\bar{x}$=0,36 und der Referenzgruppe bei $\bar{x}$=0,82. Aufgrund homogener Varianzen (F=1,689; p=0,195) ist das Ergebnis, trotz abgelehnter Normalverteilungsannahme (Experimentalgruppe: KS=0,180; p=0,000; Referenzgruppe: KS=0,177; p=0,000), aussagekräftig. Auch der χ^2-Tests auf Unabhängigkeit bestätigt unter Einhaltung der Regeln von Cochran den fehlenden Zusammenhang (χ^2=7,058; df=6; p=0,316).

telwertunterschied ist statistisch höchst signifikant (t=-14,8; df=201; p=0,000).[668] Der gleiche Zusammenhang gilt, mit einer weniger stark ausgeprägten Mittelwertdifferenz, für die Aussage, die Produktionstechnologie sei bei Markteintritt des Konkurrenten soweit fertiggestellt gewesen, dass der Proband das Projekt deswegen nicht mehr abbrechen würde. In dieser Zusatzfrage kommt der Effekt versunkener Kosten und der Zielsubstitution zum Ausdruck. Probanden im Szenario mit einem hohen Fertigstellungsgrad stimmen der Aussage im Durchschnitt eher zu ($\bar{x}$=0,93), während die anderen Probanden der Aussage eher nicht zustimmen ($\bar{x}$=-0,13). Dieser Unterschied ist statistisch höchst signifikant (t=-3,829; df=201; p=0,000).[669] Die unterschiedlichen Bewertungsmethoden führen bei Varianzhomogenität (F=0,004; p=0,948) hingegen nicht zu unterschiedlichen Zustimmungstendenzen (t=1,794; df=201; p=0,074).[670] Da in dieser Zusatzfrage aber keine direkte Manipulation überprüft wird, soll der Zusammenhang der Aussage mit dem Effekt versunkener Kosten und der Zielsubstitution erst im Rahmen der Verifizierung der Hypothesen 3a und 3b näher untersucht werden.

Zuletzt ist auch die Manipulation des Verantwortungsempfindens der Probanden geglückt.[671] Mit einem Mittelwert von $\bar{x}$=0,61 fühlen sich die Teilnehmer für die Realisation des Projektes eher verantwortlich. Die Analyseergebnisse sind damit nicht aufgrund eines zu geringen Verantwortungsempfindens der Teilnehmer in besonderem Maße limitiert. Die Anwender der Kapitalwertmethode zeigen aber im Durchschnitt ($\bar{x}$=0,89) ein höheres Verantwortungsempfinden als die Anwender der Realoptionsmethode ($\bar{x}$=0,32). Dieser Unterschied ist bei Vari-

---

[668] Mit heterogenen Varianzen (F=7,6; p=0,006) und abgelehnter Normalverteilungsannahme für die Variable in beiden Gruppen (Experimentalgruppe: KS=0,255; p=0,000; Referenzgruppe: KS=0,191; p=0,000), sind die Voraussetzungen des t-Tests für eine uneingeschränkte Aussagekraft nicht ausreichend erfüllt. Die hohe Signifikanz, die markante Datenkonstellation und die Robustheit des t-Tests lassen dennoch erneut einen Zusammenhang vermuten. Darüber hinaus zeigt auch der Welch-Test ein höchst signifikantes Ergebnis (t=-14,831; df=198,669; p=0,000) und gemäß dem χ^2-Test auf Unabhängigkeit besteht ein eindeutiger Zusammenhang zwischen der Zustimmung zu der Manipulationsfrage und dem Fertigstellungsgrad (χ^2=126,918; df=6; p=0,000), wobei die Regel von Cochran erfüllt ist.

[669] Da die Gruppe mit hohem Fertigstellungsgrad und die mit niedrigem Fertigstellungsgrad eine nahezu gleiche Gruppengröße aufweisen, die Stichproben selbst nicht zu klein sind (>30) und gemäß dem Levene-Test der Varianzgleichheit beide Gruppen für die Variable eine homogene Varianz aufweisen (F=3,832; p=0,052), kann die verletzte Voraussetzung der Normalverteilung vernachlässigt werden (Experimentalgruppe: KS=0,234; p=0,000; Referenzgruppe: KS=0,151; p=0,000). Zudem zeigt auch der χ^2-Test auf Unabhängigkeit, das eine Abhängigkeit vom Fertigstellungsgrad und der Zustimmungstendenz der Probanden besteht (χ^2=30,14; df=6; p=0,000), wobei die Regel von Cochran erfüllt ist.

[670] Eine Normalverteilung muss für die Variable in beiden Gruppen gemäß Kolmogorov-Smirnov-Test abgelehnt werden (Experimentalgruppe: KS=0,151; p=0,000; Referenzgruppe: KS=0,188; p=0,000). Der χ^2-Test auf Unabhängigkeit bestätigt aber das Ergebnis (χ^2=7,058; df=6; p=0,316), wobei die Regel von Cochran erfüllt ist.

[671] Die Zusatzfrage zum Bewusstsein eines möglichen Projektabbruchs stellt keine Manipulationscheckfrage dar. Aus diesem Grund erfolgt an dieser Stelle keine Analyse des diesbezüglichen Antwortverhaltens der Probanden. Stattdessen sei für eine Auswertung auf das Kapitel III.B.3.a) verwiesen.

anzhomogenität (F=0,822; p=0,366) statistisch signifikant (t=2,205; df=198; p=0,029).[672] Bevor auch diese Erkenntnis für die Bestätigung der Hypothese 1 genutzt wird, sollen abschließend die Ausprägungen der latenten Konstrukte in der Gesamtstichprobe sowie der Experimental- und der Referenzgruppe statistisch beschrieben werden.

c) Ausprägung der latenten Konstrukte in der Stichprobe

Die aus dem Skalenbereinigungsprozess resultierenden Itembatterien zur Messung der latenten Konstrukte müssen für eine weitere Auswertung jeweils zu einem Index[673] aggregiert werden. Diese Datenreduktion[674] ist notwendig, um die individuellen Ausprägungen je Konstrukt und Proband in einer einzelnen konstruierten Variablen darstellen zu können. Als Index wird der arithmetische Mittelwert $\bar{x}$ der jeweiligen Indikatoren eines hypothetischen Konstruktes gewählt.[675] Einen zusammenfassenden Überblick über die Mittelwerte und Standardabweichungen der konstruierten Variablen in der Gesamtstichprobe sowie der Experimental- und der Referenzgruppe bietet Tabelle 23.

Aufgrund der pessimistisch ausgeprägten Formulierung der Items zur Messung des latenten Konstruktes *Optimismus* ist der Mittelwert der Gesamtstichprobe in Höhe von $\bar{x}$=-1,0411 als eher optimistische Grundhaltung der Probanden zu interpretieren. Die Experimental- und die Referenzgruppe weisen bei Varianzhomogenität (F=0,787; p=0,376) zugleich gemäß t-Test[676] keinen signifikanten Unterschied der mittleren Optimismus-Ausprägung auf (t=-0,087; df=205; p=0,931).[677]

---

672 Eine Normalverteilung muss für die Variable in beiden Gruppen gemäß Kolmogorov-Smirnov-Test aber abgelehnt werden (Experimentalgruppe: KS=0,155; p=0,000; Referenzgruppe: KS=0,164; p=0,000).

673 „Unter einem ‚*Index*' wird eine Zusammenfassung von mehreren Einzelindikatoren zu einer neuen Variablen verstanden" (Schnell/ Hill/ Esser (2013), S. 156).

674 Jede Indexbildung stellt eine Datenreduktion dar, weshalb die Aussagekraft von Indizes stark vom verwendeten Konstruktionsverfahren abhängt (vgl. Rohwer/ Pötter (2002), S. 65 f., 88).

675 Die Eindimensionalität der Indikatoren im reflektiven Messmodell erlaubt eine (gewichtete) additive Konstruktion des Index (vgl. Latcheva/ Davidov (2014), S. 752). In Ermangelung starker theoretischer Argumente und zur Vermeidung willkürlicher Verzerrungen wird eine Gleichgewichtung der Indikatoren vorgenommen (vgl. Schnell/ Hill/ Esser (2013), S. 162 f.). Die Durchschnittsbildung ermöglicht zuletzt die Interpretation der konstruierten Variablen gemäß der Ausprägungen der 7-stufigen Likert-Skala zur Messung der Indikatoren.

676 Ein Mittelwertvergleich ist für die Variable *Optimismus* angemessen. Gemäß Kolmogorov-Smirnov-Z-Test kann die Hypothese, dass Experimental- und Referenzgruppe aus Grundgesamtheiten mit gleicher Verteilung der Variablen stammen (Z=0,513; p=0,955), nicht abgelehnt werden. Diese Eigenschaft gilt für alle latenten Konstrukte, weshalb auf eine ausführliche Darstellung im Folgenden verzichtet wird.

677 Mit der Varianzhomogenität der beiden unabhängigen Teilstichproben sind bereits zwei wichtige Voraussetzungen für die Durchführung des t-Tests erfüllt. Der Kolmogorov-Smirnov-Test zeigt allerdings, dass eine Normalverteilungsannahme der Variable *Optimismus* in den beiden Teilstichproben abgelehnt werden muss

	Gesamtstichprobe		Experimentalgruppe		Referenzgruppe	
	$\bar{x}$	σ	$\bar{x}$	σ	$\bar{x}$	σ
Optimismus	-1,0411	1,36336	-1,0330	1,38919	-1,0495	1,34258
	(n=207)		(n=106)		(n=101)	
Selbstwirksamkeitserwartung	1,0407	0,94412	1,0119	0,90762	1,0697	0,98314
	(n=209)		(n=105)		(n=104)	
Kontrollüberzeugung	-0,0603	1,01268	0,1033	1,02241	-0,2256	0,98034
	(n=199)		(n=100)		(n=99)	
Bedauern	0,4779	1,33474	0,2745	1,32498	0,6814	1,31967
	(n=204)		(n=102)		(n=102)	
Risikointoleranz	0,3616	1,0045	0,3267	0,93668	0,3961	1,07094
	(n=203)		(n=101)		(n=102)	

Tabelle 23: Ausprägung der latenten Konstrukte in der Gesamtstichprobe sowie der Experimental- und der Referenzgruppe[678]

Auch ihre *Selbstwirksamkeit* schätzen die Probanden mit einem Mittelwert von $\bar{x}$=1,0407 als eher hoch ein. Bei wiederum homogenen Varianzen (F=1,192; p=0,276) unterscheiden sich die Experimental- und die Referenzgruppe nicht in ihrer mittleren Selbstwirksamkeitserwartung (t=0,442; df=207; p=0,659).

Die konstruierte Variable *Kontrollüberzeugung* deutet aufgrund der inhaltlichen Ausrichtung der Fragen bei niedrigen Werten auf eine interne und bei hohen Werten auf eine externe Kontrollüberzeugung hin. Mit dem Mittelwert von $\bar{x}$=-0,0603 nehmen die Probanden im Durchschnitt eine eher neutrale Kontrollüberzeugung ein. Dabei weisen die Experimental- und die Referenzgruppe bei homogenen Varianzen (F=0,446; p=0,505) einen minimalen, aber signifikanten Mittelwertunterschied auf (t=-2,316; df=197; p=0,022). Im Durchschnitt offenbaren die Probanden der Experimentalgruppe eine eher externe Kontrollüberzeugung und die der Referenzgruppe eine eher interne Kontrollüberzeugung. Eine Erklärung für diesen Unterschied könnte die Darstellung der Realoptionsmethode für die Experimentalgruppe im ersten

(Experimentalgruppe: KS=0,121; p=0,001; Referenzgruppe: KS=0,127; p=0,000). Die Aussagekraft des Testergebnisses ist dadurch aber nicht eingeschränkt (vgl. z.B. Sedlmeier/ Renkewitz (2013), S. 399 f.). Da Varianzhomogenität auch für die weiteren vier konstruierten Variablen vorliegt und die Variable *Risikointoleranz* sowie, im Fall der Experimentalgruppe, auch die Variable *Kontrollüberzeugung* sogar normalverteilt sind, wird im Folgenden auf eine detaillierte Darstellung der Voraussetzungen des t-Tests und damit seiner Aussagekraft verzichtet.

678 Die jeweiligen geringen Abweichungen von der Gesamtstichprobengröße sind auf fehlende Angaben zurückzuführen. Ein systematischer Ausfall ist aber nicht zu erkennen.

Fragebogenteil und eine dadurch ausgelöste situative und kurzfristig höhere kognitive Präsenz des Einflusses externer Erfolgsfaktoren sein. Dies könnte die Probanden kurzfristig anders gestimmt und die Angabe der Kontrollüberzeugung verzerrt haben.[679] Die Erhebung der Indikatorvariablen zu den latenten Konstrukten erfolgte jedoch zum einen sowohl inhaltlich als auch optisch getrennt von der Investitionsentscheidung im ersten Fragebogenteil. Zum anderen wurden die Indikatorvariablen auf Basis der etablierten Messskala allgemein und kontextfrei formuliert, da das latente Konstrukt als zu konstruierende Zielvariable eine nicht zeit- oder objektgebundene Grundeinstellung der Probanden darstellt. Die wiederholte Präsentation von Informationen kann zwar eine Einstellungsänderung bewirken,[680] eine wiederholte Präsentation liegt in diesem Fall aber nicht vor. Ein tatsächlich systematischer Einfluss der Bewertungsmethode auf die grundsätzliche Kontrollüberzeugung der Probanden wird daher nicht angenommen.[681]

Ein minimaler, aber ebenfalls signifikant unterschiedlicher Mittelwert für die Experimental- und die Referenzgruppe ist auch bei dem latenten Konstrukt *Bedauern* gegeben (t=2,197; df=202; p=0,29). Während bereits die Gesamtstichprobe im Durchschnitt eher auf vergangene Entscheidungen zurückblickt ($\bar{x}$=0,4779), gilt dies auch leicht weniger ausgeprägt für die Experimentalgruppe und leicht stärker ausgeprägt für die Referenzgruppe. Die Varianzen in beiden Gruppen sind wiederum homogen (F=0,001; p=0,978). Ein Argument für den Mittelwertunterschied könnte darin bestehen, dass der Experimentalgruppe mit den Instruktionen zur Realoptionsmethode eine umfassendere Auseinandersetzung mit Entscheidungsalternativen und der Flexibilität in Investitionsprojekten bereits im Zeitpunkt der Entscheidung vergegenwärtigt wurde. Eine solche Erklärung wäre aber rein spekulativ. Zudem können ebenfalls die Gegenargumente des vorangegangenen Absatzes angeführt werden. Daher wird auch kein tatsächlich systematischer und kausaler Effekt der Bewertungsmanipulation auf das grundsätzliche Bedauern von Entscheidungen angenommen und weiter analysiert.[682]

---

679 Für den Zusammenhang zwischen kurzfristigen Stimmungen als situative sowie ungerichtete Befindlichkeiten (vgl. Luomala/ Laaksonen (2000), S. 197-202) und der Einstellung von Individuen sei auf die Studien von Wegener/ Petty/ Klein (1994) und Bless/ Mackie/ Schwarz (1992) verwiesen.

680 Vgl. Stroebe (2014), S. 241 f.

681 Da dieser Zusammenhang kein Bestandteil des Forschungsmodells der vorliegenden Untersuchung ist, soll dieser auch nicht weiter analysiert werden.

682 Es sei zudem darauf hingewiesen, dass die Experimental- und die Referenzgruppe auch für die Variable Alter einen signifikant unterschiedlichen Mittelwert aufweisen (t=-2,085; df=185; p=0,038). Eine Kausalität kann dabei vollkommen ausgeschlossen werden. Somit wird deutlich, dass ein statistisch signifikantes Ergebnis nicht auch auf einen kausalen Zusammenhang hindeuten muss.

Zuletzt weist der Mittelwert $\bar{x}$=0,3616 der konstruierten Variablen *Risikointoleranz* aufgrund der negativ ausgerichteten Formulierung der Items eine leichte Risikointoleranz der Gesamtstichprobe aus. Bei homogenen Varianzen (F=2,737; p=0,1) zeigen die Experimental- und die Referenzgruppe keinen statistisch signifikanten Mittelwertunterschied (t=0,491; df=201; p=0,624) und mithin identische Tendenzen.

Bevor die latenten Konstrukte auf ihre mögliche moderierende Wirkung in der Beziehung von Bewertungsmethode und Eskalation von Commitment untersucht werden, soll nun eben diese Beziehung bestätigt werden.

3. Statistische Analysen zur Beurteilung der Hypothesen

a) Bestätigung eines mindernden Effektes der Realoptionsbewertung auf die Eskalation von Commitment

Die Experimental- und die Referenzgruppe wurden bis auf die unterschiedlichen Angaben zur Bewertungsmethode mit den exakt identischen Informationen bezüglich des Investitionsprojektes ausgestattet. Bei korrekter Anwendung der jeweiligen Bewertungsmethode und Beachtung der Zahlungskonsequenzen des möglichen Projektabbruchs sollten beide Gruppen, unter reinen Effizienzüberlegungen, nach Markteintritt des Konkurrenten einen Projektabbruch vorziehen. Ein Festhalten an dem einmal begonnen Investitionsprojekt entspricht daher der Definition eskalierenden Commitments. Gemäß der Hypothese 1 zeigen Probanden der Experimentalgruppe geringere Eskalationstendenzen, die sich durch eine geringere Wahrscheinlichkeit der Projektfortführung äußern. Ein Mittelwertvergleich der Fortführungsentscheidung der Experimental- und der Referenzgruppe gibt bereits einen ersten Hinweis auf einen signifikanten Unterschied der Fortführungsentscheidung. Der Mittelwert liegt bei Anwendern der Realoptionsmethode bei $\bar{x}$=-0,26 und bei Anwendern der Kapitalwertmethode bei $\bar{x}$=0,8. Dieser Unterschied ist gemäß t-Test statistisch höchst signifikant (t=3,483; df=184; p=0,001).[683] Zu-

[683] Da die Experimental- und die Referenzgruppe eine nahezu gleiche Gruppengröße aufweisen, die Stichproben selbst nicht zu klein sind (>30) und gemäß dem Levene-Test eine Varianzhomogenität bezüglich der Fortführungsentscheidung beider Gruppen vorherrscht (F=1,224; p=0,27), kann die verletzte Voraussetzung der Normalverteilung des untersuchten Merkmals vernachlässigt werden (Experimentalgruppe: KS=0,165; p=0,000; Referenzgruppe: KS=0,202; p=0,000). Ein Mittelwertvergleich der Fortführungsentscheidung ist zwar in seiner Interpretation eingeschränkt, da gemäß Kolmogorov-Smirnov-Z-Test die Hypothese, dass Experimental- und Referenzgruppe aus Grundgesamtheiten mit gleicher Verteilung der Variablen stammen (Z=1,528; p=0,019), abgelehnt werden muss. Diese Erkenntnis unterstützt aber in diesem Fall den unterstellten Einfluss der Bewertungsmethode, da diese eine Manipulation darstellt. Zudem führt mit dem Mann-

dem ist den ausgefüllten Fragebögen zu entnehmen, dass ein möglicher Projektabbruch von Anwendern der Realoptionsmethode signifikant häufiger konkret bei der Projektbewertung berücksichtigt wird (χ^2=31,522; df=1; p=0,000; exakter Test nach Fisher: p=0,000).[684] Daraus kann geschlossen werden, dass die Realoptionsmethode zu einer stärkeren Wahrnehmung der Abbruchoption und deren Einbeziehung in die Fortführungsentscheidung führt.

Der Einfluss der Bewertungsmethode auf die Fortführungsentscheidung kann mithilfe einer linearen Regression aber noch detaillierter analysiert werden.[685] Diese ermöglicht den Einbezug von Kontrollvariablen und lässt zudem Aussagen über die Richtung und Stärke des Einflusses der unabhängigen auf die abhängige Variable zu. Die Korrelationsmatrix der in die Regression einbezogenen unabhängigen Variablen ist in Tabelle 24 aufgeführt.[686]

	Geschlecht	Alter	Mutter-sprache	Studien-gang	Studien-fach	Investitions- und Finanzierungs-schwerpunkt	Fach-semester	Abgeschlos-sene Berufs-ausbildung	Bewertungs-methode
Geschlecht	1,000								
Alter	0,110	1,000							
Muttersprache	-0,020	-0,135	1,000						
Studiengang	-0,145	-0,538	-0,021	1,000					
Studienfach	0,117	0,068	0,192	-0,011	1,000				
Investitions- und Finanzierungs-schwerpunkt	0,241	-0,027	-0,200	-0,231	-0,165	1,000			
Fachsemester	-0,014	-0,102	0,002	0,567	0,144	-0,295	1,000		
Abgeschlossene Berufsausbildung	-0,112	-0,469	0,105	0,253	0,021	0,003	-0,027	1,000	
Bewertungs-methode	-0,031	-0,065	-0,048	-0,009	-0,038	-0,077	-0,077	-0,071	1,000

Tabelle 24: Korrelationsmatrix der unabhängigen Variablen des Regressionsmodells

Whitney-U-Test auch ein nicht-parametrischer Test zu dem hoch signifikanten Ergebnis (p=0,001), dass sich die beiden Gruppen in ihrer Fortführungsentscheidung unterscheiden.

684 Dieser Unterschied in der konkreten Einbeziehung eines möglichen Projektabbruchs in die Projektbewertung besteht auch bereits bei der Initialentscheidung (χ^2=102,974; df=1, p=0,000; exakter Test nach Fisher: p=0,000).

685 Die siebenstufige Likert-Skala zur Messung der Fortführungsentscheidung als Indiz der Eskalation von Commitment erlaubt die Behandlung der Variablen als quasi-metrisch skaliert und damit die Anwendung entsprechender statistischer Operationen (vgl. Meffert/ Burmann/ Kirchgeorg (2015), S. 143 f.).

686 Da nur die Daten solcher Probanden in die Regressionsanalyse einbezogen werden können, die für keine der Variablen einen fehlenden Wert aufweisen, basieren die folgenden Angaben und Regressionsmodelle auf einer Stichprobe von n=162.

Die Korrelationsmatrix weist ausschließlich Korrelationen unter dem Grenzwert von 0,7 aus. Dies ist ein erster Indikator dafür, dass im Regressionsmodell keine Multikollinearität vorliegt.[687]

Tabelle 25 gibt einen Überblick über die standardisierten Regressionskoeffizienten Beta[688] und die Varianzinflationsfaktoren (VIF) der erklärenden Variablen als relevante Teilergebnisse der hierarchischen linearen Regressionsmodelle 1a und 1b.[689] Modell 1a umfasst alle Kontrollvariablen und Modell 1b zusätzlich die interessierende unabhängige Variable *Bewertungsmethode*.

	Modell 1a		Modell 1b	
	Beta	**VIF**	**Beta**	**VIF**
(Konstante)				
Geschlecht	0,098	1,121	0,108	1,122
Alter	0,022	1,919	0,047	1,927
Muttersprache	0,175*	1,142	0,190*	1,145
Studiengang	-0,009	2,402	-0,005	2,402
Studienfach	-0,057	1,115	-0,046	1,116
Investitions- und Finanzierungsschwerpunkt	0,005	1,303	0,029	1,311
Fachsemester	0,012	1,735	0,040	1,745
Abgeschlossene Berufsausbildung	0,041	1,328	0,064	1,335
Bewertungsmethode			-0,284***	1,048
*p≤0,05; **p≤0,01; ***p≤0,001				

Tabelle 25: Ergebnisse der hierarchischen linearen Regression der Fortführungsentscheidung auf die Bewertungsmethode und die Kontrollvariablen (Modelle 1a und 1b)

[687] Vgl. zum Grenzwert von 0,7 als Indikator der Multikollinearität Anderson et al. (2014), S. 703. Eine weitere und exaktere Bestätigung erfolgt mithilfe der Varianzinflationsfaktoren (siehe hierzu Fußnote 690).

[688] Die Angabe der standardisierten Regressionskoeffizienten erfolgt im Allgemeinen aus dem Grund einer leichteren Vergleichbarkeit der Einflüsse unterschiedlich dimensionierter Variablen.

[689] Siehe zum Vorgehen der hierarchischen linearen Regressionsanalyse z.B. Cohen et al. (2003), S. 158-162.

Die Bewertungsmethode hat unter Beachtung der acht Kontrollvariablen einen höchst signifikanten Einfluss (p=0,000) auf die Fortführungsentscheidung eines Entscheidungsträgers. Mit dem negativen Vorzeichen des standardisierten Regressionskoeffizienten Beta wird deutlich, dass die Realoptionsmethode (zugeordneter Wert=1) im Vergleich zur Kapitalwertmethode (zugeordneter Wert=0) zu einer geringeren Wahrscheinlichkeit der Projektfortführung und somit zu einer geringeren Eskalation von Commitment führt. Der nicht-standardisierte Regressionskoeffizient der Bewertungsmethode B=-1,219 sagt aus, dass ein Anwender der Realoptionsmethode auf der siebenstufigen Likert Skala etwa ein bis zwei Stufen niedriger wählt als ein Anwender der Kapitalwertmethode.[690]

Neben der Bewertungsmethode hat in Modell 1b allein die Muttersprache einen signifikanten Einfluss auf die Fortführungsentscheidung (p=0,02). Das positive Vorzeichen des Regressionskoeffizienten zeigt, dass Probanden mit deutscher Muttersprache (zugeordneter Wert=0) eine Fortführung mit geringerer Wahrscheinlichkeit empfehlen als Probanden mit nicht-deutscher Muttersprache (zugeordneter Wert=1). Dies könnte leicht darauf zurückzuführen sein, dass die Aufgabenstellung im Anschluss an die Initialentscheidung zur Realisierung des Projektes an Komplexität gewinnt und dies insbesondere einen Einfluss auf das Verständnis der Probanden mit nicht-deutscher Muttersprache hat. Diese Annahme findet jedoch keine Bestätigung in einer Überprüfung der Unabhängigkeit des Aufgabenverständnisses von der Muttersprache im Zeitpunkt der Fortführungsentscheidung. Als Indikator des Aufgabenverständnisses sollen das Vorhandensein und die Richtigkeit der Berechnung des Projektwertes im Zeitpunkt der Fortführungsentscheidung dienen. Gemäß dem χ^2-Unabhängigkeitstest kann die Nullhypothese der Unabhängigkeit der Variablen mit einer Irrtumswahrscheinlichkeit von

[690] Die Güte und damit auch die Interpretierbarkeit der Regressionsergebnisse sind abhängig von der Erfüllung einiger Voraussetzungen. Auch wenn die Regressionsanalyse recht robust gegenüber kleineren Verletzungen der Voraussetzungen ist, soll die Erfüllung der wichtigsten Annahmen hier kurz für das Modell 1b bestätigt werden (siehe für eine Erläuterung der Voraussetzzungen und ihrer Überprüfung z.B. Backhaus et al. (2011), S. 84-96).
Die Störgrößen haben gemäß Residuenstatistik einen Erwartungswert von null und sind annähernd normalverteilt. Das Streudiagramm der Residuen lässt zudem keine Heteroskedastizität vermuten und auch der Goldfeld-Quandt-Test bestätigt mit einem Wert von 1,1 die Annahme von Homoskedastizität. Eine Autokorrelation der Störgrößen kann mit dem Durbin-Watson-Test und der Testgröße von d=1,972 ausgeschlossen werden, da bei einem Wert von d=2 exakt keine Korrelation der Störgrößen untereinander vorliegt. Zuletzt besteht auch keine lineare Abhängigkeit zwischen den erklärenden Variablen. Der Varianzinflationsfaktor liegt für alle Variablen unter der strengen kritischen Grenze von 2,5 (vgl. hierzu Allison (1999), S. 141) sowie weit unter der weniger strengen kritischen Grenze von 10 (vgl. hierzu Kleinbaum et al. (2013), S. 363). Eine perfekte Multikollinearität kann daher ebenfalls ausgeschlossen werden. Für das Modell 1a sind die genannten Voraussetzungen ebenfalls erfüllt. Da zudem alle folgenden Regressionsanalysen dieser Untersuchung die Voraussetzungen erfüllen, soll auf eine jeweils erneut ausführliche Darstellung verzichtet werden.

über 5% nicht mehr abgelehnt werden (χ^2=5,057; dF=2; p=0,08).[691] Eine Regressionsanalyse unter Ausschluss der Probanden mit nicht-deutscher Muttersprache offenbart zudem weiterhin einen höchst signifikanten Einfluss der Bewertungsmethode auf die Fortführungsentscheidung (p=0,001). Die relevanten Teilergebnisse des die übrigen Kontrollvariablen umfassenden Modells 2a und des zusätzlich die Bewertungsmethode umfassenden Modells 2b sind in Tabelle 26 aufgeführt.

	Modell 2a		Modell 2b	
	Beta	**VIF**	**Beta**	**VIF**
(Konstante)				
Geschlecht	0,102	1,120	0,111	1,122
Alter	0,054	1,882	0,080	1,892
Studiengang	-0,003	2,401	0,001	2,401
Studienfach	-0,090	1,074	-0,082	1,075
Investitions- und Finanzierungsschwerpunkt	0,043	1,249	0,070	1,259
Fachsemester	0,012	1,735	0,040	1,745
Abgeschlossene Berufsausbildung	0,021	1,314	0,042	1,320
Bewertungsmethode			-0,276***	1,046
*p≤0,05; **p≤0,01; ***p≤0,001				

Tabelle 26: Ergebnisse der hierarchischen linearen Regression der Fortführungsentscheidung auf die Bewertungsmethode und die Kontrollvariablen (Modelle 2a und 2b)

Eine Verzerrung der Ergebnisse durch den Einbezug von Teilnehmern mit einer nicht-deutschen Muttersprache liegt somit nicht vor. Daher wird das Regressionsmodell 1b inklusive der Kontrollvariablen *Muttersprache* vorgezogen. Dieses erklärt 13% der Varianz der Fort-

[691] Die Regel von Cochran wird auch für diese Kontingenztafel erfüllt, womit eine ausreichende Güte der Approximation erreicht ist.

führungsentscheidung (R^2=0,13 und $\bar{R}^2$=0,078),[692] wobei 7,7% des Erklärungsgehalts auf die Bewertungsmethode entfallen und 5,3% auf die Kontrollvariablen.[693]

Hypothese 1 und mithin eine eskalationsmindernde Wirkung der Realoptionsmethode kann auf Basis der Analyseergebnisse nicht abgelehnt werden. Die Wirkung der Bewertungsmethode gerade im Moment eines Projektrückschlags zeigt zudem der Test auf Innersubjektkontraste. Hierbei werden die Initial- und Fortführungsentscheidung als wiederholte Investitionsentscheidungen zu zwei Zeitpunkten und damit als Innersubjekt-Manipulation betrachtet. Der Zusammenhang zwischen der Änderung der Investitionsentscheidung (vom Zeitpunkt der Initialentscheidung hin zum Zeitpunkt der Fortführungsentscheidung) und der Bewertungsmethode ist gerade noch statistisch signifikant (F=3,617; df=1; p=0,05).[694] Unterstützt wird dieses Ergebnis durch die Feststellung, dass im Zeitpunkt der Initialinvestition eine falsche oder richtige Investitionsentscheidung[695] unabhängig von der Bewertungsmethode getroffen wird (χ^2=3,123; df=1; p=0,077), im Zeitpunkt der Fortführungsentscheidung aber ein diesbezüglich sehr signifikanter Zusammenhang besteht (χ^2=8,719; df=1; p=0,003).[696] Hier treffen die Teilnehmer der Referenzgruppe entsprechend häufiger eine falsche Entscheidung in Form einer Projektfortführung. Allerdings ist anzumerken, dass mehr Probanden der Experimentalgruppe sowohl bei der Initial- also auch bei der Fortführungsentscheidung einen gemäß der anzuwendenden Methode falschen Projektwert berechnen. Der χ^2-Unabhängigkeitstest offenbart für beide Entscheidungszeitpunkte eine höchst signifikante Abhängigkeit einer vollständig richtigen Rechnung von der Bewertungsmethode (Realisation: χ^2=48,445; df=2; p=0,000 und Fortführung: χ^2=70,259; df=2; p=0,000).[697] Die Realoptionsmethode scheint somit anfälliger für Fehler bei der Berechnung des Projektwertes zu sein, was auf den höheren Komplexitätsgrad

692 Das korrigierte Bestimmtheitsmaß $\bar{R}^2$ entspricht dem um den positiven Einfluss der Anzahl unabhängiger Variablen eines Regressionsmodells bereinigten Bestimmtheitsmaß R^2 (vgl. z.B. Backhaus et al. (2011), S. 72-76).

693 Der anteilige Erklärungsgehalt wird aus der Differenz der korrigierten Bestimmtheitsmaße von Modell 1a und 1b berechnet. Da Modell 1a ein R^2 von 5,3% erreicht, ist die Erhöhung der Maßzahl auf 13% in Modell 1b auf die Variable *Bewertungsmethode* zurückzuführen (vgl. Cohen et al. (2003), S. 158).

694 Werden diejenigen Probanden, die im Zeitpunkt der Initialinvestition das Projekt fälschlicherweise eher unwahrscheinlich realisieren wollen (n=8), aus der Analyse ausgeschlossen, dann wird das Ergebnis des Tests der Innersubjektkontraste statistisch sehr signifikant (F=7,186; df=1; p=0,008).

695 Ob eine Entscheidung als falsch oder richtig klassifiziert wird, orientiert sich an der objektiven Bewertung des Projektes. Bei der Initialentscheidung werden die Antworten auf der sieben-stufigen Likert-Skala von -3 bis 0 als falsch gewertet und bei der Fortführungsentscheidung die Antworten von 0 bis 3.

696 Die Regel von Cochran wird für beide Kontingenztafeln erfüllt, womit eine ausreichende Güte der Approximationen erreicht ist.

697 Die Regel von Cochran wird für beide Kontingenztafeln erfüllt. Zudem zeigt auch Fishers exakter Test auf Unabhängigkeit, dass die Nullhypothese der Unabhängigkeit für die beiden Variablen mit einer 2x2 Kontingenztafel (unter Ausschluss der Probanden, die keine Rechnung vorgenommen haben) in jedem Entscheidungszeitpunkt höchst signifikant abgelehnt werden kann (jeweils p=0,000).

der Methode zurückführbar ist.[698] Trotz dieser Rechenfehler zeigen die Ergebnisse aber, dass die Realoptionsmethode in der Herbeiführung einer rationalen Entscheidung der Kapitalwertmethode überlegen ist.

Die Stichprobendaten aus den Manipulations- und Zusatzfragen bestätigen zudem die angenommenen Wirkmechanismen der Realoptionsmethode. So ist der Einfluss der Bewertungsmethode auf das Bewusstsein für die Abbruchoption und deren Einbezug in die Investitionsentscheidung, unter Beachtung der bekannten acht Kontrollvariablen, statistisch signifikant (p=0,048).[699] Das Vorzeichen des Regressionskoeffizienten B=0,525 (Beta=0,149) zeigt an, dass die Teilnehmer der Experimentalgruppe der Frage nach einer bewussten Beachtung eines möglichen Projektabbruchs stärker zustimmen.[700] Folglich wird die Abbruchmöglichkeit unter Anwendung der Realoptionsmethode bewusster wahrgenommen und stärker bei einer Projektentscheidung berücksichtigt.[701]

Für das Argument eines geringeren Verantwortungsempfindens für ein Projekt aufgrund der betonten Relevanz externer Einflussfaktoren bei Anwendung der Realoptionsmethode und eines gleichzeitig extern bestimmten Projektabbruchs sind ebenfalls Belege zu finden. Denn einerseits kann die grundsätzliche Annahme der Eskalationsforschung bezüglich eines verstärkenden Einflusses der Projektverantwortung auf eskalierendes Commitment bestätigt werden: Mit höchster statistischer Signifikanz führt ein höheres Verantwortungsempfinden zu

---

698 Fehler bei der Projektwertbestimmung zeigen aber bei Einbezug in die Regression als Kontrollvariable keinen signifikanten Einfluss auf die Fortführungsentscheidung (p=0,85).

699 Keine der Kontrollvariablen weist einen statistisch signifikanten Einfluss auf.

700 Das höhere Bewusstsein für die Abbruchoption könnte als Indikator einer höheren Konstruktzugänglichkeit angesehen werden. Von deren Mediatorfunktion wurde die Untersuchung aber bereits abstrahiert. Zudem zeigen auch die Daten der vorliegenden Erhebung keinen Mediatoreffekt. Die Bewertungsmethode hat zwar einen signifikanten Einfluss auf das Abbruchbewusstsein (p=0,048) sowie die Projektfortführung (p=0,000) und das Abbruchbewusstsein hat einen signifikanten Einfluss auf die Fortführungsentscheidung (p=0,025), aber bei einer gemeinsamen Effektmessung auf die Fortführungsentscheidung wird die Signifikanz des Einflusses der Bewertungsmethode kaum verringert (p=0,003) und der Einfluss des Abbruchbewusstseins ist nicht weiterhin signifikant (p=0,076). Somit kann nicht einmal ein minimaler partieller Mediatoreffekt unterstellt werden (vgl. zur Vorgehensweise und Interpretation der Mediatoranalyse Baron/ Kenny (1986), S. 1177).

701 Aufgrund der direkten Fragenformulierung können leichte Verzerrungen des Antwortverhaltens zwar nicht ausgeschlossen werden, weil die Probanden nochmals explizit auf die Abbruchoption aufmerksam gemacht werden und ein erwünschtes Antwortverhalten vermuten könnten (vgl. für den Effekt sozialer Erwünschtheit z.B. Schnell/ Hill/ Esser (2013), S. 347 f.; Zerbe/ Paulhus (1987), S. 250 und siehe für eine ausführlichere Darstellung des Phänomens King/ Bruner (2000)). Dieser Effekt beträfe die Experimental- und die Referenzgruppe grundsätzlich gleichermaßen (vgl. Podsakoff/ Organ (1986), S. 535). Da jedoch schon festgestellt wurde, dass die Experimentalgruppe tatsächlich häufiger einen Projektabbruch in der Projektbewertung berücksichtigt, sind fälschliche Zustimmungen eher auf Seiten der Referenzgruppe zu verorten. Der Zusammenhang von Bewertungsmethode und Bewusstsein für die Realoption sowie die Signifikanz des Zusammenhangs wäre somit tendenziell sogar eher unterschätzt.

einer wahrscheinlicheren Projektfortführung (Beta=0,365; p=0,000).[702] Andererseits zeigt die Bewertungsmethode einen signifikanten Einfluss auf das Verantwortungsempfinden[703] (Beta=-0,179; p=0,018).[704] Die geringeren Eskalationstendenzen der Experimentalgruppe sind also auch vor dem Hintergrund zu sehen, dass Probanden unter Anwendung der Realoptionsmethode eine geringere Projektverantwortung empfinden. Verantwortungsempfinden gilt aber als eine Voraussetzung des Selbstrechtfertigungseffektes. Daher wird die Vermutung bekräftigt, dass bei Anwendung der Realoptionsmethode der (Selbst-)Rechtfertigungsdruck zumindest dann abgemildert werden kann, sofern, wie in dieser Studie, ein externer Auslöser für den Projektrückschlag existiert.[705]

Die nachgewiesene eskalationsmindernde Wirkung der Realoptionsmethode ist insbesondere dann von gesteigerter praktischer Relevanz, wenn sie bei unterschiedlichen situativen Projekteigenschaften und auch bei unterschiedlichen Persönlichkeitsausprägungen der Entscheidungsträger stabil ist. Diese fragliche Homogenität des Einflusses der Bewertungsmethode auf die Eskalation von Commitment soll im Folgenden statistisch analysiert werden.

b) Homogenität des eskalationsmindernden Einflusses der Realoptionsmethode unter Berücksichtigung situativ spezifischer Projekteigenschaften

Für die Untersuchung von Interaktionseffekten wird als statistischer Test zumeist die moderierte multiple Regressionsanalyse herangezogen.[706] Dabei werden in eine hierarchische Regressionsanalyse neben den Kontrollvariablen und der interessierenden unabhängigen Variable auch die Moderatorvariable sowie ein Interaktionsterm aufgenommen.[707] Letzterer ist definiert als das Produkt aus unabhängiger und Moderatorvariable. Ein statistisch signifikanter

[702] Keine der Kontrollvariablen weist einen statistisch signifikanten Einfluss auf.

[703] Der Eindruck eines intervenierenden Effektes der Verantwortung zwischen der Bewertungsmethode und der Projektfortführung kann nicht bestätigt werden, da der Einfluss der Bewertungsmethode auf die Projektfortführung bei parallelem Einbezug der Verantwortung als unabhängige Variable in die Regressionsanalyse nur unwesentlich sinkt (p=0,003).

[704] Allein die Kontrollvariable Studiengang weist neben der Bewertungsmethode einen sehr signifikanten Einfluss auf (p=0,01). Das negative Vorzeichen des Regressionskoeffizienten gibt an, dass die Anwendung der Realoptionsmethode (zugeordneter Wert=1) mit einem geringeren Verantwortungsempfinden einhergeht als die Anwendung der Kapitalwertmethode (zugeordneter Wert=0).

[705] Im Kapitel III.B.2.b) wurde gezeigt, dass alle Probanden grundsätzlich eine externe Bedrohung des Projekterfolges durch den Markteintritt des Konkurrenten wahrnehmen. Diese Wahrnehmung ist unbeeinflusst von der Bewertungsmethode (Beta=-0,097; p=0,219), wobei auch keine der Kontrollvariablen einen statistisch signifikanten Einfluss aufweist.

[706] Vgl. z.B. Andersson/ Cuervo-Cazurra/ Nielsen (2014), S. 1064; Aguinis et al. (2005), S. 94.

[707] Siehe zum Vorgehen der moderierten multiplen Regressionsanalyse z.B. Aguinis/ Gottfredson (2010), S. 778 f. Erstmalig vorgeschlagen wurde sie von Saunders (1956).

Regressionskoeffizient des Interaktionsterms offenbart die Existenz eines angenommenen Interaktionseffektes. In diesem Fall ist also die Beziehung zwischen der unabhängigen und der abhängigen Variable nicht als homogen, sondern als abhängig von der Ausprägung der Moderatorvariablen zu betrachten.[708]

Die Ergebnisse der hierarchischen Regressionsanalyse unter Einbeziehung der Moderatorvariable *Risiko* (Modell 3a) sowie zusätzlich des Interaktionsterms aus den Variablen *Bewertungsmethode* und *Risiko* (Modell 3b) sind der Tabelle 27 zu entnehmen.[709]

Der standardisierte Regressionskoeffizient der Variable *Risiko* ist sowohl in Modell 3a als auch in Modell 3b nicht statistisch signifikant (p=0,645 und p=0,978). Gleiches gilt für den standardisierten Regressionskoeffizienten des Interaktionsterms (p=0,651). Der Interaktionsterm erhöht die erklärte Varianz der Fortführungsentscheidung durch das Regressionsmodell zudem nur minimal. Während Modell 3a ein Bestimmtheitsmaß von R^2=0,131 erreicht, erklärt Modell 3b 13,2% der Varianz. Das korrigierte Bestimmtheitsmaß wird durch Aufnahme des Interaktionsterms in das Regressionsmodell sogar von $\bar{R}^2$=0,074 auf $\bar{R}^2$=0,069 verringert.[710] So wird deutlich, dass eine marginale Erfolgswahrscheinlichkeit nicht den eskalationsmindernden Einfluss der Realoptionsbewertung auf das Commitment gegenüber einem erfolglosen Projekt tangiert. Hypothese 2a wird folglich abgelehnt, wohingegen Hypothese 2b bekräftigt wird.

Es gilt jedoch zu beachten, dass die Manipulation des Projektrisikos nicht zu einer statistisch signifikant unterschiedlichen Wahrnehmung des Projektrisikos durch die Probanden geführt hat. Dabei ist nicht auszuschließen, dass ein abweichendes Risikoverständnis der Probanden, welches sich nicht in einer marginalen Erfolgswahrscheinlichkeit widerspiegelt, zu einer einheitlichen Beantwortung der Manipulationsfrage führte. Die Darstellung des Projektrisikos als einprozentige Erfolgswahrscheinlichkeit im Experiment könnte daher zu einer inkorrekten Interpretation des Analyseergebnisses führen. Dennoch ist die Aussagekraft der Regressions-

[708] Eine Aussage über die relative Effektgröße der Interaktion ist jedoch nur auf Basis der Veränderung des korrigierten Bestimmtheitsmaßes $\bar{R}^2$ möglich (vgl. Carte/ Russell (2003), S. 482, 484).

[709] Die Regressionsmodelle basieren weiterhin auf einer Stichprobe von n=162, da jedem Probanden im Rahmen des Experimentes aufgrund der Manipulation automatisch ein Projektrisikoniveau zugeordnet wurde. Die Voraussetzungen für die Anwendung einer linearen Regression werden durch beide Modelle erfüllt. Lediglich der Varianzinflationsfaktor des Interaktionsterms liegt über der strengen kritischen Grenze von 2,5, aber noch weit unter der weniger strengen kritischen Grenze von 10.

[710] Im Vergleich zu Modell 1b, welches neben den Kontrollvariablen nur die Variable *Bewertungsmethode* enthält, weist das Modell 3a nur ein geringeres $\bar{R}^2$ auf.

ergebnisse eingeschränkt und eine irrtümliche Ablehnung der Hypothese 2a nicht ausgeschlossen.

	Modell 3a		Modell 3b	
	Beta	**VIF**	**Beta**	**VIF**
(Konstante)				
Geschlecht	0,113	1,147	0,111	1,152
Alter	0,050	1,933	0,050	1,933
Muttersprache	0,182*	1,193	0,182*	1,193
Studiengang	-0,004	2,403	-0,007	2,411
Studienfach	-0,043	1,121	-0,041	1,125
Investitions- und Finanzierungsschwerpunkt	0,029	1,311	0,026	1,320
Fachsemester	0,043	1,750	0,044	1,751
Abgeschlossene Berufsausbildung	0,062	1,336	0,061	1,337
Bewertungsmethode	-0,284***	1,048	-0,247*	2,182
Risiko	-0,036	1,076	-0,003	2,013
Bewertungsmethode × Risiko			-0,060	3,069
*p≤0,05; **p≤0,01; ***p≤0,001				

Tabelle 27: Ergebnisse der linearen Regression der Fortführungsentscheidung auf die Bewertungsmethode, das Risiko, deren Interaktionsterm und die Kontrollvariablen (Modelle 3a und 3b)

Obwohl die Manipulation des Fertigstellungsgrades hingegen gelungen ist, führt die hierarchische Regression der Fortführungsentscheidung auf die Moderatorvariable *Fertigstellungsgrad* und den Interaktionsterm aus den Variablen *Bewertungsmethode* und *Fertigstellungs-*

grad ebenfalls zu keinen statistisch signifikanten Ergebnissen. Tabelle 28 bietet einen Überblick über die relevanten Teilergebnisse der Regressionsanalyse.[711]

	Modell 4a		Modell 4b	
	Beta	VIF	Beta	VIF
(Konstante)				
Geschlecht	0,101	1,148	0,103	1,156
Alter	0,042	1,944	0,042	1,945
Muttersprache	0,185*	1,155	0,184*	1,161
Studiengang	-0,001	2,412	0,001	2,415
Studienfach	-0,052	1,136	-0,051	1,138
Investitions- und Finanzierungsschwerpunkt	0,032	1,315	0,031	1,316
Fachsemester	0,042	1,746	0,039	1,755
Abgeschlossene Berufsausbildung	0,061	1,340	0,063	1,349
Bewertungsmethode	-0,282***	1,052	-0,307**	2,096
Fertigstellungsgrad	0,044	1,070	0,019	2,086
Bewertungsmethode × Fertigstellungsgrad			0,043	2,975
*p≤0,05; **p≤0,01; ***p≤0,001				

Tabelle 28: Ergebnisse der linearen Regression der Fortführungsentscheidung auf die Bewertungsmethode, den Fertigstellungsgrad, deren Interaktionsterm und die Kontrollvariablen (Modelle 4a und 4b)

Die lineare Regressionsanalyse führt weder in Modell 4a noch in Modell 4b zu einem statistisch signifikanten Regressionskoeffizienten der Variable *Fertigstellungsgrad* (p=0,58 und p=0,865). Somit kann hier kein direkter Effekt des Fertigstellungsgrades auf die Fortfüh-

[711] Die Regressionsmodelle basieren weiterhin auf einer Stichprobe von n=162, da jedem Probanden des Experimentes automatisch ein Projektfertigstellungsgrad zugeordnet wurde. Beide Modelle erfüllen die Voraussetzungen für die Anwendung einer linearen Regression. Lediglich der Varianzinflationsfaktor des Interaktionsterms liegt über der strengen kritischen Grenze von 2,5, aber noch weit unter der weniger strengen kritischen Grenze von 10.

rungsentscheidung aufgedeckt werden. Auch der Regressionskoeffizient des Interaktionsterms ist nicht signifikant (p=0,746). Die Modellgüte wird durch die Aufnahme des Interaktionsterms in dieser Moderatoranalyse nicht verändert. Sowohl Modell 4a also auch Modell 4b erklären 13,2% der Varianz der Fortführungsentscheidung. Das korrigierte Bestimmtheitsmaß sinkt wiederum von $\overline{R}^2$=0,074 in Modell 4a auf $\overline{R}^2$=0,069 in Modell 4b.[712] Dieses Ergebnis zeigt, dass der eskalationsmindernde Einfluss der Realoptionsbewertung auf das Commitment gegenüber einem erfolglosen Projekt durch einen hohen Fertigstellungsgrad in Verbindung mit hohen irreversiblen Kosten nicht tangiert wird. Entsprechend wird Hypothese 3b durch die Regressionsergebnisse unterstützt und Hypothese 3a wird falsifiziert.

Eine weitergehende Analyse unterstützt die Argumentation zu Hypothese 3b, dass eine restriktive und bestimmende Instruktion eines konkreten Bewertungsmodells zu einer konsequenten Anwendung eben dieser führt und damit etwa den Einfluss des Fertigstellungsgrades auf die Fortführungsentscheidung unterbindet. Denn einerseits stimmen die Probanden in einem Szenario mit einem hohen Fertigstellungsgrad der Aussage, die Produktionstechnologie sei bei Markteintritt des Konkurrenten soweit fertiggestellt gewesen, dass sie das Projekt deswegen nicht mehr abbrechen würden, signifikant stärker zu als die Probanden des Szenarios mit einem niedrigen Fertigstellungsgrad.[713] Gemäß dieser Zusatzfrage scheint der Fertigstellungsgrad also sehr wohl einen Einfluss auf die Fortführungstendenzen der Entscheidungsträger zu haben. Andererseits wird dieser Einfluss in der zuvor tatsächlich getroffenen Fortführungsentscheidung nicht sichtbar. So hat der Fertigstellungsgrad keinen direkten Effekt auf die Fortführungsentscheidung und die versunkenen Kosten werden auch nur von wenigen Probanden (12%) in der Projektbewertung berücksichtigt.[714] Zudem ist die Berücksichtigung von versunkenen Kosten in der Projektbewertung unabhängig vom Fertigstellungsgrad.[715] Dieses Ergebnis könnte gerade damit erklärbar sein, dass der Fertigstellungsgrad zwar grundsätzlich einen Einfluss auf die Eskalationstendenz hätte, diese Wirkung aber durch die Bewer-

---

[712] Wie bereits das Modell 3a weist auch das Modell 4a im Vergleich zu dem Modell 1b ein geringeres $\overline{R}^2$ auf.

[713] Erstere stimmen der Aussage eher zu, letztere stimmen der Aussage eher nicht zu. Siehe hierzu Kapitel III.B.2.b).

[714] Die versunkenen Kosten werden sogar von noch weniger Probanden als Begründung einer Projektfortführung angeführt (9%). Diese Aussagen können aber nicht als valide Messung der Gründe für eine Projektfortführung betrachtet werden.

[715] Die Nullhypothese des χ^2-Tests auf Unabhängigkeit kann nicht abgelehnt werden (χ^2=2,228; df=1; p=0,136) und auch der exakte Test nach Fisher lässt keine Abhängigkeit vermuten (p=0,2). Auch die Anführung von versunkenen Kosten als Begründung für eine Projektfortführung ist gemäß χ^2-Test (χ^2=0,883; df=1; p=0,347) und dem exakten Test nach Fischer (p=0,482) unabhängig vom Fertigstellungsgrad. Dabei ist die Regel von Cochran für beide Variablen erfüllt.

tungsinstruktionen eliminiert wird und daher in der tatsächlichen Fortführungsentscheidung nicht zum Ausdruck kommt.

Die Ergebnisse von moderierten multiplen Regressionen sind allerdings häufig fehlerverdächtig. Dies liegt in der niedrigen Teststärke des statistischen Verfahrens begründet.[716] Daher besteht die Gefahr, dass Interaktionseffekte nicht statistisch bestätigt werden, obwohl sie tatsächlich existieren. So sinkt etwa die Teststärke, wenn im Fall einer kategorialen Moderatorvariablen die Probanden nicht gleichmäßig auf die Kategorien verteilt sind.[717] Die Gleichverteilungsannahme kann aber gemäß dem χ^2-Test sowohl für die Variable *Risiko* also auch für die Variable *Fertigstellungsgrad* bezogen auf die in der Regression berücksichtigten Probanden nicht abgelehnt werden (χ^2=0,000; dF=1; p=1,000 und χ^2=0,222; dF=1; p=0,637). Zudem ist die Aufdeckung eines Interaktionseffektes dann erschwert, wenn der zu moderierende direkte Effekt bereits eine sehr geringe Effektgröße aufweist.[718] Bei einer Erklärung von 7,7% der Varianz der Fortführungsentscheidung durch die Bewertungsmethode darf aber von einem ausreichend großen direkten Effekt ausgegangen werden.[719]

Einen negativen Einfluss auf die Teststärke hat zudem ein Fehler in der Messung einer oder beider Variablen des Interaktionsterms.[720] Diese Problematik besteht aber weniger für die durch Manipulation bestimmten Variablen als für die latenten Konstrukte, denn solche Variablen werden nie mit einer perfekten Reliabilität gemessen.[721] Damit wird die Gefahr der irrtümlichen Ablehnung einer Interaktionshypothese gesteigert. In den folgenden Analysen der moderierenden Wirkung von persönlichen Eigenschaften des Entscheidungsträgers auf den Zusammenhang von Bewertungsmethode und der Eskalation von Commitment ist diese Limitation zu bedenken.

[716] Vgl. z.B. Rogers (2002), S. 213; Aguinis (2002), S. 209; Aguinis/ Boik/ Pierce (2001), S. 292 f. Für einen Überblick über mögliche negative Einflüsse auf die Teststärke einer moderierten multiplen Regressionsanalyse siehe Aguinis/ Boik/ Pierce (2001), S. 293.

[717] Vgl. z.B. Aguinis/ Gottfredson (2010), S. 780; Stone-Romero/ Alliger/ Aguinis (1994), S. 170, 174.

[718] Vgl. z.B. Rogers (2002), S. 223; Aguinis (2002), S. 209.

[719] Vgl. Ellis (2010), S. 35-42 in Verbindung mit Cohen (1988), S. 413 f.

[720] Vgl. z.B. Aguinis/ Gottfredson (2010), S. 780; Busemeyer/ Jones (1983), S. 555-559.

[721] Vgl. Aguinis/ Gottfredson (2010), S. 780.

c) Unabhängigkeit der eskalationsmindernden Wirkung der Realoptionsmethode von persönlichen Eigenschaften des Entscheidungsträgers

Unter Einbeziehung der latenten Konstrukte sowie deren Interaktion mit der *Bewertungsmethode* offenbart keine der hierarchischen Regressionsanalysen einen Einfluss dieser Variablen auf die Fortführungsentscheidung der Probanden.[722] Die statistisch hochsignifikante Wirkung der Bewertungsmethode auf die Eskalation von Commitment bleibt hingegen stets erhalten.

Die Ergebnisse der linearen Regressionen der Fortführungsentscheidung auf die *Bewertungsmethode*, den *Optimismus*, deren Interaktionsterm sowie die Kontrollvariablen sind der Tabelle 29 zu entnehmen.[723]

Der Regressionskoeffizient des latenten Konstruktes *Optimismus* weist in keinem der Modelle eine statistische Signifikanz auf (p=0,446 und p=0,973). Auch der Einfluss des Interaktionsterms kann empirisch nicht nachgewiesen werden (p=0,487). Der Anteil der erklärten Varianz der Fortführungsentscheidung wird von Modell 5b zu Modell 5c um nur 0,3 %-Punkte gesteigert (von R^2=0,137 auf R^2=0,14). Das korrigierte Bestimmtheitsmaß wird jedoch durch die Aufnahme des Interaktionsterms verringert (von $\bar{R}^2$=0,079 auf $\bar{R}^2$=0,076). Aufgrund dieser Ergebnisse kann hier entsprechend weder ein direkter noch ein interagierender Effekt des *Optimismus* auf die Eskalation von Commitment angenommen werden. Der eskalationsmindernde Einfluss der Realoptionsbewertung auf das Commitment gegenüber einem erfolglosen Projekt wird durch eine optimistische Grundeinstellung des Entscheidungsträgers also nicht tangiert. Damit wird Hypothese 4b bekräftigt, aber Hypothese 4a wird abgelehnt.

Dieses Ergebnis kann jedoch auch auf der Fiktion der Entscheidungssituation im Laborexperiment beruhen. Diese könnte dazu führen, dass der als stabiles Persönlichkeitsmerkmal definierte und gemessene Optimismus keinen situations- und projektspezifischen Optimismus hervorruft. In diesem Fall wäre nachvollziehbar, dass die Variable *Optimismus* keine direkte Wirkung auf die Fortführungsentscheidung zeigt und auch den Zusammenhang zwischen Be-

---

[722] Für die Untersuchung von Interaktionseffekten mit nicht-binären Variablen wird eine Standardisierung der Variablen empfohlen (vgl. z.B. Aguinis/ Gottfredson (2010), S. 781 f.). Daher wurde für alle latenten Konstrukte eine z-Transformation durchgeführt und die standardisierten Werte wurden in die Regressionsanalyse einbezogen.

[723] Die Regressionsmodelle basieren auf einer Stichprobe von n=159, da nur solche Probanden berücksichtigt werden können, die für keine der Variablen einen fehlenden Wert aufweisen. Aus diesem Grund werden auch die veränderten Werte des Regressionsmodells präsentiert, welches lediglich die Kontrollvariablen enthält (Modell 5a). Alle drei Modelle erfüllen die Voraussetzungen für die Anwendung einer linearen Regression.

wertungsmethode und Eskalation von Commitment nicht moderiert. Eine durch die Methodik bedingte irrtümliche Ablehnung der Hypothese 4a wäre dann nicht ausgeschlossen.

	Modell 5a		Modell 5b		Modell 5c	
	Beta	VIF	Beta	VIF	Beta	VIF
(Konstante)						
Geschlecht	0,112	1,120	0,122	1,123	0,123	1,123
Alter	0,031	1,913	0,045	1,935	0,055	1,970
Muttersprache	0,178*	1,141	0,192*	1,144	0,193*	1,144
Studiengang	-0,023	2,397	-0,020	2,402	-0,019	2,403
Studienfach	-0,075	1,108	-0,054	1,124	-0,047	1,145
Investitions- und Finanzierungsschwerpunkt	0,001	1,302	0,026	1,310	0,024	1,312
Fachsemester	-0,004	1,716	0,023	1,733	0,023	1,733
Abgeschlossene Berufsausbildung	0,039	1,327	0,063	1,334	0,056	1,350
Bewertungsmethode			-0,276***	1,048	-0,280***	1,053
Optimismus			-0,059	1,038	-0,004	2,129
Bewertungsmethode × Optimismus					-0,078	2,138
*p≤0,05; **p≤0,01; ***p≤0,001						

Tabelle 29: Ergebnisse der linearen Regression der Fortführungsentscheidung auf die Bewertungsmethode, den Optimismus, deren Interaktionsterm und die Kontrollvariablen (Modelle 5a, 5b und 5c)

Auch im Rahmen der Analysen zum moderierenden Einfluss des latenten Konstruktes *Kontrollüberzeugung* ist eine irrtumsfreie Interpretation der statistischen Ergebnisse nicht garantiert. Eine Limitation besteht hier in der geringen Reliabilität des Messinstrumentes.[724] Die hierarchische Regressionsanalyse offenbart sowohl in Modell 6b also auch in Modell 6c keinen statistisch signifikanten direkten Effekt des Konstruktes auf die Fortführungsentscheidung (p=0,244 und p=0,528).[725] Auch der Regressionskoeffizient des Interaktionsterms weist keine statistische Signifikanz auf (p=0,848). Zudem leistet der Interaktionsterm keinen Erklä-

[724] Die interne Konsistenz der Messskala für das Konstrukt Kontrollüberzeugung erreicht mit einem Cronbachs Alpha in Höhe von 0,654 nicht der Grenzwert von 0,7 (siehe hierzu Kapitel III.B.1.b)) und ist somit in der Güte des Messinstrumentes eingeschränkt.

[725] Die Regressionsmodelle basieren auf einer Stichprobe von n=156, da nur solche Probanden berücksichtigt werden können, die für keine der Variablen einen fehlenden Wert aufweisen. Aus diesem Grund werden auch die veränderten Werte des Regressionsmodells präsentiert, welches lediglich die Kontrollvariablen enthält (Modell 6a). Alle drei Modelle erfüllen die Voraussetzungen für die Anwendung einer linearen Regression.

rungsbeitrag zur Varianz der abhängigen Variablen. Das Bestimmtheitsmaß verharrt nach Einbeziehung des Interaktionsterms in die Regression bei einem Wert von R^2=0,127 und das korrigierte Bestimmtheitsmaß wird von $\bar{R}^2$=0,067 auf $\bar{R}^2$=0,061 reduziert. Die darüber hinaus wesentlichen Ergebnisse der Regressionsanalyse sind in Tabelle 30 zusammengefasst.

	Modell 6a		Modell 6b		Modell 6c	
	Beta	VIF	Beta	VIF	Beta	VIF
(Konstante)						
Geschlecht	0,115	1,136	0,115	1,149	0,116	1,150
Alter	0,043	1,908	0,043	1,955	0,043	1,955
Muttersprache	0,164	1,168	0,176*	1,179	0,173*	1,215
Studiengang	-0,009	2,387	0,012	2,425	0,015	2,463
Studienfach	-0,031	1,116	-0,021	1,118	-0,023	1,130
Investitions- und Finanzierungsschwerpunkt	0,007	1,331	0,038	1,344	0,035	1,383
Fachsemester	0,019	1,750	0,041	1,757	0,044	1,796
Abgeschlossene Berufsausbildung	0,038	1,330	0,078	1,371	0,079	1,380
Bewertungsmethode			-0,282***	1,070	-0,282***	1,073
Kontrollüberzeugung			0,094	1,078	0,077	2,434
Bewertungsmethode × Kontrollüberzeugung					0,023	2,480
*p≤0,05; **p≤0,01; ***p≤0,001						

Tabelle 30: Ergebnisse der linearen Regression der Fortführungsentscheidung auf die Bewertungsmethode, die Kontrollüberzeugung, deren Interaktionsterm und die Kontrollvariablen (Modelle 6a, 6b und 6c)

Gemäß dieser moderierten multiplen Regressionsanalyse wird der eskalationsmindernde Einfluss der Realoptionsbewertung auf das Commitment gegenüber einem erfolglosen Projekt nicht durch eine interne Kontrollüberzeugung des Entscheidungsträgers tangiert. Hypothese 5a wird daher abgelehnt, aber Hypothese 5b ist nicht abzulehnen.

Der Einschränkung des Aussagegehalts der statistischen Analysen zur Wirkung des latenten Konstruktes *Kontrollüberzeugung* durch die geringe Reliabilität des Messinstrumentes ist entgegenzuhalten, dass die hierarchische Regressionsanalyse zur Wirkung des eng verwandten Konstruktes *Selbstwirksamkeitserwartung* ebenfalls keinen Interaktionseffekt auf die Fortführungsentscheidung offenbart.[726] Die zentralen Ergebnisse dieser Analyse sind der Tabelle 31 zu entnehmen.

	Modell 7a		Modell 7b		Modell 7c	
	Beta	**VIF**	**Beta**	**VIF**	**Beta**	**VIF**
(Konstante)						
Geschlecht	0,106	1,116	0,101	1,210	0,099	1,211
Alter	0,023	1,916	0,048	1,925	0,053	1,934
Muttersprache	0,171*	1,144	0,181*	1,160	0,182*	1,160
Studiengang	0,006	2,388	0,006	2,388	0,003	2,393
Studienfach	-0,066	1,115	-0,053	1,117	-0,054	1,117
Investitions- und Finanzierungsschwerpunkt	-0,002	1,301	0,027	1,318	0,031	1,327
Fachsemester	0,011	1,724	0,035	1,740	0,031	1,749
Abgeschlossene Berufsausbildung	0,037	1,328	0,061	1,336	0,059	1,338
Bewertungsmethode			-0,274***	1,052	-0,276***	1,053
Selbstwirksamkeits-erwartung			-0,044	1,126	-0,084	1,907
Bewertungsmethode × Selbstwirksamkeits-erwartung					0,061	1,763
*p≤0,05; **p≤0,01; ***p≤0,001						

Tabelle 31: Ergebnisse der linearen Regression der Fortführungsentscheidung auf die Bewertungsmethode, die Selbstwirksamkeitserwartung, deren Interaktionsterm und die Kontrollvariablen (Modelle 7a, 7b und 7c)

Weder die Regressionskoeffizienten für einen direkten Einfluss der *Selbstwirksamkeitserwartung* in den Modellen 7b und 7c (p=0,59 und p=0,428) noch jene für den Interaktionsterm (p=0,552) sind statistisch signifikant. Das Bestimmtheitsmaß und damit die erklärte Varianz der Fortführungsentscheidung wird durch die Aufnahme des Interaktionsterms in die Regression von R^2=0,129 auf R^2=0,131 kaum verändert. Das korrigierte Bestimmtheitsmaß wird wiederum verringert und sinkt von $\overline{R}^2$=0,071 auf $\overline{R}^2$=0,067. Auf Basis dieser Ergebnisse kann geschlussfolgert werden, dass der eskalationsmindernde Einfluss der Realoptionsbewertung

[726] Die Regressionsmodelle basieren auf einer Stichprobe von n=161, da nur solche Probanden berücksichtigt werden können, die für keine der Variablen einen fehlenden Wert aufweisen. Aus diesem Grund werden auch die veränderten Werte des Regressionsmodells präsentiert, welches lediglich die Kontrollvariablen enthält (Modell 7a). Alle drei Modelle erfüllen die Voraussetzungen für die Anwendung einer linearen Regression.

auf das Commitment gegenüber einem erfolglosen Projekt nicht durch eine hohe Selbstwirksamkeitserwartung des Entscheidungsträgers tangiert wird. Damit wird Hypothese 6a widerlegt, wohingegen Hypothese 6b unterstützt wird.

Da das latente Konstrukt *Ungewissheitsintoleranz* aufgrund der zu geringen Güte seines Messinstrumentes aus der Analyse ausgeschlossen wurde, kann die Wirkung der Intoleranz unsicherer Zukunftsszenarien nur mithilfe des Konstruktes *Risikointoleranz* und damit nicht vollständig statistisch untersucht werden. Die Ergebnisse der hierarchischen Regressionsanalyse unter Einbeziehung der *Risikointoleranz* sowie deren Interaktion mit der Bewertungsmethode sind in Tabelle 32 zusammengefasst.[727]

Auch für die *Risikointoleranz* kann kein statistisch signifikanter direkter (p=0,103 und p=0,063) oder moderierender Effekt (p=0,355) entdeckt werden. Der Anteil der erklärten Varianz der Fortführungsentscheidung wird von 14,5% in Modell 8a auf 15% in Modell 8b leicht erhöht. Das korrigierte Bestimmtheitsmaß bleibt jedoch durch die Berücksichtigung des Interaktionsterms als Regressor unberührt ($\overline{R}^2$=0,088). Werden allein diejenigen Probanden in die Analyse einbezogen, denen eine Investitionsentscheidung unter hohem Risikoniveau präsentiert wurde,[728] so bleiben der direkte und der moderierende Einfluss der *Risikointoleranz* weiterhin statistisch insignifikant.[729] Die Ergebnisse der Regressionsanalyse werden in Tabelle 33 wiedergegeben.[730]

Dieses Resultat ist zu erwarten, da die Risikomanipulation nicht zu einem statistisch signifikanten Unterschied der Risikowahrnehmung führte. Die Ergebnisse werden jedoch auch dann bestätigt, wenn eine Regressionsanalyse lediglich auf Basis der Daten solcher Probanden durchgeführt wird, die der Aussage, die Fortsetzung des Projektes nach Markteintritt des Konkurrenten sei mit einem Risiko verbunden, tendenziell zustimmen.

---

727 Die Regressionsmodelle basieren auf einer Stichprobe von n=162. Beide Modelle erfüllen die Voraussetzungen für die Anwendung einer linearen Regression. Da die Modelle auf der identischen Stichprobe basieren wie die Modelle 1a und 1b, sei für ein Modell, welches lediglich die Kontrollvariablen enthält und Teil der hierarchischen Regressionsanalyse ist, auf das Modell 1a verwiesen.

728 Die Stichprobengröße für die Regressionsanalyse wird in diesem Fall auf n=84 reduziert, womit die Validität der Analyse nicht mehr uneingeschränkt gewährleistet ist.

729 Der Regressionskoeffizient des direkten Effektes erreicht ein Signifikanzniveau von p=0,5 in Modell 9b und von p=0,453 in Modell 9c. Der Regressionskoeffizient des Interaktionsterms erreicht ein Signifikanzniveau von p=0,728.

730 Alle drei Modelle erfüllen die Voraussetzungen für die Anwendung einer linearen Regression.

Selbst wenn also die *Risikointoleranz* und der Interaktionsterm gemäß den Modellen 8a und 8b vermeintlich einen marginalen Beitrag zur Erklärung der Varianz leisten,[731] sind aber ihre Effekte auf die Fortführungsentscheidung statistisch nicht signifikant. Daher zeigt die Regression, dass der Einfluss des Bewertungsansatzes auf das Commitment gegenüber einem erfolglosen Projekt nicht durch eine Risikointoleranz des Entscheidungsträgers tangiert wird. Hypothese 7b wird somit bekräftigt, während Hypothese 7a abgelehnt wird.[732]

	Modell 8a		Modell 8b	
	Beta	VIF	Beta	VIF
(Konstante)				
Geschlecht	0,134	1,168	0,130	1,171
Alter	0,058	1,934	0,056	1,935
Muttersprache	0,188*	1,145	0,193*	1,150
Studiengang	-0,021	2,420	-0,022	2,420
Studienfach	-0,051	1,118	-0,049	1,118
Investitions- und Finanzierungsschwerpunkt	0,028	1,311	0,027	1,311
Fachsemester	0,039	1,745	0,035	1,748
Abgeschlossene Berufsausbildung	0,086	1,367	0,085	1,367
Bewertungsmethode	-0,293***	1,053	-0,292***	1,054
Risikointoleranz	-0,130	1,113	-0,184	1,701
Bewertungsmethode × Risikointoleranz			0,089	1,630
*p≤0,05; **p≤0,01; ***p≤0,001				

Tabelle 32: Ergebnisse der linearen Regression der Fortführungsentscheidung auf die Bewertungsmethode, die Risikointoleranz, deren Interaktionsterm und die Kontrollvariablen (Modelle 8a und 8b)

[731] Der Erklärungsbeitrag der *Risikointoleranz* liegt bei 1,5% (Differenz aus den Erklärungsbeiträgen von Modell 1b und Modell 8a) und derjenige des Interaktionsterms bei 0,5% (Differenz aus den Erklärungsbeiträgen von Modell 8a und Modell 8b).

[732] Aussagen zu den Hypothesen 8a und 8b können nicht getroffen werden, da keine Analysen zum Einfluss der *Ungewissheitsintoleranz* möglich sind.

	Modell 9a		Modell 9b		Modell 9c	
	Beta	VIF	Beta	VIF	Beta	VIF
(Konstante)						
Geschlecht	0,080	1,143	0,099	1,284	0,091	1,322
Alter	0,019	1,883	0,058	1,919	0,056	1,922
Muttersprache	0,029	1,124	0,051	1,129	0,048	1,136
Studiengang	0,001	2,125	-0,037	2,156	-0,036	2,157
Studienfach	-0,065	1,108	-0,038	1,126	-0,038	1,126
Investitions- und Finanzierungsschwerpunkt	-0,011	1,249	-0,006	1,251	-0,007	1,252
Fachsemester	-0,069	1,734	-0,040	1,750	-0,040	1,750
Abgeschlossene Berufsausbildung	0,205	1,453	0,228	1,467	0,229	1,469
Bewertungsmethode			-0,333**	1,054	-0,334**	1,055
Risikointoleranz			-0,079	1,203	-0,107	1,762
Bewertungsmethode × Risikointoleranz					0,049	1,684
*p≤0,05; **p≤0,01; ***p≤0,001						

Tabelle 33: Ergebnisse der linearen Regression der Fortführungsentscheidung auf die Bewertungsmethode, die Risikointoleranz, deren Interaktionsterm und die Kontrollvariablen (Modelle 9a, 9b und 9c)

In der Untersuchung des direkten und moderierenden Einflusses des latenten Konstruktes *Bedauern* ist das Projektrisiko im Sinne einer marginalen Erfolgswahrscheinlichkeit ebenfalls relevant, da es zur Salienz einer möglichen positiven Projektentwicklung beiträgt. Daher soll im Folgenden sowohl eine hierarchische Regressionsanalyse für die Gesamtstichprobe als auch für die Teilstichprobe, der ein hohes Risikoniveau des Investitionsprojektes präsentiert wurde, durchgeführt werden.

Die Regressionsanalyse auf Basis der Gesamtstichprobe offenbart weder einen direkten Effekt des *Bedauerns* noch einen interagierenden Effekt des Konstruktes auf die Beziehung zwischen der Bewertungsmethode und der Fortführungsentscheidung.[733] Das Regressionsmodell

[733] Die Regressionsmodelle basieren auf einer Stichprobe von n=161, da nur solche Probanden berücksichtigt werden können, die für keine der Variablen einen fehlenden Wert aufweisen. Aus diesem Grund werden auch die veränderten Werte des Regressionsmodells präsentiert, welches lediglich die Kontrollvariablen enthält (Modell 10a). Alle drei Modelle erfüllen die Voraussetzungen für die Anwendung einer linearen Regression. Lediglich der Varianzinflationsfaktor der Kontrollvariablen *Studiengang* liegt in den Modellen 10b und 10c über der strengen kritischen Grenze von 2,5, aber noch weit unter der weniger strengen kritischen Grenze von 10.

10b, welches lediglich die direkten Effekte als Regressoren erfasst, weist keinen statistisch signifikanten Regressionskoeffizienten für das latente Konstrukt *Bedauern* auf (p=0,569). Gleiches gilt für dessen Regressionskoeffizient in Modell 10c (p=0,98). Auch der Regressionskoeffizient des Interaktionsterms in Modell 10c erreicht keine statistische Signifikanz (p=0,525). Der Anteil der erklärten Varianz der Fortführungsentscheidung wird durch den Interaktionsterm marginal von 12,9% in Modell 10b auf 13,1% in Modell 10c erhöht. Das korrigierte Bestimmtheitsmaß sinkt von $\bar{R}^2$=0,07 auf $\bar{R}^2$=0,067. Die weiteren zentralen Ergebnisse der Regressionsanalyse sind in Tabelle 34 dargestellt.

	Modell 10a		Modell 10b		Modell 10c	
	Beta	**VIF**	**Beta**	**VIF**	**Beta**	**VIF**
(Konstante)						
Geschlecht	0,088	1,126	0,099	1,128	0,103	1,136
Alter	-0,014	2,034	0,019	2,049	0,011	2,081
Muttersprache	0,182*	1,145	0,187*	1,180	0,189*	1,181
Studiengang	0,025	2,523	0,038	2,680	0,047	2,711
Studienfach	-0,053	1,112	-0,043	1,114	-0,042	1,115
Investitions- und Finanzierungsschwerpunkt	0,006	1,298	0,023	1,325	0,016	1,347
Fachsemester	0,026	1,754	0,055	1,775	0,061	1,791
Abgeschlossene Berufsausbildung	0,058	1,362	0,077	1,367	0,076	1,367
Bewertungsmethode			-0,274***	1,061	-0,276***	1,064
Bedauern			0,047	1,149	0,003	1,962
Bewertungsmethode × Bedauern					0,067	1,895
*p≤0,05; **p≤0,01; ***p≤0,001						

Tabelle 34: Ergebnisse der linearen Regression der Fortführungsentscheidung auf die Bewertungsmethode, das Bedauern, deren Interaktionsterm und die Kontrollvariablen (Modelle 10a, 10b und 10c)

Wird die hierarchische Regressionsanalyse nur auf Basis der Teilstichprobe durchgeführt, welcher eine Investitionsentscheidung bei hohem Projektrisiko präsentiert wurde, so werden ähnliche Ergebnisse erzielt.[734] Die Regressionskoeffizienten der direkten Effekte des *Bedau-*

[734] Die Stichprobengröße für die Regressionsanalyse wird in diesem Fall auf n=83 reduziert, womit die Validität der Analyse nicht mehr uneingeschränkt gewährleistet ist. Alle drei Modelle erfüllen aber grundsätzlich die Voraussetzungen für die Anwendung einer linearen Regression. Lediglich der Varianzinflationsfaktor der

erns in den Modellen 11b und 11c bleiben insignifikant (p=0,563 und p=0,96). Auch der Einfluss des Interaktionsterms weist keine statistische Signifikanz auf (p=0,473). Und während das Bestimmtheitsmaß durch Einbeziehung des Interaktionsterms zwar von R^2=0,166 auf R^2=0,172 erhöht wird, sinkt das korrigierte Bestimmtheitsmaß von $\overline{R}^2$=0,05 auf $\overline{R}^2$=0,043. Tabelle 35 gibt einen Überblick über die zentralen Ergebnisse dieser Regressionsanalyse.

	Modell 11a		**Modell 11b**		**Modell 11c**	
	Beta	**VIF**	**Beta**	**VIF**	**Beta**	**VIF**
(Konstante)						
Geschlecht	0,052	1,170	0,046	1,177	0,051	1,182
Alter	-0,060	2,102	-0,020	2,129	-0,033	2,158
Muttersprache	0,040	1,128	0,053	1,144	0,041	1,167
Studiengang	0,067	2,313	0,061	2,669	0,083	2,744
Studienfach	-0,053	1,105	-0,025	1,114	-0,013	1,139
Investitions- und Finanzierungsschwerpunkt	-0,008	1,241	-0,015	1,289	-0,029	1,321
Fachsemester	-0,046	1,757	-0,001	1,847	0,016	1,899
Abgeschlossene Berufsausbildung	0,245	1,519	0,255	1,525	0,251	1,527
Bewertungsmethode			-0,305**	1,077	-0,297**	1,089
Bedauern			0,069	1,220	-0,008	2,203
Bewertungsmethode × Bedauern					0,118	2,298
*p≤0,05; **p≤0,01; ***p≤0,001						

Tabelle 35: Ergebnisse der linearen Regression der Fortführungsentscheidung auf die Bewertungsmethode, das Bedauern, deren Interaktionsterm und die Kontrollvariablen (Modelle 11a, 11b und 11c)

Als Erklärung dieser homogenen Ergebnisse der Modelle 10b, 10c, 11b und 11c ist wiederum die misslungene Risikomanipulation anzuführen, da die Wahrnehmung des Projektrisikos durch die Probanden unabhängig vom präsentierten Risikoniveau ist. Auch für dieses Konstrukt werden die Ergebnisse jedoch auch dann bestätigt, wenn eine Regressionsanalyse lediglich auf Basis der Daten solcher Probanden durchgeführt wird, die der Aussage, die Fortsetzung des Projektes nach Markteintritt des Konkurrenten sei mit einem Risiko verbunden, tendenziell zustimmen.

Kontrollvariablen *Studiengang* liegt in den Modellen 11b und 11c über der strengen kritischen Grenze von 2,5, aber noch weit unter der weniger strengen kritischen Grenze von 10.

Auf Basis der beiden Regressionsanalysen kann bestätigt werden, dass der eskalationsmindernde Einfluss der Realoptionsbewertung auf das Commitment gegenüber einem erfolglosen Projekt nicht durch eine Neigung des Entscheidungsträgers zum Bedauern vergangener Entscheidungen tangiert wird. Damit wird zuletzt auch die Hypothese 9b bekräftigt, wohingegen die konkurrierende Hypothese 9a abgelehnt werden muss.

Die Interpretation der Analyseergebnisse wird allerdings dadurch limitiert, dass die Erwartung kontrafaktischer Informationen in einem laborexperimentellen Untersuchungsdesign ohne die Gefahr einer Ergebnisverzerrung nicht gleichzeitig valide und kontrolliert erzeugt werden kann. Eine solche Erwartung ist aber meist notwendig, um antizipiertes Bedauern in einer konkreten Entscheidungssituation zu entwickeln, welches dann wiederum einen Einfluss auf das Entscheidungsverhalten haben könnte.[735] Denn sollte ein Entscheidungsträger niemals Kenntnis über das Resultat einer nicht gewählten Entscheidungsalternative erlangen, ist die Wahrscheinlichkeit eines zukünftig empfundenen Bedauerns gering.[736] Ob die Probanden jedoch in der konkreten, aber fiktiven Investitionsentscheidung des Experimentes eine Erwartung kontrafaktischer Informationen bilden, kann nicht abschließend beantwortet werden.

Zudem wurde in dieser Untersuchung der Fokus gerade auf eine Desinvestitionsoption gelenkt und nicht die Salienz von Investitionsoptionen forciert. Auf diese Weise könnte die situative Antizipation eines Bedauerns unter Anwendung der Realoptionsmethode nicht gesteigert worden sein, obwohl die Probanden im Durchschnitt eher zum Bedauern vergangener Entscheidungen neigen.

Neben den spezifischen Limitationen bezüglich der Analyseergebnisse der einzelnen latenten Konstrukte ist auch zu betonen, dass die Untersuchung von Verhaltenseinflüssen psychologischer Variablen im Allgemeinen Grenzen unterworfen ist. Dies betrifft nicht nur die unvollkommene Reliabilität der Messinstrumente, die auch die Güte der Regressionsanalysen einschränkt. Es bleibt darüber hinaus stets zu hinterfragen, ob die gemessenen Persönlichkeitsmerkmale der Probanden in dem hypothetischen Entscheidungsszenario eine tatsächliche Wirkung auf das Entscheidungsverhalten entfalten können und ob dieser Einfluss in einem messbaren Bereich liegt.[737] Die Entdeckung eines signifikanten Zusammenhangs wird dabei auch dadurch erschwert, dass in der Mehrzahl der Entscheidungssituationen eine Vielzahl

---

735 Vgl. Hoelzl/ Loewenstein (2005), S. 17, 23; Zeelenberg (1999), S. 96 f.
736 Vgl. Wong/ Kwong (2007), S. 547.
737 Vgl. ähnlich Budner (1962), S. 32.

persönlicher Charaktereigenschaften und anderer Faktoren[738] parallel das Verhalten des Entscheidungsträgers determiniert.[739] Gegenläufige und damit kompensierende Effekte können dabei zu insignifikanten Ergebnissen bezüglich des Einflusses einzelner latenter Konstrukte führen. Die irrtümliche Ablehnung interagierender Effekte ist damit grundsätzlich nicht auszuschließen. Dies gilt es auch in der Ableitung von Handlungsimplikationen zu bedenken.

C. Diskussion der Analyseergebnisse zur Ableitung von Handlungsimplikationen

1. Zusammenführung der Ergebnisse im Forschungsmodell

Auf Basis der experimentell gewonnenen Daten und deren statistischer Analyse wird bestätigt, dass Entscheidungsträger, die zur Fundierung einer Investitionsentscheidung die Bewertung des Investitionsprojektes mithilfe der Realoptionsmethode vornehmen, ihr Commitment gegenüber dem Projekt weniger eskalieren als Anwender der Kapitalwertmethode. Dies ist zu beobachten, obwohl nicht nur die Experimentalgruppe, sondern gleichermaßen auch die Referenzgruppe über die Abbruchoption informiert wurde.

Der negative Einfluss der Realoptionsbewertung auf das Ausmaß der Eskalationstendenzen eines Entscheidungsträgers erweist sich im Experiment zudem als stabil. Weder die Variation des Projektrisikoniveaus oder des Fertigstellungsgrades als situativ spezifische Projekteigenschaften noch die als theoretisch relevant erachteten Persönlichkeitsmerkmale der Entscheidungsträger weisen einen statistisch signifikanten interagierenden Effekt auf die Wirkungsbeziehung zwischen der Bewertungsmethode und der Eskalation von Commitment auf. Im Fall des Projektrisikoniveaus wird das Analyseergebnis jedoch durch die nicht vollständig geglückte Manipulation in seiner Validität eingeschränkt.

Die Ergebnisse der empirischen Untersuchung werden in Abbildung 5 zusammengeführt.

Als Steuerungsinstrument zur Verminderung eskalierenden Commitments ist die Realoptionsmethode also der Kapitalwertmethode überlegen. Da die Eskalation von Commitment als eine nicht ökonomisch rationale Projektfortführung definiert wurde, liegt folglich eine empiri-

[738] Im Kontext der Eskalation von Commitment und in Anlehnung an die Taxonomie von Staw/ Ross (1987a) sind allgemein projektbezogene, psychologische, soziale und strukturelle Determinanten zu nennen.

[739] Vgl. z.B. Drummond (2014), S. 431; Budner (1962), S. 32.

sche Evidenz dafür vor, dass die Anwendung der Realoptionsmethode gegenüber der Kapitalwertmethode zur Verbesserung der Entscheidungsrationalität und dabei zur Effizienzsteigerung in Investitionsprojekten beiträgt. Die Integration der Realoptionsmethode in die Entscheidungsvorbereitung ist daher als vorteilhaft zu betrachten.

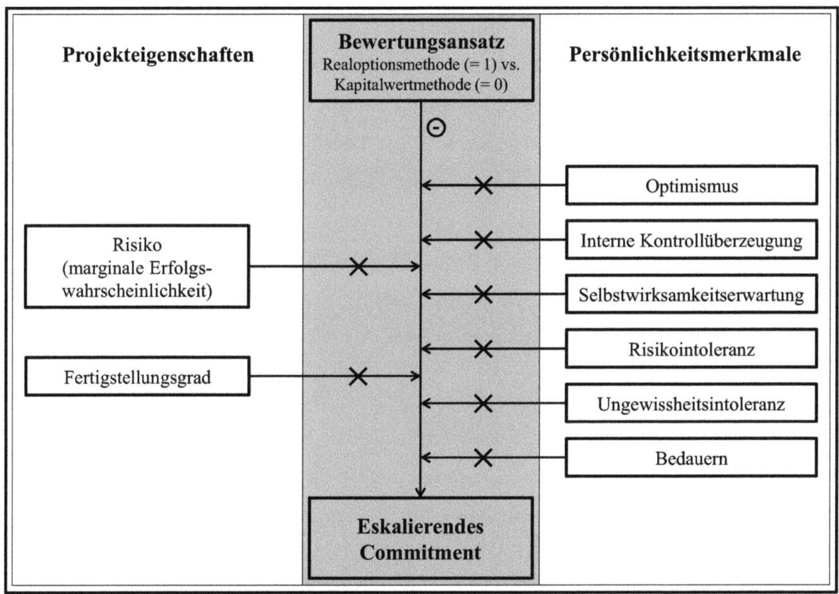

Abbildung 5: Ergebnisse der empirischen Untersuchung

Zur Sicherstellung einer konsequenten Anwendung der Realoptionsmethode sowie insbesondere der Ausnutzung einer entscheidungsbeeinflussenden Wirkung von Abbruchoptionen sollten diesbezügliche Kommunikations-, Bewertungs- und auch Verhaltensgrundsätze in ein strategisches Investitionsmanagement integriert werden. Solche Grundsätze werden im Folgenden konkretisiert.

2. Konkretisierung der Ergebnisse in Prinzipien der objektiven Rationalitätssicherung für das strategische Investitionsmanagement

Die Integration des Realoptionsgedankens in die strategische Planung von Unternehmen ist vor dem Hintergrund der Relevanz einer unternehmerischen Flexibilität grundsätzlich keine Innovation. Realoptionen stellen dabei eine Verbindung zwischen der strategischen und finanziellen Bewertung von Investitionsprojekten her.[740] Darüber hinaus vermögen Realoptionen Disziplin in die strategische Planung zu bringen.[741] Im Kontext der Eskalation von Commitment ist gerade die disziplinierte Berücksichtigung von Abbruchoptionen und, im Fall einer positiven Differenz zwischen Abbruch- und Fortführungswert, die Ausübung der Abbruchoption relevant. Zur Verhinderung oder zumindest Verringerung von Eskalationstendenzen sollte daher eine für jedes Investitionsprojekt geltende Verpflichtung zur Ermittlung und Bewertung von zeitpunktspezifischen Abbruchoptionen bestehen. In jedem Teilinvestitionszeitpunkt eines sequentiellen Investitionsprojektes wäre sodann der Abbruchwert mit dem erwarteten Fortführungswert zu vergleichen. Diese Beachtung von Abbruchoptionen sollte zudem langfristig als Routine der Entscheidungsfindung in Investitionsprojekten etabliert werden, da solche Routinen individuelle kognitive Verzerrungen vermindern.[742] Denn auch wenn die experimentelle Untersuchung keine Effekte der Moderatorvariablen offenbart, so könnte ihr nicht vollkommen auszuschließender Einfluss in realen Investitionsprojekten durch die strikte Beachtung von Abbruchoptionen geschmälert werden.

Nicht zu unterschätzen sind allerdings die praktischen Herausforderungen, die mit der Verpflichtung zur Verwendung der Realoptionsmethode in der Investitionsrechnung und -planung verbunden sind. Eine Mindestvoraussetzung stellt daher ein stringentes Implementierungsmanagement dar. Triantis/ Borison (2001) beschreiben vier Erfolgsfaktoren für eine schrittweise Implementierung der Realoptionsmethode: explizit experimentelle Pilotprojekte, Unterstützung durch Führungskräfte und betroffene Mitarbeiter, Erstellung eines unternehmensspezifischen Regelwerkes zur Anwendung der Realoptionsmethode inklusive der Schulung von Mitarbeitern sowie zuletzt die unternehmensweite Institutionalisierung und Integration der Realoptionsmethode.[743] Diese sind auch auf die von Pritsch (2000) auf Basis der Diffusionstheorie abstrakter formulierten Einflussfaktoren und Voraussetzungen der Adaption des Realoptionsansatzes zurückführbar, welche allgemein das Methodenwissen, die Projektunterstützung und eine offene Unternehmenskultur umfassen.[744] Dabei wird die Unterstützung durch Führungskräfte als grundsätzlich besonders wichtig für die erfolgreiche Einführung und

740 Vgl. Rózsa (2015), S. 316; Lander/ Pinches (1998), S. 541. In einer Studie von Baker/ Dutta/ Saadi (2011) wird als häufigster Grund für die Nutzung des Realoptionsansatzes angegeben, dass er ein hilfreiches Instrument in der Entwicklung strategischer Visionen darstellt (vgl. Baker/ Dutta/ Saadi (2011), S. 24).
741 Vgl. Baecker/ Hommel (2004), S. 4.
742 Vgl. O'Brien/ Folta (2009), S. 6 in Verbindung mit Tetlock (2000); Burgelman (1996).
743 Vgl. Triantis/ Borison (2001), S. 19-22.
744 Siehe Pritsch (2000), S. 370-372.

Diffusion neuer Methoden erachtet.[745] Die Führungskräfte gilt es daher zunächst von der positiven Wirkung der Realoptionsmethode auf Investitionsentscheidungen zu überzeugen. Hierzu können zum einen empirische Studien als Beleg angeführt und zum anderen die Ergebnisse von Pilotprojekten präsentiert werden.

Da die Vorbehalte gegenüber der Realoptionsmethode aber häufig in einem Unverständnis der Bewertungsformeln begründet sind, kann angenommen werden, dass eine möglichst geringe Modellkomplexität eine größere Unterstützung erfahren würde.[746] Ein Ziel bei der Erstellung eines unternehmensspezifischen Regelwerkes zur Anwendung der Realoptionsmethode sollte daher nicht unbedingt eine perfekte Modellierung von Entscheidungsproblemen sein, sondern ein Modell mit angemessener Komplexität.[747] Denn ohnehin ist im Fall von Bewertungsmodellen deren Kommunikationsfunktion manchmal noch relevanter als die Bewertungsfunktion als solche.[748] Dies gilt insbesondere für die Zielsetzung einer disziplinierten Beachtung von Abbruchoptionen in Investitionsprojekten. Bereits als mentales Modell leistet der Realoptionsansatz durch die systematische Strukturierung des Entscheidungsproblems sowie das um flexible Handlungsoptionen erweiterte Verständnis von Investitionsalternativen einen Beitrag zu einer größeren Salienz und damit Berücksichtigung von Abbruchoptionen in der Investitionsentscheidung.[749] Dabei zwingt der Ansatz den Entscheidungsträger zur Artikulation, formellen Erfassung und Diskussion der intuitiven Gründe für die Realisierung sowie Fortführung eines Investitionsprojektes und trägt damit auch zur objektiven Rationalitätssicherung für das Investitionsmanagement bei.[750] Denn eine verbesserte Informationsdarbietung vermag die kognitiven Verzerrungen von Projektverantwortlichen zusätzlich abzuschwächen.[751]

---

[745] Vgl. Pritsch/ Weber (2001), S. 32 f.

[746] Diese Annahme wird dadurch gestützt, dass analytische Bewertungsverfahren in der Praxis noch sehr viel seltener genutzt werden als etwa numerische Verfahren (siehe Fußnote 238). Darüber hinaus wird z.B. in einer Studie von Block (2007) die fehlende Unterstützung der obersten Führungsebene, wenn diese die Realoptionsbewertung nicht methodisch nachvollziehen kann, als wichtigster Grund für eine Nichtnutzung der Realoptionsmethode genannt (vgl. Block (2007), S. 261 f.). Copeland/ Tufano (2004) empfehlen daher ebenfalls, ein angepasstes Binomialmodell zu verwenden (vgl. Copeland/ Tufano (2004), S. 99).

[747] Vgl. hierzu Pritsch/ Weber (2001), S. 34 f. in Verbindung mit Phillips (1982), S. 310. Ein Modell wird dann als angemessen betrachtet, wenn aus einem Komplexitätszuwachs keine wesentlichen Erkenntnisse gewonnen werden (vgl. Pritsch/ Weber (2001), S. 34).

[748] Vgl. Triantis/ Borison (2001), S. 10 f.; Pritsch/ Weber (2001), S. 24; Myers (1996), S. 100.

[749] Vgl. ähnlich Denison (2009), S. 137 f.; Miller/ Shapira (2004), S. 281; Triantis/ Borison (2001), S. 10 f.; Pritsch/ Weber (2001), S. 23; Lander/ Pinches (1998), S. 541.

[750] Vgl. Pritsch/ Weber (2001), S. 23 f. in Verbindung mit Smith/ McCardle (1999), S. 5; Boer (1998), S. 52; Warren et al. (1998), S. 94; Roberts (1995), S. 509.

[751] Vgl. Kunz (2013b), S. 214.

Im Zentrum einer Verhinderungsstrategie für eskalierendes Commitment steht hier also nicht die exakte Bewertung von Realoptionen. Zielführend ist bereits die Bereitstellung eines Entscheidungsmodells, welches die gedankliche Erfassung von Realoptionen und dabei insbesondere die zwingenden Beachtung der Abbruchmöglichkeit in jedem Teilinvestitionszeitpunkt eines sequentiellen Investitionsprojektes fordert. Der Wert der Abbruchoption ist in diesem Kontext verhältnismäßig leicht zu ermitteln, da er im Entscheidungszeitpunkt einer Teilinvestition als innerer Wert der Option definiert ist, welcher sich aus der Differenz des Abbruch- und des Fortführungswertes ergibt. Die Beurteilung der Abbruchoption muss also nicht mathematisch kompliziert sein,[752] sondern kann gerade in dem hier relevanten Kontext in einem Vergleich von Erwartungswerten bestehen. Der Komplexitätsgrad des Entscheidungsmodells hängt dann vielmehr von der Einbindung weiterer Realoptionen in die Berechnung des Fortführungswertes, welcher in seiner rudimentären Form auch bei Anwendung der Kapitalwertmethode zu bestimmen ist, ab.

Es sollte aber nicht nur eine unternehmensweite Verpflichtung zur Berücksichtigung von Abbruchoptionen in der Investitionsrechnung und -planung angestrebt werden. Gleichzeitig ist die tatsächliche Befolgung der Entscheidungsregeln zu fördern.[753] Diesem Zweck wäre eine Unternehmenskultur dienlich, in der ein angemessener Abbruch von Investitionsprojekten nicht negativ belegt ist, sondern vielmehr positiv anerkannt wird.[754] Darüber hinaus könnte ein Projektmanagement förderlich sein, welches hinsichtlich der Erhebung von Informationen, deren Plausibilitätsprüfung und Konkretisierung in Modellparametern sowie letztlich der Projektbewertung eine Aufgabentrennung vorsieht. Denn subjektiv verzerrt wahrgenommene Informationen verhindern eine objektiv rationale Parameterbestimmung.[755] Auch wenn angenommen werden darf, dass eine Vielzahl der notwendigen Informationen ohnehin als Nebenprodukt der strategischen Planung gewonnen wird,[756] ist eine darauf folgende Überprüfung und Sicherstellung der Informations- und Datenqualität von hoher Relevanz für den erfolgrei-

[752] Vgl. Bonduelle/ Schmoldt/ Scholich (2003), S. 4 f.

[753] In einer Befragung von Block (2007) weist eine Vielzahl der befragten Finanzvorstände darauf hin, dass die Vorgabe eines Bewertungsmodells, sei es korrekt oder nicht, noch nicht sicherstellt, dass die mit dem Modell verbundenen Entscheidungsregeln auch befolgt werden (vgl. Block (2007), S. 263). Auch Adner (2007) betont, dass im Kontext der Reallokation von Ressourcen der Einsatz der Realoptionsmethode nur dann erfolgreich sein kann, wenn Entscheidungsträger den Entscheidungsregeln folgend tatsächlich die Disziplin zum Abbruch scheiternder Investitionsprojekte aufbringen (vgl. Adner (2007), S. 365).

[754] Vgl. Block (2007), S. 263. In einer empirischen Untersuchung kann Mahlendorf (2015) bestätigen, dass eskalierendes Commitment reduziert wird, wenn Misserfolge nicht bestraft werden (vgl. Mahlendorf (2015), S. 67-74).

[755] Im Rahmen der vorliegenden experimentellen Untersuchung wurden den Probanden die Modellparameter explizit vorgegeben.

[756] Vgl. Baecker/ Hommel (2004), S. 4.

chen Einsatz der Realoptionsmethode.[757] Die Begutachtung der Daten und der diesen zugrunde liegenden Prämissen durch externe Berater, weitere Projektbeteiligte oder auch Führungskräfte kann daher zur Qualität der Investitionsbewertung beitragen.[758] Im Kontext einer Verhinderung von eskalierendem Commitment bedarf es dabei wiederum der konkreten Aufgabenstellung zur Beachtung von Abbruchoptionen im Begutachtungsprozess.[759] Ein solcher Begutachtungsprozess könnte zudem ebenfalls zu einer Verringerung des letztlich nicht auszuschließenden Einflusses der im Experiment untersuchten Persönlichkeitsmerkmale der Entscheidungsträger beitragen.

Es darf aber nicht außer Acht bleiben, dass ein Begutachtungsprozess oder eine erweiterte Aufgabentrennung im Allgemeinen mit zusätzlichen Kosten verbunden sind. Selbst wenn keine externen Berater engagiert werden, erfordern doch etwa vermehrte Entscheidungsprozessschritte und Projektbeteiligte sowohl mehr Koordination als auch Kommunikation. Dies geht mit dem Verbrauch von zusätzlichen zeitlichen und personellen Ressourcen einher. Im Sinne einer Effizienzorientierung sollten die Kosten, welche durch die Kontrollmaßnahmen entstehen und dem Projekt zurechenbar sind, in einem angemessenen Verhältnis zum Nutzen einer Verhinderung von Eskalationstendenzen stehen. Die hohe Kostenintensität eskalierenden Commitments in strategischen Investitionsprojekten lässt jedoch die Annahme zu, dass die mit geeigneten Kontrollmaßnahmen zusätzlich verbundenen Kosten zumeist gerechtfertigt sind.[760]

Der Erfolg einer Verringerung von Eskalationstendenzen durch die Institutionalisierung der Realoptionsmethode als verpflichtende Vorgabe für alle Investitionsprojektbewertungen eines Unternehmens ist folglich von weiteren strukturellen und auch sozialen Determinanten abhängig. Neben der Festlegung des Entscheidungsmodells ist daher in realen Investitionsprojekten der gesamte Entscheidungsprozess auf die konsequente und akkurate Berücksichtigung von Abbruchoptionen auszurichten, während zugleich unternehmenskulturelle Rahmenbedin-

---

[757] Vgl. Pritsch/ Weber (2001), S. 35. Das Ergebnis einer Investitionsrechnung ist grundsätzlich immer abhängig von der Qualität der Ausgangsinformationen, welche als Modellparameter verwendet werden (vgl. Kruschwitz (2014), S. 21).

[758] Vgl. Sharpe/ Keelin (1997), S. 54.

[759] Siehe für eine empirische Untersuchung der Wirkung einer konkreten Aufgabenstellung bei einer Begutachtung auf die Eskalation von Commitment Kadous/ Sedor (2004), S. 65-74.

[760] In einem konkreten Investitionsprojekt könnte die Angemessenheit zusätzlicher Kosten für Kontrollmaßnahmen z.B. von der Investitionssumme, der Erfolgswahrscheinlichkeit, der strategischen Relevanz und/oder der Höhe der Kostenüberschreitung des Projektes abhängig gemacht werden.

gungen geschaffen werden sollten, die gerechtfertigten Projektabbrüchen nicht entgegenwirken.

Damit wird auch deutlich, dass soziale und strukturelle Faktoren, die im Forschungsmodell und daher auch im Experiment nicht als Moderatorvariablen erfasst wurden, in realen Investitionsprojekten sehr wohl eine Bedeutung für die Wirkung der aus den experimentellen Ergebnissen abgeleiteten Prinzipien haben könnten. Denn die im Experiment vereinfacht konstruierten Entscheidungsrahmenbedingungen werden häufig von jenen in realen Entscheidungssituationen abweichen und stellen daher grundsätzlich eine Limitation der Analyseergebnisse dar.[761] Die zentralen und für die Gefahr eskalierenden Commitments relevanten Unterschiede konterkarieren jedoch nicht grundsätzlich die Ergebnisse der durchgeführten Untersuchung. Diese vorläufige Behauptung wird im Folgenden mithilfe theoretischer und bestehender empirischer Ergebnisse substantiiert.

3. Übertragbarkeit der experimentell gewonnenen Ergebnisse auf reale Investitionsprojekte

Die Simulation realer Entscheidungen in laborexperimentellen Untersuchungen ist oft schwierig. Eine Übertragbarkeit der erzielten Ergebnisse auf reale Investitionsprojekte ist gerade dann eingeschränkt, wenn Einflussfaktoren, welche im Experiment nicht berücksichtigt wurden, die Rahmenbedingungen der Entscheidungssituation derart verändern würden, dass die eskalationsmindernde Wirkung der Realoptionsmethode nicht mehr eintritt.[762]

So ist nicht auszuschließen, dass Entscheidungsträger in realen Investitionsprojekten mitunter stärker involviert sind.[763] Dies betrifft zum einen eine mögliche finanzielle Beteiligung und zum anderen die empfundene Verantwortung für ein Projekt.

Eine finanzielle Beteiligung von Entscheidungsträgern an realen Investitionsprojekten würde im Sinne der Eskalationsforschung und auf Grundlage der Prinzipal-Agenten-Theorie bereits zu einer Verringerung der Eskalation von Commitment beitragen.[764] Ein geringeres Ausmaß eskalierenden Commitments führt aber nicht direkt zu der Wirkungslosigkeit weiterer Steuerungsinstrumente. Die schwächere Eskalationstendenz eines finanziell beteiligten Entschei-

761 Vgl. z.B. ähnlich Denison (2009), S. 150; Frank (2003), S. 283.
762 In diesem Fall wäre also die externe Validität der Untersuchungsergebnisse eingeschränkt.
763 Vgl. z.B. Boehne/ Paese (2000), S. 192.
764 Vgl. z.B. Sleesman et al. (2012), S. 545; Staw/ Ross (1987a), S. 49.

dungsträgers könnte durch die Anwendung der Realoptionsmethode also zusätzlich verringert werden. Daher besitzen die Ergebnisse der durchgeführten Untersuchung auch für finanziell involvierte Entscheidungsträger eine Relevanz.

Ein Verantwortungsempfinden der Probanden konnte in dieser Untersuchung grundsätzlich induziert werden. Dabei wurde zudem durch Vorgabe und Anwendung der Realoptionsmethode erreicht, dass die Teilnehmer der Experimentalgruppe gegenüber solchen der Referenzgruppe ein geringeres Verantwortungsempfinden aufwiesen. Daher kann angenommen werden, dass eine in der Realität stärker empfundene Verantwortung ebenfalls durch den Realoptionsgedanken verringert werden kann und dann auch die eskalationsmindernde Wirkung der Realoptionsmethode tendenziell besteht.

Dennoch könnten die experimentell gewonnenen Ergebnisse an eine Grenze stoßen. So ist verwunderlich, dass der Fertigstellungsgrad respektive die versunkenen Kosten sowie das Risikoniveau, im Sinne einer Erfolgswahrscheinlichkeit des Projektes, keinen direkten Effekt auf die Eskalation von Commitment haben. Denn ein direkter Einfluss dieser Projekteigenschaften konnte bereits häufig empirisch nachgewiesen werden und wäre in Entscheidungen über die Fortführung realer Investitionsprojekte, in die ein Entscheidungsträger gewiss stärker involviert ist als in ein fiktives Projekt, auch zunächst zu erwarten. Die externe Validität der Ergebnisse zum direkten Einfluss der beiden Variablen könnte also limitiert sein.[765]

Es ist aber nicht auszuschließen, dass bereits die grundsätzliche Instruktion zur strikten Anwendung einer Bewertungsmethode, sei es die Realoptions- oder die Kapitalwertmethode, den direkten Einfluss manch anderer Bestimmungsgründe eskalierenden Commitments einschränkt oder gar unterbindet.[766] Dies würde erklären, warum die direkten Effekte der Moderatorvariablen auf die Eskalation von Commitment, welche aber ohnehin nicht Bestandteil der in dieser Studie aufgestellten Hypothesen sind, im Experiment statistisch nicht nachweisbar waren. Die prinzipielle Durchführung einer Projektbewertung würde demgemäß bereits eine eskalationsmindernde Wirkung aufweisen,[767] die dann in Abhängigkeit einer konkreten Bewertungsmethode noch verstärkt wird. Auf dieser Fragestellung lag jedoch nicht der Fokus

[765] Diese Limitation tritt im Falle des Projektrisikoniveaus neben die eingeschränkte Interpretierbarkeit der Ergebnisse, welche aus der nicht nachweisbar geglückten Manipulation der Variablen resultiert.

[766] Diese Vermutung wurde für den Fertigstellungsgrad bereits im Kapitel III.B.3.b) bekräftigt. Mithilfe einer Analyse der Zusatzfragen wurde ein Einfluss des Fertigstellungsgrades auf die Fortführungstendenzen der Probanden erkennbar, welcher sich jedoch nicht in der tatsächlichen Fortführungsentscheidung in Folge der Projektbewertung niederschlug.

[767] Siehe ähnlich auch Conlon/ Wolf (1980).

der vorliegenden Untersuchung, weshalb auch keine Vergleichsgruppe ohne konkrete Instruktionen für eine Projektbewertung im Experiment erfasst wurde. Die Überlegung bietet aber einen Ansatz für weitergehende Labor- oder Feldexperimente.

Darüber hinaus würde durch eine eingeschränkte externe Validität der Ergebnisse zum direkten Einfluss der Moderatorvariablen nicht zwangsläufig den Resultaten zur direkten Wirkung der Bewertungsmethode sowie zu den Interaktionseffekten auf die Eskalation von Commitment widersprochen. Denn die direkten Effekte der Bewertungsmethode und der beiden Moderatorvariablen könnten prinzipiell parallel bestehen, auch wenn sie einen gegenläufigen Effekt auf eskalierendes Commitment haben. Sollte zudem ein direkter Einfluss einer Moderatorvariablen bestehen, so resultiert daraus nicht zwangsläufig auch ein interagierender Effekt dieser Variablen und der Bewertungsmethode auf die Eskalation von Commitment. Welche Auswirkung ein direkter Effekt des Fertigstellungsgrades oder des Risikoniveaus auf die in dieser Studie interessierende direkte oder moderierte Beziehung zwischen der Bewertungsmethode und eskalierendem Commitment hätte, kann daher in dieser Untersuchung nicht beantwortet werden.

Das Ausmaß der empfundenen Verantwortung steht auch in Zusammenhang mit einem weiteren bisher vernachlässigten Einflussfaktor. Denn das Analyseobjekt der experimentellen Untersuchung waren Individualentscheidungen, während Investitionsentscheidungen in der Realität nicht selten von Gruppen getroffen werden. Whyte (1991) unterstellt, dass Gruppenentscheidungen zu einer Verantwortungsdiffusion führen und damit in Folge die Eskalation von Commitment reduziert wird.[768] Dabei geht er aber davon aus, dass Folgeentscheidungen wiederum von einem einzelnen Individuum getroffen werden. Für diese Konstellation kann Whyte (1991) tatsächlich eine Verringerung von Eskalationstendenzen, wenn auch nicht ihre vollständige Eliminierung, nachweisen. In diesem Fall vermag die Realoptionsmethode aber dennoch zu einer weiteren Reduzierung eskalierenden Commitments beizutragen.

Es ist jedoch zu hinterfragen, ob in der Realität nach einer gemeinschaftlich getroffenen Initialentscheidung nicht vielmehr auch die Entscheidungsautorität über Folgeinvestitionen geteilt wird. Tatsächlich ist die Eskalation von Commitment häufig das Resultat von Gruppenentscheidungen.[769] So zeigen bereits Bazerman/ Giuliano/ Appelman (1984), dass Gruppen und

[768] Vgl. hierzu und im Folgenden Whyte (1991), S. 408, 411.
[769] Vgl. z.B. Cusin/ Passebois-Ducros (2015), S. 342; Girandola/ Gauthier (2001), S. 111; Staw (1997), S. 202.

Individuen bei Fortführungsentscheidungen in scheiternden Projekten gleichermaßen Eskalationstendenzen aufweisen.[770] Whyte (1993) und Seibert/ Goltz (2001) finden sogar heraus, dass Gruppen in einem höheren Ausmaß zu eskalierendem Commitment neigen als Individuen.[771] Zudem bestätigen Sleesman et al. (2012) in einer Metastudie, dass die Verantwortung für eine Initialinvestition einen größeren Einfluss auf die Eskalation von Commitment hat, wenn statt eines Individuums eine Gruppe die Projektentscheidungen trifft.[772] Diese Erkenntnis, dass in Folge von Gruppenentscheidungen ein größerer Eskalationseffekt eintritt, kann zum einen auf Gruppendenken und zum anderen auf Extremierungsphänomene in Gruppenentscheidungen zurückgeführt werden.

Gruppendenken in Entscheidungsprozessen wird unter anderem durch den Druck zu Einheitlichkeit, Selbstzensur und die Illusion von Einstimmigkeit charakterisiert.[773] Tritt dieses Phänomen in einer multipersonalen Entscheidung auf, so umfassen deren versunkene Kosten auch soziale und interpersonale Verflechtungen, weshalb in einem Eskalationskontext mit einem Projektabbruch die Gruppenharmonie gefährdet werden kann.[774] Zudem kann auch für eine Gruppe oder gesamte Organisation ein externer Rechtfertigungsdruck zum Schutz des sozialen Status bestehen.[775] Einzelne Gruppenmitglieder äußern aus diesen Gründen selten Zweifel an einer gemeinsam getroffenen Entscheidung und werden nicht zur Beachtung alternativer Handlungsoptionen motiviert.[776] Diese Gruppensolidarität kann die Eskalation von Commitment begünstigen oder sogar verstärken.[777]

Extremierungsphänomene bei Gruppenentscheidungen werden durch das Konzept der Gruppenpolarisierung und den Choice-Shift Effekt beschrieben.[778] Dabei bezieht sich die Gruppenpolarisierung auf die Veränderung der Präferenz eines Individuums nach einer Gruppendiskussion in Richtung der mehrheitlich präferierten Entscheidungsalternative. Der Choice-Shift Effekt bezeichnet hingegen die Extremierung einer Gruppenentscheidung im Sinne einer

---

[770] Vgl. Bazerman/ Giuliano/ Appelman (1984), S. 147-150 und siehe für eine weitere empirische Bestätigung auch Jensen et al. (2011).

[771] Vgl. Seibert/ Goltz (2001), S. 142-144; Whyte (1993), S. 441-446.

[772] Vgl. Sleesman et al. (2012), S. 553.

[773] Vgl. Janis (1982), S. 175; Janis (1971), S. 87 f.

[774] Vgl. Kameda/ Sugimori (1993), S. 283.

[775] Siehe für eine empirische Bestätigung Hutchinson/ Nite/ Bouchet (2015), S. 64.

[776] Vgl. Janis (1972), S. 9; Janis (1971), S. 87.

[777] In einer empirischen Untersuchung weisen Kameda/ Sugimori (1993) nach, dass initiale Gruppenentscheidungen, die unter Einstimmigkeit getroffen werden müssen, häufiger zur Eskalation von Commitment führen (vgl. Kameda/ Sugimori (1993), S. 285-287).

[778] Vgl. zu den folgenden Erläuterungen der beiden Phänomene z.B. Seibert/ Goltz (2001), S. 136 f.; Zuber/ Crott/ Werner (1992), S. 50. Für eine empirische Bestätigung siehe Moscovici/ Zavalloni (1969), S. 130-134.

Abweichung vom arithmetischen Mittelwert, welcher sich aus den Individualentscheidungen vor der Gruppendiskussion ergibt. Insbesondere in einem Eskalationskontext ist dabei zu beachten, dass Gruppen, die über einen möglichen Verlust von Geld oder Prestige entscheiden müssen, zur Auswahl riskanterer Entscheidungsalternativen tendieren als ein alleinverantwortlicher Entscheidungsträger.[779] Die Gefahr eskalierenden Commitments ist folglich bei Gruppenentscheidungen mindestens genauso ausgeprägt wie bei Individualentscheidungen.[780]

Eine Reduzierung oder bestenfalls Verhinderung der Eskalationstendenzen ist in Gruppenentscheidungen daher auch mindestens genauso wichtig wie bei Individualentscheidungen. Auch wenn die Entscheidung einer Gruppe nicht dem Durchschnitt aller individuellen Entscheidungen der Gruppenmitglieder entspricht, so bilden die letzteren in einer Gruppendiskussion sehr wohl die Basis für eine gemeinschaftliche Entscheidung.[781] Somit darf angenommen werden, dass die Disziplinierung der einzelnen Entscheidungsträger zur Berücksichtigung von Abbruchoptionen auch in einer Gruppenentscheidung eine eskalationsmindernde Wirkung erreicht. Darüber hinaus wäre die Verpflichtung zur Ermittlung und Beurteilung von Abbruchoptionen auch direkt im Rahmen der multipersonalen Entscheidung gültig. Inwieweit damit jedoch eine Gruppendiskussion beeinflusst wird, wäre in weiterführenden Studien zu analysieren.

Die eskalationsverstärkende Wirkung von Gruppendiskussionen ist zudem im Hinblick auf die grundsätzliche Erkenntnis, dass Eskalationstendenzen nicht immer über mehrere Folgeentscheidungen fortbestehen, relevant. Im Experiment dieser Untersuchung wurde aus Gründen der Komplexitätsreduktion lediglich über eine Folgeinvestition entschieden. Damit wurde von der Realität abstrahiert, da im Rahmen eines sequentiellen Investitionsprojektes im Allgemeinen von mehr als zwei Teilinvestitionen und daher von mehr als zwei Entscheidungszeitpunkten ausgegangen werden kann. Entgegen der Annahme einer Eskalationsschleife[782] zeigen verschiedene Laborstudien, dass Eskalationstendenzen eines Entscheidungsträgers bei anhaltend negativen Erfolgssignalen nicht persistent sind, sondern mit einer steigenden An-

[779] Vgl. Janis (1982), S. 174; Moscovici/ Zavalloni (1969), S. 125 f. und siehe für einen empirischen Beleg Wallach/ Kogan/ Bem (1964), S. 269-273; Stoner (1961), S. 51-57.

[780] Vgl. ähnlich Becker-Beck/ Wend (2008), S. 238.

[781] Dies kann insbesondere gefolgert werden, weil Extremierungstendenzen in ihrer Wirkungsrichtung von der Meinungsmehrheit einer Gruppe beeinflusst werden.

[782] Vgl. Staw/ Ross (1978), S. 40; Staw/ Fox (1977), S. 432; Staw (1976), S. 29.

zahl an Folgeentscheidungen abnehmen.[783] Es kann jedoch nicht ausgeschlossen werden, dass Probanden in den laborexperimentellen Untersuchungen bei wiederholten Fortführungs- und Investitionsentscheidungen ein erwünschtes Antwortverhalten vermuteten und zeigten. Dieser möglichen Erklärung der Studienergebnisse ist wiederum entgegenzuhalten, dass eine Deeskalation in späteren Folgeentscheidungen auch in der Realität beobachtet werden kann,[784] wenn keine Entscheidungsverzerrung aufgrund eines erwünschten Antwortverhaltens vorliegt.

Da die Eskalation von Commitment aber nicht erst im Zeitverlauf eines Investitionsprojektes zu Ineffizienzen führt und daher bereits ab der ersten Folgeentscheidung unterbunden werden sollte, behalten Maßnahmen zur Reduzierung von Eskalationstendenzen ihre ökonomische Relevanz. Zudem stellen Seibert/ Goltz (2001) fest, dass die Differenz zwischen Eskalationstendenzen von Gruppen und Individuen in den späteren Folgeentscheidungen wächst.[785] Wird also angenommen, dass (Teil-)Investitionsentscheidungen in der Realität von Gruppen getroffen werden, bleibt die frühzeitige und disziplinierte Berücksichtigung von Abbruchoptionen zur Verhinderung eskalierenden Commitments weiterhin bedeutsam.

Neben mehrzähligen Folgeentscheidungszeitpunkten wurde in der durchgeführten Untersuchung auch von mehrzähligen Entscheidungsalternativen abstrahiert. Denn abweichend von dem im Experiment präsentierten Investitionsentscheidungskontext können Entscheidungssituationen in der Realität selbstverständlich durch eine größere Alternativenmenge geprägt sein. Neben die Abbruchoption und die Projektfortführung treten häufig alternative Investitionsprojekte, die unter Ressourcenknappheit in Konkurrenz zum ursprünglich gewählten Projekt stehen und somit die Investitionsentscheidung beeinflussen können.

Der Einfluss von alternativen Investitionsprojekten auf die Eskalation von Commitment ist nicht vollkommen eindeutig. Im Allgemeinen wird angenommen, dass die Präsenz von Investitionsalternativen zu einer Verringerung eskalierenden Commitments führt. Diese Annahme beruht meist auf den Ergebnissen von Northcraft/ Neale (1986), die einen negativen Einfluss der Salienz von Opportunitätskosten auf die Eskalation von Commitment zeigen.[786] Darüber hinaus führen Schaubroeck/ Davis (1994) die Prospect Theorie als Erklärung an. Dabei gehen

783 Vgl. Seibert/ Goltz (2001), S. 144; Goltz (1992), S. 365-370; McCain (1986), S. 282 f.; Staw/ Fox (1977), S. 443-445.

784 Vgl. z.B. Drummond (1998), S. 921.

785 Vgl. Seibert/ Goltz (2001), S. 143.

786 Vgl. Fox/ Bizman/ Huberman (2009), S. 432; Karlsson/ Juliusson/ Gärling (2005), S. 839; Keil/ Truex III/ Mixon (1995), S. 374; Schaubroeck/ Davis (1994), S. 65 f. und siehe Northcraft/ Neale (1986), S. 353 f.

sie davon aus, dass Entscheidungsträger in einem Eskalationskontext zwar grundsätzlich zu risikofreudigem Verhalten neigen, aber dennoch eine weniger riskante Alternative präferieren, wenn diese der Rückgewinnung versunkener Kosten dienlich ist.[787]

Entsprechend konnte in verschiedenen Studien bestätigt werden, dass die Bereitstellung von Informationen über Investitionsalternativen und deren explizite Beachtung in der Fortführungsentscheidung die Eskalationstendenzen verringern und stattdessen zur Wahl einer dominanten Alternative führen.[788] Weisen die zukünftigen Zahlungsprofile des ursprünglich gewählten Investitionsprojektes und der Investitionsalternative keine wesentlichen Unterschiede auf, so wird hingegen das Ursprungsprojekt fortgeführt.[789] Seibert/ Goltz (2001) sowie Fox/ Bizman/ Huberman (2009) können hingegen keine eskalationsmindernde Wirkung durch verfügbare und gleichzeitig dominante Investitionsalternativen feststellen.[790] Daher vermuten Seibert/ Goltz (2001), dass ein eskalationsmindernder Effekt durch die Verfügbarkeit von Investitionsalternativen davon abhängig ist, als wie viel profitabler der Entscheidungsträger die alternativen Investitionsmöglichkeiten gegenüber dem ursprünglichen Investitionsprojekt wahrnimmt.[791]

Grundsätzlich ist also anzunehmen, dass die Beachtung von Investitionsalternativen zumindest in einigen Fällen zu einer Verringerung von Eskalationstendenzen beitragen kann. Solche Maßnahmen, die einen Entscheidungsträger zur Generierung von alternativen Handlungsmöglichkeiten zwingen, können mithin ein effektives Instrument zur Reduzierung von eskalierendem Commitment darstellen.[792] Diese Erkenntnis widerspricht nicht der eskalationsmindernden Wirkung einer Berücksichtigung von Abbruchoptionen, sondern liefert vielmehr ein bestätigendes Argument. Denn auch wenn die Abbruchoption keine Investitionsalternative darstellt, ist sie dennoch eine Handlungsalternative, die durch einen Zahlungsstrom charakterisiert werden kann. Dieser Zahlungsstrom entspricht, ebenso wie bei einer Investitionsalterna-

---

[787] Vgl. Schaubroeck/ Davis (1994), S. 65.

[788] Vgl. Ting (2011), S. 103; Karlsson/ Gärling/ Bonini (2005), S. 69-71; Posavac/ Sanbonmatsu/ Fazio (1997), S. 255-259; Keil/ Truex III/ Mixon (1995), S. 376; Schaubroeck/ Davis (1994), S. 75 f.; McCain (1986), S. 282.

[789] Vgl. Karlsson/ Gärling/ Bonini (2005), S. 69-71; Schaubroeck/ Davis (1994), S. 71 f. Die Autoren unterstellen damit einen Nachweis eskalierenden Commitments. Bei einer zwingenden Entscheidung zwischen den gleichwertigen Alternativen, in der ein Projektabbruch nicht zur Wahl gestellt wird, kann die Projektfortführung jedoch nicht als ein Beleg für eskalierendes Commitment betrachtet werden.

[790] Vgl. Fox/ Bizman/ Huberman (2009), S. 436-438; Seibert/ Goltz (2001), S. 148 f. Zudem können Fox/ Bizman/ Huberman (2009) zeigen, dass die Anzahl der verfügbaren Investitionsalternativen keinen Einfluss auf die Eskalation von Commitment hat (vgl. Fox/ Bizman/ Huberman (2009), S. 436 f.).

[791] Vgl. Seibert/ Goltz (2001), S. 149.

[792] Vgl. Keil/ Truex III/ Mixon (1995), S. 378.

tive, den Opportunitätskosten bei einer Fortführung des scheiternden Projektes. Ob der Projektabbruch von der gleichzeitigen Realisierung eines alternativen Investitionsprojektes begleitet wird, ist eine andere Fragestellung. Die disziplinierte Berücksichtigung von Abbruchoptionen vermag aber selbst dann zur Deeskalation in einem scheiternden Projekt beitragen, wenn keine Investitionsalternativen zur Verfügung stehen. Somit behält der Realoptionsansatz seine Relevanz als Instrument zur Verhinderung eskalierenden Commitments in sequentiellen Investitionsprojekten bei.

IV. Fazit

Im Zentrum dieser Untersuchung stand die Frage, ob das Ausmaß eskalierenden Commitments in sequentiellen Investitionsentscheidungen verringert werden kann, wenn anstelle der Kapitalwertmethode die Realoptionsmethode zur Entscheidungsunterstützung herangezogen wird. Die Relevanz einer solchen eskalationsmindernden Wirkung resultiert aus der suboptimalen Ressourcenallokation und damit der Ineffizienz, die mit der Eskalation von Commitment verbunden ist, sowie der Tatsache, dass eskalierendes Commitment in Investitionsprojekten ein häufig zu beobachtendes Phänomen darstellt.

Die Überlegung, dass eine breitere informatorische Fundierung zur Rationalitätssicherung bei Investitionsentscheidungen beitragen kann und dabei in einem Eskalationskontext insbesondere eine erhöhte Salienz der Möglichkeit eines Projektabbruchs und der damit verbundenen Zahlungskonsequenzen erstrebenswert ist, führte zu der Annahme, dass der Realoptionsansatz ein effektives Instrument zur Verringerung von Eskalationstendenzen sein könnte. Denn der Realoptionsansatz stellt ein Verfahren zur Erfassung von solchen Wertkomponenten dar, die auf der flexiblen Ausnutzung von Handlungsspielräumen beruhen, und fördert dementsprechend auch bei konsequenter Anwendung die Berücksichtigung von Abbruchoptionen.

Mithilfe eines Experimentes konnte empirisch gezeigt werden, dass die Anwendung der Realoptionsmethode im Vergleich zur Kapitalwertmethode tatsächlich eine statistisch signifikante Verringerung eskalierenden Commitments durch Entscheidungsträger in einem sequentiellen Investitionsprojekt bewirkt. Dabei kann auf Basis der Ergebnisse gefolgert werden, dass der Realoptionsansatz bereits als mentales Modell zu einer erhöhten Salienz von Abbruchoptionen und deren Berücksichtigung im Entscheidungsprozess führt. Das Verständnis von einer Fortführung sequentieller Investitionsprojekte als Recht und nicht als Pflicht, gemäß derer jede Teilinvestition automatisch getätigt werden müsste, und eine entsprechende Auseinandersetzung mit den Zahlungskonsequenzen eines möglichen Projektabbruchs sind demnach zentrale Bestandteile einer Strategie zur Verhinderung eskalierenden Commitments mithilfe des Realoptionsansatzes.

Die Institutionalisierung eines Bewertungsansatzes im Rahmen des strategischen Investitionsmanagements stellt sodann einen strukturellen Bestimmungsgrund eskalierenden Commitments dar. Damit bleibt jedoch eine Vielzahl weiterer Determinanten, welche in projektbezogene, psychologische, soziale und strukturelle Bestimmungsgründe kategorisiert werden können, unbeachtet. Daher kann nicht grundsätzlich angenommen werden, dass die eskalationsmindernde Wirkung einer Anwendung des Realoptionsansatzes ein unter jeglichen Entscheidungsrahmenbedingungen homogener Effekt ist, der zudem nicht von persönlichen Eigenschaften des Entscheidungsträgers verändert wird.

Eine Inhomogenität der eskalationsmindernden Wirkung der Realoptionsmethode kann durch den Nachweis von Interaktionseffekten aufgedeckt werden. Aus diesem Grund wurde die empirische Untersuchung um die Analyse des Einflusses von solchen projektbezogenen und psychologischen Moderatorvariablen erweitert, deren theoretische Relevanz sowohl in der Eskalationsforschung als auch in der Realoptionsforschung begründet liegt. Durch Manipulation im Experiment konnten zum einen der Fertigstellungsgrad und das Projektrisiko, im Sinne einer marginalen Erfolgswahrscheinlichkeit, auf ihren jeweiligen moderierenden Einfluss hin untersucht werden. Mithilfe einer standardisierten schriftlichen Befragung konnten zum anderen als persistente Eigenschaften der Entscheidungsträger ihr Optimismus, ihre Kontrollüberzeugung, ihre Selbstwirksamkeitserwartung, ihre Risikointoleranz sowie ihre Neigung zu antizipiertem Bedauern valide und reliabel gemessen und in die Analyse einbezogen werden. Einzig die Ungewissheitsintoleranz musste aufgrund einer zu geringen Güte der Messung des latenten Konstruktes aus der Analyse von Interaktionseffekten ausgeschlossen werden.

Die statistische Untersuchung der Interaktionseffekte offenbarte sowohl für die projektbezogenen als auch für die betrachteten psychologischen Einflussfaktoren keine verändernde Wirkung auf die Beziehung zwischen der Bewertungsmethode und der Eskalation von Commitment. Somit konnten die Interaktionshypothesen falsifiziert werden, während damit gleichzeitig die konkurrierenden Hypothesen eines stabilen eskalationsmindernden Effektes der Realoptionsmethode bekräftigt wurden. Dabei ist jedoch stets zu berücksichtigen, dass die empirische Falsifikation einer Hypothese nicht immer bedeuten muss, dass die theoretischen Überlegungen, auf denen die Hypothese basiert, falsch sind.[793] So kann insbesondere eine irrtümliche Ablehnung von Interaktionshypothesen aufgrund der geringen Teststärke der moderierten multiplen Regressionsanalyse nicht ausgeschlossen werden. Zudem stellt das laborexperimentelle Forschungsdesign eine potentielle Limitation für die externe Validität der Ergebnisse dar.

793 Vgl. z.B. Tetens (2013), S. 66; Schnell/ Hill/ Esser (2013), S. 442 f.; Backhaus et al. (2011), S. 80.

Ohnehin wird eine vollständige Verhinderung eskalierenden Commitments durch die Vorgabe einer konkreten Bewertungsmethode sowie die zwingende Beachtung von Abbruchoptionen nicht immer möglich sein, da nicht anzunehmen ist, dass jede der vielfältigen Ursachen von Eskalationstendenzen stets kompensiert werden kann. Auf Basis der experimentell gewonnenen Daten kann jedoch geschlossen werden, dass der Realoptionsansatz zumindest grundsätzlich ein effektives und robustes Steuerungsinstrument zur Verringerung der Eskalation von Commitment darstellt.

Im Sinne des pragmatischen betriebswirtschaftlichen Wissenschaftssubziels kann dementsprechend eine gestaltende Ziel-Mittel-Beziehung unterstellt werden, wobei unter der normativen Vorgabe einer Erzielung von Effizienzvorteilen die zwingende Anwendung des Realoptionsansatzes und insbesondere die Berücksichtigung von Abbruchoptionen im strategischen Investitionsmanagement zu empfehlen ist. Auf diese Weise wird nicht verhindert, dass erfolgversprechende Investitionsprojekte realisiert werden, aber die ineffiziente Fortführung gescheiterter Projekte wird gehemmt. Mit dieser Erkenntnis wird die Zielsetzung der Arbeit, zu einer ökonomischen Rationalitätssicherung im Sinne einer optimalen Ressourcenallokation in Unternehmen durch die Verringerung von eskalierendem Commitment beizutragen, erreicht.

Diese Studie liefert mithin sowohl einen wissenschaftlichen Beitrag zur Eskalations- sowie Realoptionsforschung als auch eine effizienzsteigernde Empfehlung für die Praxis des strategischen Investitionsmanagements. Darüber hinaus regen Überlegungen zur eskalationsmindernden Wirkung der Realoptionsmethode in Gruppenentscheidungen zu weitergehenden Untersuchungen an.

Anhang

Anhang 1: Fragebogen (Befragung: Teil 1) der Experimentalgruppe (Fallbeschreibung mit geringem Risiko und geringem Fertigstellungsgrad) inklusive der Manipulationscheck- und Zusatzfragen

HEINRICH HEINE
UNIVERSITÄT DÜSSELDORF

Wirtschaftswissenschaftliche Fakultät
Lehrstuhl für Betriebswirtschaftslehre, insbes. Finanzierung und Investition

Svenja Mangold, M.Sc.
Universitätsstr. 1, 40225 Düsseldorf
Gebäude 24.31 Raum 02.04
Tel.: 0211/81-10244, Fax 0211/81-15157
E-Mail: Svenja.Mangold@hhu.de
www.infi.hhu.de

Dies ist eine anonyme Befragung.
Es erfolgen keinerlei Rückschlüsse auf Ihre Person!

Die Untersuchung dient nur wissenschaftlichen Zwecken. Die gewonnenen Daten werden vertraulich behandelt und ausschließlich für den Untersuchungszweck genutzt. Die Teilnahme ist freiwillig.

Wie bitten Sie um gewissenhafte Beantwortung der Fragen.

Der Fragebogen besteht aus zwei Teilen.
Bitte beantworten Sie diese unabhängig voneinander, da sie verschiedenen Untersuchungszwecken dienen.

Vielen Dank für Ihre Teilnahme!

1 | Seite

Befragung: Teil 1

Befragung: Teil 1

Sie erhalten einen Fall, in dem Sie die Rolle des Finanzvorstandes eines Unternehmens übernehmen. Ihnen wird ein Investitionsprojekt präsentiert und Sie müssen entscheiden, ob Sie in das Projekt investieren wollen oder nicht. Für Ihre Entscheidung werden Sie entsprechende Berechnungen vornehmen müssen.

Regeln:

- Diskutieren Sie den Fragebogen bitte nicht mit Ihren Nachbarn.
- Es ist wichtig, dass Sie nicht im Text vorauslesen. Bitte beantworten Sie die Fragen und lesen Sie erst dann im Text weiter.
- Sie dürfen zu vorherigen Antworten zurückblättern. Aber bitte ändern Sie diese nicht im Nachhinein.
- Sie können zunächst die Anleitung zu der Bewertungsmethodik des Unternehmens lesen, bevor Sie mit dem Fall starten. Diese dürfen Sie während der Beantwortung der Fragen stets zu Hilfe nehmen.
- Sie dürfen einen Taschenrechner benutzen.

2 | Seite

Befragung: Teil 1

Bewertungsmethodik des Unternehmens: Realoptionsmethode

Der Realoptionsansatz ist eine Methode zur Bewertung realer Investitionsprojekte von Unternehmen. Dabei wird der Wert bestimmter Realoptionen zusätzlich zum Wert der abgezinsten Zahlungsströme berücksichtigt. Eine mögliche Realoption ist die Abbruchoption. Diese beinhaltet das Recht, aber nicht die Pflicht, ein Investitionsprojekt während seiner Laufzeit abzubrechen und die zugehörigen Vermögensgegenstände zu verkaufen.

Um den Wert eines Investitionsprojektes mit einer Abbruchoption gemäß der Realoptionsmethode zu ermitteln, müssen folgende Schritte befolgt werden:

- Bestimmen Sie, welche Zahlungsströme mit welcher Wahrscheinlichkeit aus dem Projekt erwartet werden.
- Berechnen Sie den Gegenwartswert der möglichen Zahlungsströme des Projektes. Hierzu wird der Zahlungsstrom jeder Periode mit einem Diskontierungsfaktor multipliziert. Dieser lautet für eine Periode t:

  $$d = \frac{1}{(1+r)^t}$$

  wobei r die geforderte Mindestverzinsung und t die Zeit in Jahren angibt. Bilden Sie anschließend die Summe der Periodenwerte für einen Zahlungsstrom.
- Vergleichen Sie nun jeweils die Gegenwartswerte der Zahlungsströme mit dem Gegenwartswert derjenigen Zahlungen, die bei einem Projektabbruch entstehen und wählen Sie jeweils den höheren Wert aus.
- Der Wert des Investitionsprojektes ergibt sich wie folgt: Bilden Sie die Summe der mit den Eintrittswahrscheinlichkeiten gewichteten Gegenwartswerte der zuvor ausgewählten Alternativen (Fortführung vs. Abbruch). Subtrahieren Sie die Investitionsauszahlungen für das Projekt.
- Im Falle von Investitionsalternativen, ist jene mit dem höchsten Kapitalwert vorzuziehen.

Das folgende Zahlenbeispiel soll die Bewertungsmethodik noch deutlicher machen.

Rechenbeispiel:

Das Projekt X benötigt eine anfängliche Investitionszahlung in Höhe von 90.000 € und hat einen Lebenszyklus von 3 Jahren. Nachdem der Betrag investiert wurde, sind zwei verschiedene Szenarien denkbar, nach denen sich die Netto-Zahlungsströme des Projektes entwickeln können.
Im schlechten Fall beträgt der jährliche Zahlungsstrom 15.000 €. Hierfür liegt die Wahrscheinlichkeit bei 30%. Mit einer Wahrscheinlichkeit von 70% wird hingegen in den nächsten drei Jahren ein jährlicher Zahlungsstrom von 55.000 € erzielt. Die geforderte Mindestverzinsung liegt bei 15% p.a. Es besteht die Option, das Projekt jederzeit im Laufe des ersten Jahres vorzeitig abzubrechen. In diesem Fall werden Sie 60% des bis dahin investierten Kapitals zurückerhalten (keine Diskontierung, da im ersten Jahr!).

3 | Seite

Befragung: Teil 1

Berechnung:

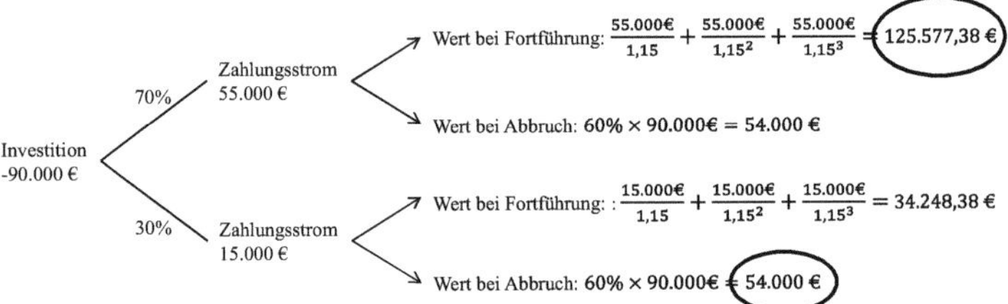

Bei Eintritt des guten Falls (Zahlungsstrom = 55.000 €), würde sich das Unternehmen für die Fortführung entscheiden und bei Eintritt des schlechten Falls (Zahlungsstrom = 15.000 €) für den Abbruch, weil der jeweilige Wert am höchsten ist.

Gegenwartswert des Projektes:

$$\underset{\text{(Guter Fall)}}{70\% \times 125.577{,}38\,€} + \underset{\text{(Schlechter Fall)}}{30\% \times 54.000\,€} - \underset{\text{(Investition)}}{90.000\,€} = \mathbf{14.104{,}17\,€}$$

Der Wert des Projektes ist positiv, also sollte das Investitionsprojekt X realisiert werden.

Diese Anleitung zur Bewertungsmethodik des Unternehmens dient der Auffrischung Ihrer Kenntnisse und Sie dürfen während der Berechnungen, die zur Ausfüllung des Fragebogens notwendig sind, jederzeit wieder das Beispiel anschauen.

Befragung: Teil 1

Fallbeschreibung:

Sie sind der Finanzvorstand eines Technologieunternehmens. Zu Ihrem Verantwortungsbereich gehören die Beurteilung der Wirtschaftlichkeit von neuen und laufenden Investitionsprojekten sowie die Entscheidung über die Realisation bzw. Fortsetzung der Projekte. Diese Aufgabe ist für Sie persönlich sehr wichtig, da ein Teil Ihrer variablen Vergütung vom Erfolg der von Ihnen ausgewählten Projekte abhängt. Aktuell haben Sie den Vorschlag für das folgende neue Investitionsprojekt vorliegen:

Die Abteilung für Forschung und Entwicklung hat einen marktfähigen Akku für Mobiltelefone entwickelt, der neben der üblichen Stromzufuhr über das Akkuladegerät auch durch Solarzellen mit Sonnenenergie aufgeladen werden kann. Um die entsprechende Produktionstechnologie aufzubauen, ist eine anfängliche Investition in Höhe von 100 Mio. € erforderlich. Während des ersten Jahres kann die Produktionstechnologie jederzeit für 70% des bis dahin investierten Kapitals verkauft werden (in diesem Fall werden darüber hinaus keine Einzahlungen mehr aus dem Projekt selbst realisiert). Die Marketing-Abteilung gibt an, dass sich der Markt für den Akku entweder positiv oder negativ entwickeln kann. Mit einer Wahrscheinlichkeit von 60% können in den nächsten drei Jahren jährliche Netto-Zahlungsströme in Höhe von 70 Mio. € erzielt werden. Mit einer Wahrscheinlichkeit von 40% liegen die jährlichen Netto-Zahlungsströme in den nächsten drei Jahren hingegen nur bei 25 Mio. €. Damit liegt der erwartete Zahlungsstrom bei 52 Mio. € pro Jahr (0,6 x 70 Mio. € + 0,4 x 25 Mio. €). Die geforderte Mindestverzinsung des Unternehmens liegt bei 12% p.a.

Für die Investitionsrechnung und -planung ist unternehmensweit die Realoptionsmethode verpflichtend vorgegeben. Ihre Entscheidung sollte nicht von der Produktidee abhängen, sondern allein auf der Wirtschaftlichkeit des Projektes basieren.

Platz für Rechnungen:

Werden Sie das Investitionsprojekt realisieren?

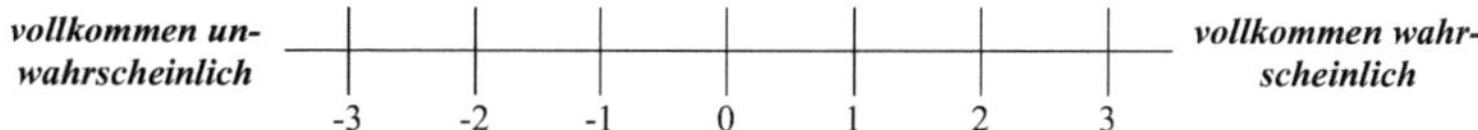

5 | Seite

Befragung: Teil 1

Bitte begründen Sie kurz Ihre Entscheidung:

____

____

____

Wenn Sie Ihre Entscheidung getroffen haben, können Sie nun weiter lesen. Bitte ändern Sie nun nicht mehr Ihre bisherigen Antworten!

Das Investitionsprojekt wurde für lohnend befunden und mit dem Bau der Produktionstechnologie begonnen. Da erhalten Sie nach drei Monaten die folgende E-Mail des Vorstandsvorsitzenden:

„Ich habe soeben von der Marketing-Abteilung erfahren, dass unser großer Konkurrent MoTech begonnen hat, ebenfalls einen solarbetriebenen Akku für Mobiltelefone zu vermarkten. Diese Entwicklung hat Auswirkungen auf die Nachfrage nach unserem Produkt. Wir werden in den drei Jahren nur noch jährliche Netto-Zahlungsströme in Höhe von 25 Mio. € erzielen. Wir haben 40% der Produktionstechnologie fertiggestellt und somit bereits 40 Mio. € investiert. Jetzt müssten wir noch 60 Mio. € investieren. Berücksichtigen Sie daher, neben den Netto-Zahlungsströmen, nur die 60 Mio. € als Auszahlung bei weiteren Bewertungen."

Sie müssen entscheiden, ob Sie das Projekt fortführen wollen oder nicht. Nutzen Sie erneut die Realoptionsmethode, um eine Entscheidung zu treffen.

Platz für Rechnungen:

Werden Sie das Investitionsprojekt fortführen?

vollkommen unwahrscheinlich	-3	-2	-1	0	1	2	3	***vollkommen wahrscheinlich***

Befragung: Teil 1

Bitte begründen Sie kurz Ihre Entscheidung:

Bitte geben Sie nun noch an, in welchem Ausmaß Sie den folgenden Aussagen zustimmen. (-3 = stimme gar nicht zu bis 3 = stimme voll zu)

	-3	-2	-1	0	1	2	3
Das Unternehmen nutzt die Kapitalwertmethode zur Projektbewertung.							
Das Unternehmen nutzt die Realoptionsmethode zur Projektbewertung.							
Der Markteintritt des Konkurrenten bedroht den Erfolg des Projektes.							
Die Fortsetzung des Projektes nach Markteintritt des Konkurrenten ist mit einem Risiko verbunden.							
Die Produktionstechnologie war bei Markteintritt des Konkurrenten nahezu fertiggestellt.							
Die Produktionstechnologie war bei Markteintritt des Konkurrenten soweit fertiggestellt, dass ich das Projekt deswegen nicht mehr abbrechen würde.							
Die Möglichkeit eines Projektabbruchs habe ich bewusst in meine Entscheidungen einbezogen.							
Ich fühle mich für die Realisation des Projektes verantwortlich.							
In meinem Studium habe ich Kenntnisse über die Kapitalwertmethode erlangt.							
In meinem Studium habe ich Kenntnisse über die Realoptionsmethode erlangt.							

Anhang 2: Fragebogen (Befragung: Teil 1) der Experimentalgruppe Seite 6 (Fallbeschreibung mit hohem Risiko und geringem Fertigstellungsgrad)

Befragung: Teil 1

Bitte begründen Sie kurz Ihre Entscheidung:

Wenn Sie Ihre Entscheidung getroffen haben, können Sie nun weiter lesen. Bitte ändern Sie nun nicht mehr Ihre bisherigen Antworten!

Das Investitionsprojekt wurde für lohnend befunden und mit dem Bau der Produktionstechnologie begonnen. Da erhalten Sie nach drei Monaten die folgende E-Mail des Vorstandsvorsitzenden:

„Ich habe soeben von der Marketing-Abteilung erfahren, dass unser großer Konkurrent MoTech begonnen hat, ebenfalls einen solarbetriebenen Akku für Mobiltelefone zu vermarkten. Diese Entwicklung hat Auswirkungen auf die Nachfrage nach unserem Produkt. Wir werden in den drei Jahren zu 99% jährliche Netto-Zahlungsströme in Höhe von 25 Mio. € und nur zu 1% jährliche Netto-Zahlungsströme in Höhe von 70 Mio. € erzielen. Damit liegt der erwartete Zahlungsstrom bei 25,45 Mio. € pro Jahr. Wir haben 40% der Produktionstechnologie fertiggestellt und somit bereits 40 Mio. € investiert. Jetzt müssten wir noch 60 Mio. € investieren. Berücksichtigen Sie daher, neben den Netto-Zahlungsströmen, nur die 60 Mio. € als Auszahlung bei weiteren Bewertungen."

Sie müssen entscheiden, ob Sie das Projekt fortführen wollen oder nicht. Nutzen Sie erneut die Realoptionsmethode, um eine Entscheidung zu treffen.

Platz für Rechnungen:

Werden Sie das Investitionsprojekt fortführen?

vollkommen unwahrscheinlich	-3	-2	-1	0	1	2	3	***vollkommen wahrscheinlich***

6 | Seite

Anhang 3: Fragebogen (Befragung: Teil 1) der Experimentalgruppe Seite 6 (Fallbeschreibung mit geringem Risiko und hohem Fertigstellungsgrad)

Befragung: Teil 1

Bitte begründen Sie kurz Ihre Entscheidung:

Wenn Sie Ihre Entscheidung getroffen haben, können Sie nun weiter lesen. Bitte ändern Sie nun nicht mehr Ihre bisherigen Antworten!

Das Investitionsprojekt wurde für lohnend befunden und mit dem Bau der Produktionstechnologie begonnen. Da erhalten Sie nach drei Monaten die folgende E-Mail des Vorstandsvorsitzenden:

„Ich habe soeben von der Marketing-Abteilung erfahren, dass unser großer Konkurrent MoTech begonnen hat, ebenfalls einen solarbetriebenen Akku für Mobiltelefone zu vermarkten. Diese Entwicklung hat Auswirkungen auf die Nachfrage nach unserem Produkt. Wir werden in den drei Jahren nur noch jährliche Netto-Zahlungsströme in Höhe von 25 Mio. € erzielen. Wir haben 90% der Produktionstechnologie fertiggestellt und somit bereits 90 Mio. € investiert. Jetzt müssten wir noch 10 Mio. € investieren. Berücksichtigen Sie daher, neben den Netto-Zahlungsströmen, nur die 10 Mio. € als Auszahlung bei weiteren Bewertungen."

Sie müssen entscheiden, ob Sie das Projekt fortführen wollen oder nicht. Nutzen Sie erneut die Realoptionsmethode, um eine Entscheidung zu treffen.

Platz für Rechnungen:

Werden Sie das Investitionsprojekt fortführen?

vollkommen unwahrscheinlich	-3	-2	-1	0	1	2	3	***vollkommen wahrscheinlich***

6 | Seite

Anhang 4: Fragebogen (Befragung: Teil 1) der Experimentalgruppe Seite 6 (Fallbeschreibung mit hohem Risiko und hohem Fertigstellungsgrad)

Befragung: Teil 1

Bitte begründen Sie kurz Ihre Entscheidung:

Wenn Sie Ihre Entscheidung getroffen haben, können Sie nun weiter lesen. Bitte ändern Sie nun nicht mehr Ihre bisherigen Antworten!

Das Investitionsprojekt wurde für lohnend befunden und mit dem Bau der Produktionstechnologie begonnen. Da erhalten Sie nach drei Monaten die folgende E-Mail des Vorstandsvorsitzenden:

„Ich habe soeben von der Marketing-Abteilung erfahren, dass unser großer Konkurrent MoTech begonnen hat, ebenfalls einen solarbetriebenen Akku für Mobiltelefone zu vermarkten. Diese Entwicklung hat Auswirkungen auf die Nachfrage nach unserem Produkt. Wir werden in den drei Jahren zu 99% jährliche Netto-Zahlungsströme in Höhe von 25 Mio. € und nur zu 1% jährliche Netto-Zahlungsströme in Höhe von 70 Mio. € erzielen. Damit liegt der erwartete Zahlungsstrom bei 25,45 Mio. € pro Jahr. Wir haben 90% der Produktionstechnologie fertiggestellt und somit bereits 90 Mio. € investiert. Jetzt müssten wir noch 10 Mio. € investieren. Berücksichtigen Sie daher, neben den Netto-Zahlungsströmen, nur die 10 Mio. € als Auszahlung bei weiteren Bewertungen."

Sie müssen entscheiden, ob Sie das Projekt fortführen wollen oder nicht. Nutzen Sie erneut die Realoptionsmethode, um eine Entscheidung zu treffen.

Platz für Rechnungen:

Werden Sie das Investitionsprojekt fortführen?

vollkommen unwahrscheinlich	-3	-2	-1	0	1	2	3	***vollkommen wahrscheinlich***

Anhang 5: Fragebogen (Befragung: Teil 1) der Referenzgruppe (Fallbeschreibung mit geringem Risiko und geringem Fertigstellungsgrad) inklusive der Manipulationscheck- und Zusatzfragen

Wirtschaftswissenschaftliche Fakultät
Lehrstuhl für Betriebswirtschaftslehre, insbes. Finanzierung und Investition

Svenja Mangold, M.Sc.
Universitätsstr. 1, 40225 Düsseldorf
Gebäude 24.31 Raum 02.04
Tel.: 0211/81-10244, Fax 0211/81-15157
E-Mail: Svenja.Mangold@hhu.de
www.infi.hhu.de

Dies ist eine anonyme Befragung.
Es erfolgen keinerlei Rückschlüsse auf Ihre Person!

Die Untersuchung dient nur wissenschaftlichen Zwecken. Die gewonnenen Daten werden vertraulich behandelt und ausschließlich für den Untersuchungszweck genutzt. Die Teilnahme ist freiwillig.

Wie bitten Sie um gewissenhafte Beantwortung der Fragen.

Der Fragebogen besteht aus zwei Teilen.
Bitte beantworten Sie diese unabhängig voneinander, da sie verschiedenen Untersuchungszwecken dienen.

Vielen Dank für Ihre Teilnahme!

1 | Seite

Befragung: Teil 1

Sie erhalten einen Fall, in dem Sie die Rolle des Finanzvorstandes eines Unternehmens übernehmen. Ihnen wird ein Investitionsprojekt präsentiert und Sie müssen entscheiden, ob Sie in das Projekt investieren wollen oder nicht. Für Ihre Entscheidung werden Sie entsprechende Berechnungen vornehmen müssen.

Regeln:

- Diskutieren Sie den Fragebogen bitte nicht mit Ihren Nachbarn.
- Es ist wichtig, dass Sie nicht im Text vorauslesen. Bitte beantworten Sie die Fragen und lesen Sie erst dann im Text weiter.
- Sie dürfen zu vorherigen Antworten zurückblättern. Aber bitte ändern Sie diese nicht im Nachhinein.
- Sie können zunächst die Anleitung zu der Bewertungsmethodik des Unternehmens lesen, bevor Sie mit dem Fall starten. Diese dürfen Sie während der Beantwortung der Fragen stets zu Hilfe nehmen.
- Sie dürfen einen Taschenrechner benutzen.

Befragung: Teil 1

Bewertungsmethodik des Unternehmens: Kapitalwertmethode

Die Kapitalwertmethode ist eine Standardmethode im Rahmen der Investitionsbewertung. Folgende Schritte sind für die Berechnung des Projektwertes (auch Kapitalwert genannt) zu unternehmen:

- Bestimmen Sie, welche Zahlungsströme mit welcher Wahrscheinlichkeit aus dem Projekt erwartet werden.
- Ermitteln Sie den erwarteten Zahlungsstrom, indem Sie die Summe der möglichen Zahlungsströme, gewichtet mit der jeweiligen Eintrittswahrscheinlichkeit, bilden.
- Berechnen Sie den Gegenwartswert des erwarteten Zahlungsstroms des Projektes. Hierzu wird die erwartete Zahlung jeder Periode mit einem Diskontierungsfaktor multipliziert. Dieser lautet für eine Periode t:

$$d = \frac{1}{(1+r)^t}$$

  wobei r die geforderte Mindestverzinsung und t die Zeit in Jahren angibt.
- Bestimmen Sie den Kapitalwert des Projektes durch Aufsummierung der Gegenwartswerte aller Perioden. Projekte mit einem negativen Kapitalwert sollten nicht realisiert werden.
- Im Falle von Investitionsalternativen, ist jene mit dem höchsten Kapitalwert vorzuziehen.

Das folgende Zahlenbeispiel soll die Bewertungsmethodik noch deutlicher machen.

Rechenbeispiel:

Das Projekt X benötigt eine anfängliche Investitionszahlung in Höhe von 90.000 € und hat einen Lebenszyklus von 3 Jahren. Nachdem der Betrag investiert wurde, sind zwei verschiedene Szenarien denkbar, nach denen sich die Netto-Zahlungsströme des Projektes entwickeln können.
Im schlechten Fall beträgt der jährliche Zahlungsstrom 15.000 €. Hierfür liegt die Wahrscheinlichkeit bei 30%. Mit einer Wahrscheinlichkeit von 70% wird hingegen in den nächsten drei Jahren ein jährlicher Zahlungsstrom von 55.000 € erzielt. Die geforderte Mindestverzinsung liegt bei 15% p.a. Es besteht die Option, das Projekt jederzeit im Laufe des ersten Jahres vorzeitig abzubrechen. In diesem Fall werden Sie 60% des bis dahin investierten Kapitals zurückerhalten (keine Diskontierung, da im ersten Jahr!).

Berechnung:

Erwarteter jährlicher Zahlungsstrom: $0{,}3 \times 15.000€ + 0{,}7 \times 55.000€ = \mathbf{43.000}$

Gegenwartswert der Zahlungsströme:

$$-90.000€ + \frac{43.000€}{1{,}15} + \frac{43.000€}{1{,}15^2} + \frac{43.000€}{1{,}15^3} = \mathbf{8.178{,}68€}$$

Der Kapitalwert ist positiv, also sollte das Investitionsprojekt X realisiert werden.

Diese Anleitung zur Bewertungsmethodik des Unternehmens dient der Auffrischung Ihrer Kenntnisse und Sie dürfen während der Berechnungen, die zur Ausfüllung des Fragebogens notwendig sind, jederzeit wieder das Beispiel anschauen.

Befragung: Teil 1

Fallbeschreibung:

Sie sind der Finanzvorstand eines Technologieunternehmens. Zu Ihrem Verantwortungsbereich gehören die Beurteilung der Wirtschaftlichkeit von neuen und laufenden Investitionsprojekten sowie die Entscheidung über die Realisation bzw. Fortsetzung der Projekte. Diese Aufgabe ist für Sie persönlich sehr wichtig, da ein Teil Ihrer variablen Vergütung vom Erfolg der von Ihnen ausgewählten Projekte abhängt. Aktuell haben Sie den Vorschlag für das folgende neue Investitionsprojekt vorliegen:

Die Abteilung für Forschung und Entwicklung hat einen marktfähigen Akku für Mobiltelefone entwickelt, der neben der üblichen Stromzufuhr über das Akkuladegerät auch durch Solarzellen mit Sonnenenergie aufgeladen werden kann. Um die entsprechende Produktionstechnologie aufzubauen, ist eine anfängliche Investition in Höhe von 100 Mio. € erforderlich. Während des ersten Jahres kann die Produktionstechnologie jederzeit für 70% des bis dahin investierten Kapitals verkauft werden (in diesem Fall werden darüber hinaus keine Einzahlungen mehr aus dem Projekt selbst realisiert). Die Marketing-Abteilung gibt an, dass sich der Markt für den Akku entweder positiv oder negativ entwickeln kann. Mit einer Wahrscheinlichkeit von 60% können in den nächsten drei Jahren jährliche Netto-Zahlungsströme in Höhe von 70 Mio. € erzielt werden. Mit einer Wahrscheinlichkeit von 40% liegen die jährlichen Netto-Zahlungsströme in den nächsten drei Jahren hingegen nur bei 25 Mio. €. Damit liegt der erwartete Zahlungsstrom bei 52 Mio. € pro Jahr (0,6 x 70 Mio. € + 0,4 x 25 Mio. €). Die geforderte Mindestverzinsung des Unternehmens liegt bei 12% p.a.

Für die Investitionsrechnung und -planung ist unternehmensweit die Kapitalwertmethode verpflichtend vorgegeben. Ihre Entscheidung sollte nicht von der Produktidee abhängen, sondern allein auf der Wirtschaftlichkeit des Projektes basieren.

Platz für Rechnungen:

Werden Sie das Investitionsprojekt realisieren?

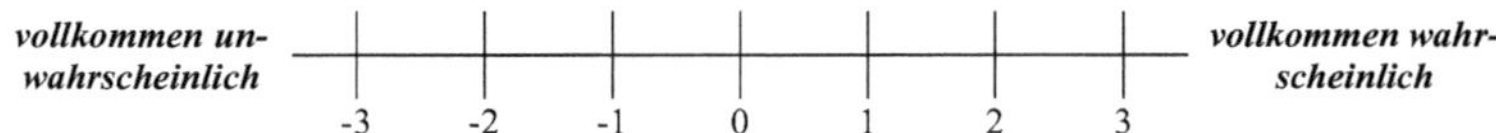

4 | Seite

Befragung: Teil 1

Bitte begründen Sie kurz Ihre Entscheidung:

____

____

____

Wenn Sie Ihre Entscheidung getroffen haben, können Sie nun weiter lesen. Bitte ändern Sie nun nicht mehr Ihre bisherigen Antworten!

Das Investitionsprojekt wurde für lohnend befunden und mit dem Bau der Produktionstechnologie begonnen. Da erhalten Sie nach drei Monaten die folgende E-Mail des Vorstandsvorsitzenden:

„Ich habe soeben von der Marketing-Abteilung erfahren, dass unser großer Konkurrent MoTech begonnen hat, ebenfalls einen solarbetriebenen Akku für Mobiltelefone zu vermarkten. Diese Entwicklung hat Auswirkungen auf die Nachfrage nach unserem Produkt. Wir werden in den drei Jahren nur noch jährliche Netto-Zahlungsströme in Höhe von 25 Mio. € erzielen. Wir haben 40% der Produktionstechnologie fertiggestellt und somit bereits 40 Mio. € investiert. Jetzt müssten wir noch 60 Mio. € investieren. Berücksichtigen Sie daher, neben den Netto-Zahlungsströmen, nur die 60 Mio. € als Auszahlung bei weiteren Bewertungen."

Sie müssen entscheiden, ob Sie das Projekt fortführen wollen oder nicht. Nutzen Sie erneut die Kapitalwertmethode, um eine Entscheidung zu treffen.

Platz für Rechnungen:

Werden Sie das Investitionsprojekt fortführen?

vollkommen unwahrscheinlich	-3	-2	-1	0	1	2	3	***vollkommen wahrscheinlich***

Befragung: Teil 1

Bitte begründen Sie kurz Ihre Entscheidung:

Bitte geben Sie nun noch an, in welchem Ausmaß Sie den folgenden Aussagen zustimmen. (-3 = stimme gar nicht zu bis 3 = stimme voll zu)

	-3	-2	-1	0	1	2	3
Das Unternehmen nutzt die Kapitalwertmethode zur Projektbewertung.							
Das Unternehmen nutzt die Realoptionsmethode zur Projektbewertung.							
Der Markteintritt des Konkurrenten bedroht den Erfolg des Projektes.							
Die Fortsetzung des Projektes nach Markteintritt des Konkurrenten ist mit einem Risiko verbunden.							
Die Produktionstechnologie war bei Markteintritt des Konkurrenten nahezu fertiggestellt.							
Die Produktionstechnologie war bei Markteintritt des Konkurrenten soweit fertiggestellt, dass ich das Projekt deswegen nicht mehr abbrechen würde.							
Die Möglichkeit eines Projektabbruchs habe ich bewusst in meine Entscheidungen einbezogen.							
Ich fühle mich für die Realisation des Projektes verantwortlich.							
In meinem Studium habe ich Kenntnisse über die Kapitalwertmethode erlangt.							
In meinem Studium habe ich Kenntnisse über die Realoptionsmethode erlangt.							

Anhang 6: Fragebogen (Befragung: Teil 1) der Referenzgruppe Seite 5 (Fallbeschreibung mit hohem Risiko und geringem Fertigstellungsgrad)

Befragung: Teil 1

Bitte begründen Sie kurz Ihre Entscheidung:

____

____

____

Wenn Sie Ihre Entscheidung getroffen haben, können Sie nun weiter lesen. Bitte ändern Sie nun nicht mehr Ihre bisherigen Antworten!

Das Investitionsprojekt wurde für lohnend befunden und mit dem Bau der Produktionstechnologie begonnen. Da erhalten Sie nach drei Monaten die folgende E-Mail des Vorstandsvorsitzenden:

„Ich habe soeben von der Marketing-Abteilung erfahren, dass unser großer Konkurrent MoTech begonnen hat, ebenfalls einen solarbetriebenen Akku für Mobiltelefone zu vermarkten. Diese Entwicklung hat Auswirkungen auf die Nachfrage nach unserem Produkt. Wir werden in den drei Jahren zu 99% jährliche Netto-Zahlungsströme in Höhe von 25 Mio. € und nur zu 1% jährliche Netto-Zahlungsströme in Höhe von 70 Mio. € erzielen. Damit liegt der erwartete Zahlungsstrom bei 25,45 Mio. € pro Jahr. Wir haben 40% der Produktionstechnologie fertiggestellt und somit bereits 40 Mio. € investiert. Jetzt müssten wir noch 60 Mio. € investieren. Berücksichtigen Sie daher, neben den Netto-Zahlungsströmen, nur die 60 Mio. € als Auszahlung bei weiteren Bewertungen."

Sie müssen entscheiden, ob Sie das Projekt fortführen wollen oder nicht. Nutzen Sie erneut die Kapitalwertmethode, um eine Entscheidung zu treffen.

Platz für Rechnungen:

Werden Sie das Investitionsprojekt fortführen?

vollkommen unwahrscheinlich	-3	-2	-1	0	1	2	3	***vollkommen wahrscheinlich***

5 | Seite

Anhang 7: Fragebogen (Befragung: Teil 1) der Referenzgruppe Seite 5 (Fallbeschreibung mit geringem Risiko und hohem Fertigstellungsgrad)

Befragung: Teil 1

Bitte begründen Sie kurz Ihre Entscheidung:

____

____

____

Wenn Sie Ihre Entscheidung getroffen haben, können Sie nun weiter lesen. Bitte ändern Sie nun nicht mehr Ihre bisherigen Antworten!

Das Investitionsprojekt wurde für lohnend befunden und mit dem Bau der Produktionstechnologie begonnen. Da erhalten Sie nach drei Monaten die folgende E-Mail des Vorstandsvorsitzenden:

„Ich habe soeben von der Marketing-Abteilung erfahren, dass unser großer Konkurrent MoTech begonnen hat, ebenfalls einen solarbetriebenen Akku für Mobiltelefone zu vermarkten. Diese Entwicklung hat Auswirkungen auf die Nachfrage nach unserem Produkt. Wir werden in den drei Jahren nur noch jährliche Netto-Zahlungsströme in Höhe von 25 Mio. € erzielen. Wir haben 90% der Produktionstechnologie fertiggestellt und somit bereits 90 Mio. € investiert. Jetzt müssten wir noch 10 Mio. € investieren. Berücksichtigen Sie daher, neben den Netto-Zahlungsströmen, nur die 10 Mio. € als Auszahlung bei weiteren Bewertungen.“

Sie müssen entscheiden, ob Sie das Projekt fortführen wollen oder nicht. Nutzen Sie erneut die Kapitalwertmethode, um eine Entscheidung zu treffen.

Platz für Rechnungen:

Werden Sie das Investitionsprojekt fortführen?

vollkommen unwahrscheinlich	-3	-2	-1	0	1	2	3	***vollkommen wahrscheinlich***

5 | Seite

Anhang 8: Fragebogen (Befragung: Teil 1) der Referenzgruppe Seite 5 (Fallbeschreibung mit hohem Risiko und hohem Fertigstellungsgrad)

Befragung: Teil 1

Bitte begründen Sie kurz Ihre Entscheidung:

____

____

____

Wenn Sie Ihre Entscheidung getroffen haben, können Sie nun weiter lesen. Bitte ändern Sie nun nicht mehr Ihre bisherigen Antworten!

Das Investitionsprojekt wurde für lohnend befunden und mit dem Bau der Produktionstechnologie begonnen. Da erhalten Sie nach drei Monaten die folgende E-Mail des Vorstandsvorsitzenden:

„Ich habe soeben von der Marketing-Abteilung erfahren, dass unser großer Konkurrent MoTech begonnen hat, ebenfalls einen solarbetriebenen Akku für Mobiltelefone zu vermarkten. Diese Entwicklung hat Auswirkungen auf die Nachfrage nach unserem Produkt. Wir werden in den drei Jahren zu 99% jährliche Netto-Zahlungsströme in Höhe von 25 Mio. € und nur zu 1% jährliche Netto-Zahlungsströme in Höhe von 70 Mio. € erzielen. Damit liegt der erwartete Zahlungsstrom bei 25,45 Mio. € pro Jahr. Wir haben 90% der Produktionstechnologie fertiggestellt und somit bereits 90 Mio. € investiert. Jetzt müssten wir noch 10 Mio. € investieren. Berücksichtigen Sie daher, neben den Netto-Zahlungsströmen, nur die 10 Mio. € als Auszahlung bei weiteren Bewertungen."

Sie müssen entscheiden, ob Sie das Projekt fortführen wollen oder nicht. Nutzen Sie erneut die Kapitalwertmethode, um eine Entscheidung zu treffen.

Platz für Rechnungen:

Werden Sie das Investitionsprojekt fortführen?

vollkommen unwahrscheinlich	-3	-2	-1	0	1	2	3	***vollkommen wahrscheinlich***

Anhang 9: Fragebogen (Befragung: Teil 2) inklusive der Fragen zu den soziodemografischen Charakteristika der Probanden (im Fragebogen der Experimentalgruppe abweichende Seitenzählung: Seite 8 bis Seite 11)

Befragung: Teil 2

Befragung: Teil 2

Die folgenden Aussagen beziehen sich auf Ihre individuelle Person. Bitte geben Sie jeweils an, inwieweit diese Aussagen auf Sie zutreffend sind.

	trifft gar nicht zu	*trifft überwiegend nicht zu*	*trifft eher nicht zu*	*teils/ teils*	*trifft eher zu*	*trifft überwiegend zu*	*trifft voll zu*
In ungewissen Zeiten erwarte ich normalerweise das Schlechteste.	O	O	O	O	O	O	O
Wenn bei mir etwas schief laufen kann, dann tut es das auch.	O	O	O	O	O	O	O
Fast nie entwickeln sich die Dinge nach meinen Vorstellungen.	O	O	O	O	O	O	O
Ich zähle selten darauf, dass mir etwas Gutes widerfährt.	O	O	O	O	O	O	O
Alles in allem erwarte ich, dass mir mehr schlechte als gute Dinge widerfahren.	O	O	O	O	O	O	O
Es bereitet mir keine Schwierigkeiten, meine Absichten und Ziele zu verwirklichen.	O	O	O	O	O	O	O
Auch bei überraschenden Ereignissen glaube ich, dass ich gut mit ihnen zurechtkommen kann.	O	O	O	O	O	O	O
Schwierigkeiten sehe ich gelassen entgegen, weil ich meinen Fähigkeiten immer vertrauen kann.	O	O	O	O	O	O	O
Für jedes Problem kann ich eine Lösung finden.	O	O	O	O	O	O	O
Wenn ein Problem auftaucht, kann ich es aus eigener Kraft meistern.	O	O	O	O	O	O	O

7 | Seite

Befragung: Teil 2

	trifft gar nicht zu	*trifft überwiegend nicht zu*	*trifft eher nicht zu*	*teils/ teils*	*trifft eher zu*	*trifft überwiegend zu*	*trifft voll zu*
Langfristig hat man ebenso viel Glück wie Pech im Leben.	O	O	O	O	O	O	O
Ich habe oft gemerkt, dass manche Dinge einfach geschehen, ohne dass man etwas dagegen machen kann.	O	O	O	O	O	O	O
Beruflicher Erfolg beruht meistens auf dem Glück, zur richtigen Zeit am richtigen Ort zu sein.	O	O	O	O	O	O	O
Oftmals glaube ich, dass ich wenig Einfluss darauf habe, was mir passiert.	O	O	O	O	O	O	O
Die meisten Menschen sind sich nicht bewusst, wie stark ihr Leben von Zufällen beeinflusst wird.	O	O	O	O	O	O	O
Wenn ich einmal eine Entscheidung getroffen habe, schaue ich nicht mehr zurück.	O	O	O	O	O	O	O
Wann immer ich eine Auswahl treffe, bin ich neugierig was passiert wäre, wenn ich anders gewählt hätte.	O	O	O	O	O	O	O
Wann immer ich eine Auswahl treffe, versuche ich Informationen darüber zu erhalten, was bei den anderen Alternativen herausgekommen wäre.	O	O	O	O	O	O	O
Wenn ich eine Auswahl treffe und sie sich als gut erweist, habe ich dennoch ein wenig das Gefühl eines Misserfolgs, wenn eine andere Auswahl im Nachhinein noch besser gewesen wäre.	O	O	O	O	O	O	O
Wenn ich darüber nachdenke, wie mein Leben so verläuft, denke ich oft an die Möglichkeiten, die ich nicht ergriffen habe.	O	O	O	O	O	O	O

Befragung: Teil 2

	trifft gar nicht zu	*trifft überwiegend nicht zu*	*trifft eher nicht zu*	*teils/ teils*	*trifft eher zu*	*trifft überwiegend zu*	*trifft voll zu*
Ich mag Partys auf denen ich die meisten Gäste kenne lieber als Partys, auf denen ich keinen oder kaum einen Gast kenne.	O	O	O	O	O	O	O
Vertrautes ist dem Unbekannten stets vorzuziehen.	O	O	O	O	O	O	O
Eine Person, die ein gleichmäßiges Leben führt, in dem wenig Unerwartetes passiert, sollte dafür wirklich dankbar sein.	O	O	O	O	O	O	O
In einem guten Job ist immer klar, was und wie etwas zu erledigen ist.	O	O	O	O	O	O	O
Ich bin oft genervt, wenn unerwartete Ereignisse meine Pläne ruinieren.	O	O	O	O	O	O	O
Wenn ich mein Geld in Aktien anlegen würde, dann wahrscheinlich nur in sicheren Aktien großer und bekannter Unternehmen.	O	O	O	O	O	O	O
Selbst wenn die möglichen Gewinnauszahlungen sehr hoch wären, würde ich zögern, irgendwelches Geld in ein Geschäft zu investieren, das fehlschlagen kann.	O	O	O	O	O	O	O
Ich gehe – falls überhaupt – selten ein Risiko ein, wenn es noch eine Alternative gibt.	O	O	O	O	O	O	O
Sicherheit ist ein wichtiger Bestandteil meines täglichen Lebens.	O	O	O	O	O	O	O
Ich versuche Situationen zu vermeiden, die einen unsicheren Ausgang haben.	O	O	O	O	O	O	O

Befragung: Teil 2

Zum Abschluss haben wir noch einige Fragen zu Ihrer Person

Welches Geschlecht haben Sie?	☐ Weiblich	☐ Männlich
Wie alt sind Sie?	______	
Welche ist Ihre Muttersprache?	☐ Deutsch	☐ andere
In welchem Studiengang befinden Sie sich aktuell?	☐ Bachelor	☐ Master
Welches Studienfach studieren Sie?	☐ BWL	☐ andere
Haben Sie den Schwerpunkt „Investition und Finanzierung“ belegt?	☐ Ja	☐ Nein
Im wievielten Fachsemester sind Sie aktuell?	______ (im Master Zählung bitte wieder bei 1 beginnen)	
Haben Sie eine Berufsausbildung abgeschlossen?	☐ Nein ☐ Ja, und zwar: ______	

Anhang 10: Musterlösung zur Investitionsbewertung unter Anwendung der Realoptionsmethode (Initialentscheidung)

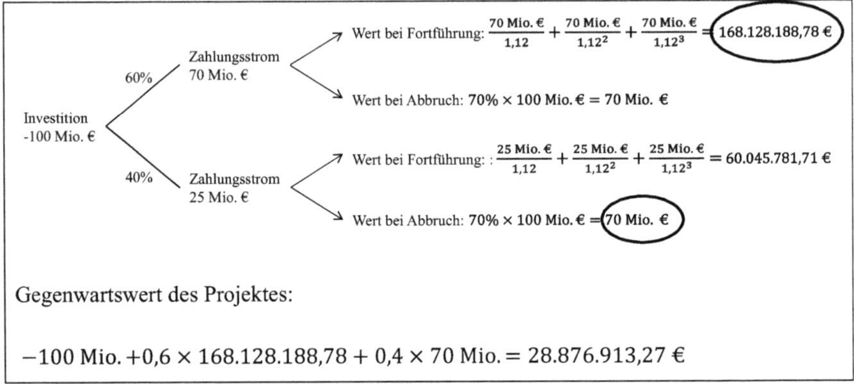

Gegenwartswert des Projektes:

$$-100 \text{ Mio.} + 0,6 \times 168.128.188,78 + 0,4 \times 70 \text{ Mio.} = 28.876.913,27 \text{ €}$$

Anhang 11: Musterlösung zur Investitionsbewertung unter Anwendung der Kapitalwertmethode (Initialentscheidung)

Erwarteter jährlicher Zahlungsstrom:

$$0,6 \times 70 \text{ Mio. €} + 0,4 \times 25 \text{ Mio. €} = 52 \text{ Mio. €}$$

Gegenwartswert der Zahlungsströme:

$$-100 \text{ Mio. €} + \frac{52 \text{ Mio. €}}{1,12} + \frac{52 \text{ Mio. €}}{1,12^2} + \frac{52 \text{ Mio. €}}{1,12^3} = 24.895.225,95 \text{ €}$$

Anhang 12: Musterlösung zur Investitionsbewertung unter Anwendung der Realoptionsmethode (Fortführungsentscheidung bei geringem Risiko und geringem Fertigstellungsgrad)

Gegenwartswert der Zahlungsströme bei Fortführung:

$$-60 \text{ Mio. €} + \frac{25 \text{ Mio. €}}{1,12} + \frac{25 \text{ Mio. €}}{1,12^2} + \frac{25 \text{ Mio. €}}{1,12^3} = 45.781,71 \text{ €}$$

Abbruch des Projektes: $100 \text{ Mio. €} \times 0,4 \times 0,70 = 28.000.000,00 \text{ €}$

Der Kapitalwert des Projektes ist zwar positiv, aber der Liquidationswert ist höher. Somit ist ein Projektabbruch zu bevorzugen.

Anhang 13: Musterlösung zur Investitionsbewertung unter Anwendung der Realoptionsmethode (Fortführungsentscheidung bei hohem Risiko und geringem Fertigstellungsgrad)

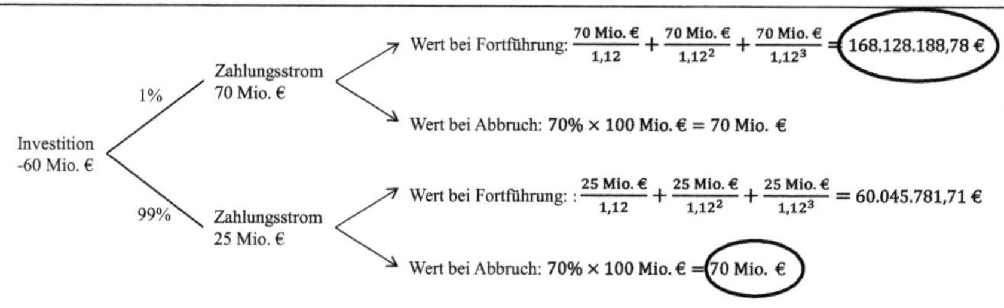

Gegenwartswert des Projektes:

$$-60\text{ Mio.} + 0{,}01 \times 168.128.188{,}78 + 0{,}99 \times 70\text{ Mio.} = 10.981.281{,}89\text{ €}$$

Wert bei sofortigem Abbruch: $100\text{ Mio. €} \times 0{,}4 \times 0{,}70 = 28.000.000{,}00\text{ €}$

Der Gegenwartswert des Projektes ist zwar positiv, aber der Liquidationswert ist höher. Somit ist ein Projektabbruch zu bevorzugen.

Anhang 14: Musterlösung zur Investitionsbewertung unter Anwendung der Realoptionsmethode (Fortführungsentscheidung bei geringem Risiko und hohem Fertigstellungsgrad)

Gegenwartswert der Zahlungsströme bei Fortführung:

$$-10\text{ Mio. €} + \frac{25\text{ Mio. €}}{1{,}12} + \frac{25\text{ Mio. €}}{1{,}12^2} + \frac{25\text{ Mio. €}}{1{,}12^3} = 50.045.781{,}71\text{ €}$$

Abbruch des Projektes: $100\text{ Mio. €} \times 0{,}9 \times 0{,}70 = 63.000.000{,}00\text{ €}$

Der Kapitalwert des Projektes ist zwar positiv, aber der Liquidationswert ist höher. Somit ist ein Projektabbruch zu bevorzugen.

Anhang 15: Musterlösung zur Investitionsbewertung unter Anwendung der Realoptionsmethode (Fortführungsentscheidung bei hohem Risiko und hohem Fertigstellungsgrad)

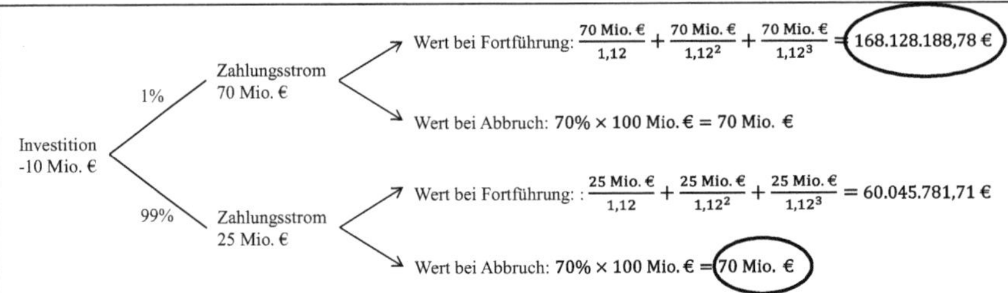

Gegenwartswert des Projektes:

$$-10\text{ Mio.} + 0{,}01 \times 168.128.188{,}78 + 0{,}99 \times 70\text{ Mio.} = 60.981.281{,}89\text{ €}$$

Wert bei sofortigem Abbruch: $100\text{ Mio. €} \times 0{,}9 \times 0{,}70 = 63.000.000{,}00\text{ €}$

Der Gegenwartswert des Projektes ist zwar positiv, aber der Liquidationswert ist höher. Somit ist ein Projektabbruch zu bevorzugen.

Anhang 16: Musterlösung zur Investitionsbewertung unter Anwendung der Kapitalwertmethode (Fortführungsentscheidung bei geringem Risiko und geringem Fertigstellungsgrad)

Gegenwartswert der Zahlungsströme bei Fortführung:

$$-60\text{ Mio. €} + \frac{25\text{ Mio. €}}{1{,}12} + \frac{25\text{ Mio. €}}{1{,}12^2} + \frac{25\text{ Mio. €}}{1{,}12^3} = 45.781{,}71\text{ €}$$

Abbruch des Projektes: $100\text{ Mio. €} \times 0{,}4 \times 0{,}70 = 28.000.000{,}00\text{ €}$

Der Kapitalwert des Projektes ist zwar positiv, aber der Liquidationswert ist höher. Somit ist ein Projektabbruch zu bevorzugen.

Anhang 17: Musterlösung zur Investitionsbewertung unter Anwendung der Kapitalwertmethode (Fortführungsentscheidung bei hohem Risiko und geringem Fertigstellungsgrad)

Erwarteter jährlicher Zahlungsstrom:

$$0{,}01 \times 70 \text{ Mio.} € + 0{,}99 \times 25 \text{ Mio.} € = 25{,}45 \text{ Mio.} €$$

Gegenwartswert der Zahlungsströme bei Fortführung:

$$-60\text{Mio.} € + \frac{25{,}45 \text{ Mio.} €}{1{,}12} + \frac{25{,}45 \text{ Mio.} €}{1{,}12^2} + \frac{25{,}45 \text{ Mio.} €}{1{,}12^3} = 1.126.605{,}78 €$$

Abbruch des Projektes: $100 \text{ Mio.} € \times 0{,}4 \times 0{,}70 = 28.000.000{,}00 €$

Der Kapitalwert des Projektes ist zwar positiv, aber der Liquidationswert ist höher. Somit ist ein Projektabbruch zu bevorzugen.

Anhang 18: Musterlösung zur Investitionsbewertung unter Anwendung der Kapitalwertmethode (Fortführungsentscheidung bei geringem Risiko und hohem Fertigstellungsgrad)

Gegenwartswert der Zahlungsströme bei Fortführung:

$$-10 \text{ Mio.} € + \frac{25 \text{ Mio.} €}{1{,}12} + \frac{25 \text{ Mio.} €}{1{,}12^2} + \frac{25 \text{ Mio.} €}{1{,}12^3} = 50.045.781{,}71 €$$

Abbruch des Projektes: $100 \text{ Mio.} € \times 0{,}9 \times 0{,}70 = 63.000.000{,}00 €$

Der Kapitalwert des Projektes ist zwar positiv, aber der Liquidationswert ist höher. Somit ist ein Projektabbruch zu bevorzugen.

Anhang 19: Musterlösung zur Investitionsbewertung unter Anwendung der Kapitalwertmethode (Fortführungsentscheidung bei hohem Risiko und hohem Fertigstellungsgrad)

Erwarteter jährlicher Zahlungsstrom:

$$0{,}01 \times 70\ \text{Mio.}\,€ + 0{,}99 \times 25\ \text{Mio.}\,€ = 25{,}45\ \text{Mio.}\,€$$

Gegenwartswert der Zahlungsströme bei Fortführung:

$$-10\ \text{Mio.}\,€ + \frac{25{,}45\ \text{Mio.}\,€}{1{,}12} + \frac{25{,}45\ \text{Mio.}\,€}{1{,}12^2} + \frac{25{,}45\ \text{Mio.}\,€}{1{,}12^3} = 51.126.605{,}78\ €$$

Abbruch des Projektes: $100\ \text{Mio.}\,€ \times 0{,}9 \times 0{,}70 = 63.000.000{,}00\ €$

Der Kapitalwert des Projektes ist zwar positiv, aber der Liquidationswert ist höher. Somit ist ein Projektabbruch zu bevorzugen.

Literaturverzeichnis

Abbink, K./ Rockenbach, B. (2006): Option Pricing by Students and Professional Traders: A Behavioural Investigation, in: Managerial and Decision Economics, 27. Jg., Heft 6, S. 497-510.

Accola, W. L. (1994): Assessing Risk and Uncertainty in New Technology Investments, in: Accounting Horizons, 8. Jg., Heft 3, S. 19-35.

Adner, R. (2007): Real Options and Resource Reallocation Processes, in: Reuer, J. J./ Tong, T. W. (Hrsg.): Advances in Strategic Management: Real Options Theory, 24. Band, Oxford, S. 363-372.

Adner, R./ Levinthal, D. A. (2004a): What Is Not a Real Option: Considering Boundaries for the Application of Real Options to Business Strategy, in: Academy of Management Review, 29. Jg., Heft 1, S. 74-85.

Adner, R./ Levinthal, D. A. (2004b): Real Options and Real Tradeoffs, in: Academy of Management Review, 29. Jg., Heft 1, S. 120-126.

Adomdza, G. (2004): Why Do Inventors Continue when Experts Say Stop? The Effects of Overconfidence, Optimism and Illusion of Control, zugänglich über: uwspace. uwaterloo.ca/bitstream/handle/10012/828/gkadomdz2004.pdf?sequence=1&isAllowed=y (abgerufen am: 19.04.2016).

Aguinis, H. (2002): Estimation of Interaction Effects in Organization Studies, in: Organizational Research Methods, 5. Jg., Heft 3, S. 207-211.

Aguinis, H./ Gottfredson, R. K. (2010): Best-Practice Recommendations for Estimating Interaction Effects Using Moderated Multiple Regression, in: Journal of Organizational Behavior, 31. Jg., Heft 6, S. 776-786.

Aguinis, H./ Boik, R. J./ Pierce, C. A. (2001): A Generalized Solution for Approximating the Power to Detect Effects of Categorical Moderator Variables Using Multiple Regression, in: Organizational Research Methods, 4. Jg., Heft 4, S. 291-323.

Aguinis, H./ Beaty, J. C./ Boik, R. J./ Pierce, C. A. (2005): Effect Size and Power in Assessing Moderating Effects of Categorical Variables Using Multiple Regression: A 30-Year Review, in: Journal of Applied Psychology, 90. Jg., Heft 1, S. 94-107.

Alderfer, C. P./ Bierman, H. (1970): Choices with Risk: Beyond the Mean and Variance, in: Journal of Business, 43. Jg., Heft 3, S. 341-353.

Alessandri, T. M./ Ford, D. N./ Lander, D. M./ Leggio, K. B./ Taylor, M. (2004): Managing Risk and Uncertainty in Complex Capital Projects, in: The Quarterly Review of Economics and Finance, 44. Jg., Heft 5, S. 751-767.

Allison, P. D. (1999): Multiple Regression: A Primer, Thousand Oaks 1999.

Amram, M./ Kulatilaka, N. (1999): Real Options: Managing Strategic Investment in an Uncertain World, Boston 1999.

AMRAM, M./ HOWE, K. M. (2002): Capturing the Value of Flexibility, in: Strategic Finance, 84. Jg., Heft 6, S. 10-13.

ANDERSON, C. J. (2003): The Psychology of Doing Nothing: Forms of Decision Avoidance Result from Reason and Emotion, in: Psychological Bulletin, 129. Jg., Heft 1, S. 139-167.

ANDERSON, D. R./ SWEENEY, D. J./ WILLIAMS, T. A./ CAMM, J. D./ COCHRAN, J. J. (2014): Statistics for Business & Economics, 12. Aufl., Stamford 2014.

ANDERSSON, U./ CUERVO-CAZURRA, A./ NIELSEN, B. B. (2014): From the Editors: Explaining Interaction Effects within and across Levels of Analysis, in: Journal of International Business Studies, 45. Jg., Heft 9, S. 1063-1071.

ANGELOVSKI, A./ BRANDTS, J./ SOLA, C. (2016): Hiring and Escalation Bias in Subjective Performance Evaluations: A Laboratory Experiment, in: Journal of Economic Behavior & Organization, 121. Jg., S. 114-129.

ARKES, H. R./ BLUMER, C. (1985): The Psychology of Sunk Cost, in: Organizational Behavior and Human Decision Processes, 35. Jg., Heft 1, S. 124-140.

ARKES, H. R./ HUTZEL, L. (2000): The Role of Probability of Success Estimates in the Sunk Cost Effect, in: Journal of Behavioral Decision Making, 13. Jg., Heft 3, S. 295-306.

ARMOR, D. A./ TAYLOR, S. E. (2002): When Predictions Fail: The Dilemma of Unrealistic Optimism, in: Gilovich, T./ Griffin, D. W./ Kahneman, D. (Hrsg.): Heuristics and Biases: The Psychology of Intuitive Judgment, New York, S. 334-347.

ARMSTRONG, J. S./ COVIELLO, N./ SAFRANEK, B. (1993): Escalation Bias: Does It Extend to Marketing?, in: Journal of the Academy of Marketing Science, 21. Jg., Heft 3, S. 247-253.

ARNOLD, H. J. (1984): Testing Moderator Variable Hypotheses: A Reply to Stone and Hollenbeck, in: Organizational Behavior and Human Performance, 34. Jg., Heft 2, S. 214-224.

ARONSON, E. (1968): Dissonance Theory: Progress and Problems, in: Abelson, R./ Aronson, E./ McGuire, W./ Newcomb, T./ Rosenberg, M./ Tannenbaum, P. (Hrsg.): Theories of Cognitive Consistency: A Sourcebook, Chicago, S. 5-27.

ASHTON, R. H./ KRAMER, S. S. (1980): Students as Surrogates in Behavioral Accounting Research: Some Evidence, in: Journal of Accounting Research, 18. Jg., Heft 1, S. 1-15.

ÅSTEBRO, T./ JEFFREY, S. A./ ADOMDZA, G. K. (2007): Inventor Perseverance after Being Told to Quit: The Role of Cognitive Biases, in: Journal of Behavioral Decision Making, 20. Jg., Heft 3, S. 253-272.

BACKHAUS, K./ ERICHSON, B./ WEIBER, R. (2013): Fortgeschrittene Multivariate Analysemethoden: Eine Anwendungsorientierte Einführung, 2. Aufl., Berlin/ Heidelberg 2013.

Backhaus, K./ Erichson, B./ Plinke, W./ Weiber, R. (2011): Multivariate Analysemethoden: Eine Anwendungsorientierte Einführung, 13. Aufl., Berlin/ Heidelberg 2011.

Baecker, P. N./ Hommel, U. (2004): 25 Years Real Options Approach to Investment Valuation: Review and Assessment, in: Zeitschrift für Betriebswirtschaft, 74. Jg., Heft 3 (Ergänzungsheft), S. 1-53.

Baecker, P. N./ Hommel, U./ Lehmann, H. (2003): Marktorientierte Investitionsrechnung bei Unsicherheit, Flexibilität und Irreversibilität – eine Systematik der Bewertungsverfahren, in: Hommel, U./ Scholich, M./ Baecker, P. N. (Hrsg.): Reale Optionen – Konzepte, Praxis und Perspektiven strategischer Unternehmensfinanzierung, Berlin, S. 15-35.

Bagozzi, R. P./ Phillips, L. W. (1982): Representing and Testing Organizational Theories: A Holistic Construal, in: Administrative Science Quarterly, 27. Jg., Heft 3, S. 459-489.

Bagozzi, R. P./ Yi, Y./ Phillips, L. W. (1991): Assessing Construct Validity in Organizational Research, in: Administrative Science Quarterly, 36. Jg., Heft 3, S. 421-458.

Baker, H. K./ Dutta, S./ Saadi, S. (2011): Management Views on Real Options in Capital Budgeting, in: Journal of Applied Finance, 21. Jg., Heft 1, S. 18-29.

Baker, M./ Wurgler, J. (2013): Behavioral Corporate Finance: An Updated Survey, in: Constantinides, G. M./ Harris, M./ Stulz, R. M. (Hrsg.): Handbook of the Economics of Finance, 2. Aufl., Part A, Amsterdam, S. 357-424.

Ballwieser, W. (2002): Unternehmensbewertung und Optionspreistheorie, in: Die Betriebswirtschaft, 62. Jg., Heft 2, S. 184-201.

Bandura, A. (1977): Self-Efficacy: Toward a Unifying Theory of Behavioral Change, in: Psychological Review, 84. Jg., Heft 2, S. 191-215.

Bandura, A. (1982): Self-Efficacy Mechanism in Human Agency, in: American Psychologist, 37. Jg., Heft 2, S. 122-147.

Bandura, A. (2010): Self-Efficacy: The Exercise of Control, 2010.

Bar-Ilan, A./ Strange, W. C. (1998): A Model of Sequential Investment, in: Journal of Economic Dynamics and Control, 22. Jg., Heft 3, S. 437-463.

Barber, B. M./ Odean, T. (2001): Boys Will Be Boys: Gender, Overconfidence, and Common Stock Investment, in: Quarterly Journal of Economics, 116. Jg., Heft 1, S. 261-292.

Barberis, N. C./ Thaler, R. H. (2003): A Survey of Behavioral Finance, in: Constantinides, G. M./ Harris, M./ Stulz, R. M. (Hrsg.): Handbook of the Economics of Finance, 1. Aufl., Part B, Amsterdam, S. 1053-1123.

Barnett, M. L. (2005): Paying Attention to Real Options, in: R&D Management, 35. Jg., Heft 1, S. 61-72.

BARNETT, M. L./ DUNBAR, R. L. M. (2008): Making Sense of Real Options Reasoning: An Engine of Choice That Backfires?, in: Hodgkinson, G. P./ Starbuck, W. H. (Hrsg.): The Oxford Handbook of Organizational Decision Making, Oxford, S. 383-398.

BARON, J./ RITOV, I. (1994): Reference Points and Omission Bias, in: Organizational Behavior and Human Decision Processes, 59. Jg., Heft 3, S. 475-498.

BARON, R. M./ KENNY, D. A. (1986): The Moderator-Mediator Variable Distinction in Social Psychological Research: Conceptual, Strategic, and Statistical Considerations, in: Journal of Personality and Social Psychology, 51. Jg., Heft 6, S. 1173-1182.

BARRICK, M. R./ MOUNT, M. K./ JUDGE, T. A. (2001): Personality and Performance at the Beginning of the New Millennium: What Do We Know and Where Do We Go Next?, in: International Journal of Selection and Assessment, 9. Jg., Heft 1-2, S. 9-30.

BARTON, S. L./ DUCHON, D./ DUNEGAN, K. J. (1989): An Empirical Test of Staw and Ross's Prescriptions for the Management of Escalation of Commitment Behavior in Organizations, in: Decision Sciences, 20. Jg., Heft 3, S. 532-544.

BATEMAN, T. S. (1986): The Escalation of Commitment in Sequential Decision Making: Situational and Personal Moderators and Limiting Conditions, in: Decision Sciences, 17. Jg., Heft 1, S. 33-49.

BAUMGARTNER, H./ STEENKAMP, J.-B. E. M. (2001): Response Styles in Marketing Research: A Cross-National Investigation, in: Journal of Marketing Research, 38. Jg., Heft 2, S. 143-156.

BAZERMAN, M. H. (1984): The Relevance of Kahneman and Tversky's Concept of Framing to Organizational Behavior, in: Journal of Management, 10. Jg., Heft 3, S. 333-343.

BAZERMAN, M. H. (1986): Judgment in Managerial Decision Making, New York 1986.

BAZERMAN, M. H./ NEALE, M. A. (1992): Nonrational Escalation of Commitment in Negotiation, in: European Management Journal, 10. Jg., Heft 2, S. 163-168.

BAZERMAN, M. H./ MOORE, D. A. (2013): Judgment in Managerial Decision Making, 8. Aufl., Hoboken 2013.

BAZERMAN, M. H./ BEEKUN, R. I./ SCHOORMAN, F. D. (1982): Performance Evaluation in a Dynamic Context: A Laboratory Study of the Impact of a Prior Commitment to the Ratee, in: Journal of Applied Psychology, 67. Jg., Heft 6, S. 873-876.

BAZERMAN, M. H./ GIULIANO, T./ APPELMAN, A. (1984): Escalation of Commitment in Individual and Group Decision Making, in: Organizational Behavior and Human Performance, 33. Jg., Heft 2, S. 141-152.

BECK, H. (2014): Behavioral Economics: Eine Einführung, Wiesbaden 2014.

BECKER-BECK, U./ WEND, D. (2008): Eskalierendes Commitment bei Gruppenentscheidungen: Begünstigende Faktoren und Maßnahmen zur Reduktion, in: Gruppendynamik und Organisationsberatung, 39. Jg., Heft 2, S. 238-256.

BEELER, J. D./ HUNTON, J. E. (1997): The Influence of Compensation Method and Disclosure Level on Information Search Strategy and Escalation of Commitment, in: Journal of Behavioral Decision Making, 10. Jg., Heft 2, S. 77-91.

BEHRENS, G. (1993): Wissenschaftstheorie und Betriebswirtschaftslehre, in: Wittmann, W./ Kern, W./ Köhler, R./ Küpper, H.-U./ von Wysocki, K. (Hrsg.): Handwörterbuch der Betriebswirtschaft, Teilband 3, 5. Aufl., Stuttgart, S. 4764-4772.

BELL, D. E. (1982): Regret in Decision Making under Uncertainty, in: Operations Research, 30. Jg., Heft 5, S. 961-981.

BENAROCH, M. (2002): Managing Information Technology Investment Risk: A Real Options Perspective, in: Journal of Management Information Systems, 19. Jg., Heft 2, S. 43-84.

BENAROCH, M./ KAUFFMAN, R. J. (1999): A Case for Using Real Options Pricing Analysis to Evaluate Information Technology Project Investments, in: Information Systems Research, 10. Jg., Heft 1, S. 70-86.

BENAROCH, M./ LICHTENSTEIN, Y./ ROBINSON, K. (2006): Real Options in Information Technology Risk Management: An Empirical Validation of Risk-Option Relationships, in: MIS Quarterly, 30. Jg., Heft 4, S. 827-864.

BERG, J. E./ DICKHAUT, J. W./ KANODIA, C. (2009): The Role of Information Asymmetry in Escalation Phenomena: Empirical Evidence, in: Journal of Economic Behavior & Organization, 69. Jg., Heft 2, S. 135-147.

BERGER, P. G./ OFEK, E./ SWARY, I. (1996): Investor Valuation of the Abandonment Option, in: Journal of Financial Economics, 42. Jg., Heft 2, S. 257-287.

BERNANKE, B. S. (1983): Irreversibility, Uncertainty, and Cyclical Investment, in: The Quarterly Journal of Economics, 98. Jg., Heft 1, S. 85-106.

BETSCH, T./ FUNKE, J./ PLESSNER, H. (2011): Denken – Urteilen, Entscheiden, Problemlösen, Berlin/Heidelberg 2011.

BIONDI, Y./ MARZO, G. (2011): Decision Making Using Behavioral Finance for Capital Budgeting, in: Baker, H. K./ English, P. (Hrsg.): Capital Budgeting Valuation: Financial Analysis for Today's Investment Decisions, Hoboken, S. 421-444.

BLACK, F./ SCHOLES, M. (1973): The Pricing of Options and Corporate Liabilities, in: The Journal of Political Economy, 81. Jg., Heft 3, S. 637-654.

BLASBERG, M./ KOTYNEK, M. (2012): Die versenkten Millarden, in: Die Zeit, vom 5. Juli 2012.

BLESS, H./ MACKIE, D. M./ SCHWARZ, N. (1992): Mood Effects on Attitude Judgments: Independent Effects of Mood Before and After Message Elaboration, in: Journal of Personality and Social Psychology, 63. Jg., Heft 4, S. 585-595.

BLOCK, S. (2007): Are "Real Options" Actually Used in the Real World?, in: The Engineering Economist, 52. Jg., Heft 3, S. 255-267.

BLUM, H. S. (2006): Logistik-Controlling: Kontext, Ausgestaltung und Erfolgswirkungen, Wiesbaden 2006.

BOBOCEL, D. R./ MEYER, J. P. (1994): Escalating Commitment to a Failing Course of Action: Separating the Roles of Choice and Justification, in: Journal of Applied Psychology, 79. Jg., Heft 3, S. 360-363.

BOEHNE, D. M./ PAESE, P. W. (2000): Deciding Whether to Complete or Terminate an Unfinished Project: A Strong Test of the Project Completion Hypothesis, in: Organizational Behavior and Human Decision Processes, 81. Jg., Heft 2, S. 178-194.

BOER, F. P. (1998): Traps, Pitfalls and Snares in the Valuation of Technology, in: Research-Technology Management, 41. Jg., Heft 5, S. 45-54.

BOHRNSTEDT, G. W. (1970): Reliability and Validity Assessment in Attitude Measurement, in: Summers, G. (Hrsg.): Attitude Measurement, London, S. 80-99.

BONDUELLE, Y./ SCHMOLDT, I./ SCHOLICH, M. (2003): Anwendungsmöglichkeiten der Realoptionsbewertung, in: Hommel, U./ Scholich, M./ Baecker, P. N. (Hrsg.): Reale Optionen – Konzepte, Praxis und Perspektiven strategischer Unternehmensfinanzierung, Berlin, S. 3-13.

BONINI, C. P. (1977): Capital Investment under Uncertainty with Abandonment Options, in: Journal of Financial and Quantitative Analysis, 12. Jg., Heft 1, S. 39-54.

BOOT, A. W. A. (1992): Why Hang on to Losers? Divestitures and Takeovers, in: The Journal of Finance, 47. Jg., Heft 4, S. 1401-1423.

BOOTH, P./ SCHULZ, A. K.-D. (2004): The Impact of an Ethical Environment on Managers' Project Evaluation Judgments under Agency Problem Conditions, in: Accounting, Organizations and Society, 29. Jg., Heft 5, S. 473-488.

BORTZ, J./ WEBER, R. (2005): Statistik für Human- und Sozialwissenschaftler, 6. Aufl., Heidelberg 2005.

BOULDING, W./ MORGAN, R./ STAELIN, R. (1997): Pulling the Plug to Stop the New Product Drain, in: Journal of Marketing Research, 34. Jg., Heft 1, S. 164-176.

BOWEN, M. G. (1987): The Escalation Phenomenon Reconsidered: Decision Dilemmas or Decision Errors?, in: Academy of Management Review, 12. Jg., Heft 1, S. 52-66.

BOWMAN, E. H./ HURRY, D. (1993): Strategy through the Option Lens: An Integrated View of Resource Investments and the Incremental-Choice Process, in: Academy of Management Review, 18. Jg., Heft 4, S. 760-782.

BOWMAN, E. H./ MOSKOWITZ, G. T. (2001): Real Options Analysis and Strategic Decision Making, in: Organization Science, 12. Jg., Heft 6, S. 772-777.

BREALEY, R. A./ MYERS, S. C./ ALLEN, F. (2014): Principles of Corporate Finance, 11. Aufl., New York 2014.

Breid, V. (1997): Marktorientierte Risikoberücksichtigung in den Ansätzen der neoklassischen Finanzierungstheorie, in: Betriebswirtschaftliche Forschung und Praxis, 49. Jg., Heft 3, S. 308-321.

Brockner, J. (1992): The Escalation of Commitment to a Failing Course of Action: Toward Theoretical Progress, in: Academy of Management Review, 17. Jg., Heft 1, S. 39-61.

Brockner, J./ Rubin, J. Z. (1985): Entrapment in Escalating Conflicts, New York 1985.

Brockner, J./ Shaw, M. C./ Rubin, J. Z. (1979): Factors Affecting Withdrawal from an Escalating Conflict: Quitting Before It's Too Late, in: Journal of Experimental Social Psychology, 15. Jg., Heft 5, S. 492-503.

Brockner, J./ Rubin, J. Z./ Lang, E. (1981): Face-Saving and Entrapment, in: Journal of Experimental Social Psychology, 17. Jg., Heft 1, S. 68-79.

Brockner, J./ Rubin, J. Z./ Fine, J./ Hamilton, T. P./ Thomas, B./ Turetsky, B. (1982): Factors Affecting Entrapment in Escalating Conflicts: The Importance of Timing, in: Journal of Research in Personality, 16. Jg., Heft 2, S. 247-266.

Brockner, J./ Houser, R./ Birnbaum, G./ Lloyd, K./ Deitcher, J./ Nathanson, S./ Rubin, J. Z. (1986): Escalation of Commitment to an Ineffective Course of Action: The Effect of Feedback Having Negative Implications for Self-Identity, in: Administrative Science Quarterly, 31. Jg., Heft 1, S. 109-126.

Brockner, J./ Nathanson, S./ Friend, A./ Harbeck, J./ Samuelson, C./ Houser, R./ Bazerman, M. H./ Rubin, J. Z. (1984): The Role of Modeling Processes in the "Knee Deep in the Big Muddy" Phenomenon, in: Organizational Behavior and Human Performance, 33. Jg., Heft 1, S. 77-99.

Broihanne, M. H./ Merli, M./ Roger, P. (2014): Overconfidence, Risk Perception and the Risk-Taking Behavior of Finance Professionals, in: Finance Research Letters, 11. Jg., Heft 2, S. 64-73.

Brynjolfsson, E. (1993): The Productivity Paradox of Information Technology, in: Communications of the ACM, 36. Jg., Heft 12, S. 66-77.

Budner, S. (1962): Intolerance of Ambiguity as a Personality Variable, in: Journal of Personality, 30. Jg., Heft 1, S. 29-50.

Bühl, A. (2012): SPSS 20: Einführung in die moderne Datenanalyse, München 2012.

Burell, G./ Morgan, G. (1979): Sociological Paradigms and Organisational Analysis, London 1979.

Burgelman, R. A. (1996): A Process Model of Strategic Business Exit: Implications for an Evolutionary Perspective on Strategy, in: Strategic Management Journal, 17. Jg., Sonderheft, S. 193-214.

Burmann, C. (2006): Flexibilität, in: Handelsblatt (Hrsg.): Wirtschaftslexikon: Das Wissen der Betriebswirtschaftslehre, 4. Band, Stuttgart, S. 1818-1826.

BUSBY, J. S./ PITTS, C. G. C. (1997): Real Options in Practice: An Exploratory Survey of How Finance Officers Deal with Flexibility in Capital Appraisal, in: Management Accounting Research, 8. Jg., Heft 2, S. 169-186.

BUSEMEYER, J. R./ JONES, L. E. (1983): Analysis of Multiplicative Combination Rules when the Causal Variables are Measured with Error, in: Psychological Bulletin, 93. Jg., Heft 3, S. 549-562.

CALDWELL, D. F./ O'REILLY, C. A. (1982): Responses to Failure: The Effects of Choice and Responsibility on Impression Management, in: Academy of Management Journal, 25. Jg., Heft 1, S. 121-136.

CAMERER, C. F./ WEBER, R. A. (1999): The Econometrics and Behavioral Economics of Escalation of Commitment: A Re-Examination of Staw and Hoang's NBA Data, in: Journal of Economic Behavior & Organization, 39. Jg., Heft 1, S. 59-82.

CAMPBELL, D. T./ FISKE, D. W. (1959): Convergent and Discriminant Validation by the Multitrait-Multimethod Matrix, in: Psychological Bulletin, 56. Jg., Heft 2, S. 81-105.

CAMPBELL, W. K./ SEDIKIDES, C. (1999): Self-Threat Magnifies the Self-Serving Bias: A Meta-Analytic Integration, in: Review of General Psychology, 3. Jg., Heft 1, S. 23-43.

CAPONECCHIA, C. (2010): It Won't Happen to Me: An Investigation of Optimism Bias in Occupational Health and Safety, in: Journal of Applied Social Psychology, 40. Jg., Heft 3, S. 601-617.

CAPRARA, G. V./ CERVONE, D. (2000): Personality: Determinants, Dynamics, and Potentials, Cambridge 2000.

CARMINES, E. G./ ZELLER, R. A. (1979): Reliability and Validity Assessment, Newbury Park 1979.

CARR, P. (1988): The Valuation of Sequential Exchange Opportunities, in: The Journal of Finance, 43. Jg., Heft 5, S. 1235-1256.

CARR, P. (2002): Unreal Options, in: Harvard Business Review, 80. Jg., Heft 12, S. 22.

CARRUTH, A./ DICKERSON, A./ HENLEY, A. (2000): What Do We Know about Investment under Uncertainty?, in: Journal of Economic Surveys, 14. Jg., Heft 2, S. 119-154.

CARTE, T. A./ RUSSELL, C. J. (2003): In Pursuit of Moderation: Nine Common Errors and Their Solutions, in: MIS Quarterly, 27. Jg., Heft 3, S. 479-501.

CARUSO, J. C. (2000): Reliability Generalization of the NEO Personality Scales, in: Educational and Psychological Measurement, 60. Jg., Heft 2, S. 236-254.

CARVER, C. S./ SCHEIER, M. F./ SEGERSTROM, S. C. (2010): Optimism, in: Clinical Psychology Review, 30. Jg., Heft 7, S. 879-889.

CERTO, S. T./ CONNELLY, B. L./ TIHANYI, L. (2008): Managers and their Not-So Rational Decisions, in: Business Horizons, 51. Jg., Heft 2, S. 113-119.

CHALMERS, A. F. (2007): Wege der Wissenschaft: Einführung in die Wissenschaftstheorie, herausgegeben und übersetzt von Niels Bergmann und Christine Altstötter-Gleich, 6. Aufl., Berlin/Heidelberg 2007.

CHANCE, D. M./ PETERSON, P. P. (2002): Real Options and Investment Valuation, Charlottesville 2002.

CHENG, M. M./ SCHULZ, A. K.-D./ LUCKETT, P. F./ BOOTH, P. (2003): The Effects of Hurdle Rates on the Level of Escalation of Commitment in Capital Budgeting, in: Behavioral Research in Accounting, 15. Jg., Heft 1, S. 63-85.

CHI, T./ NYSTROM, P. C. (1995): Decision Dilemmas Facing Managers: Recognizing the Value of Learning while Making Sequential Decisions, in: Omega, 23. Jg., Heft 3, S. 303-312.

CHIN, W. W. (1998): The Partial Least Squares Approach to Structural Equation Modeling, in: Marcoulides, G. A. (Hrsg.): Modern Methods for Business Research, 2. Aufl., London, S. 295-336.

CHMIELEWICZ, K. (1994): Forschungskonzeptionen der Wirtschaftswissenschaft, 3. Aufl., Stuttgart 1994.

CHO, M. H./ COHEN, M. A. (1997): The Economic Causes and Consequences of Corporate Divestiture, in: Managerial and Decision Economics, 18. Jg., Heft 5, S. 367-374.

CHOW, C. W./ HARRISON, P. D./ LINDQUIST, T./ WU, A. (1997): Escalating Commitment to Unprofitable Projects: Replication and Cross-Cultural Extension, in: Management Accounting Research, 8. Jg., Heft 3, S. 347-361.

CHULKOV, D. V. (2007): Rational Escalation: The Real Option Perspective, in: Journal of Business & Economics Research, 5. Jg., Heft 12, S. 47-60.

CHULKOV, D. V./ DESAI, M. S. (2008): Escalation and Premature Termination in MIS Projects: The Role of Real Options, in: Information Management & Computer Security, 16. Jg., Heft 4, S. 324-335.

CHUNG, K. H. (1993): The Contingent-Claims Approach to Investment Decisions, in: Decision Sciences, 24. Jg., Heft 6, S. 1215-1221.

CHUNG, K. H./ CHAROENWONG, C. (1991): Investment Options, Assets in Place, and the Risk of Stocks, in: Financial Management, 20. Jg., Heft 3, S. 21-33.

CHURCHILL, G. A. (1979): A Paradigm for Developing Better Measures of Marketing Constructs, in: Journal of Marketing Research, 16. Jg., Heft 1, S. 64-73.

CLARK, L. A./ WATSON, D. (1995): Constructing Validity: Basic Issues in Objective Scale Development, in: Psychological Assessment, 7. Jg., Heft 3, S. 309-319.

COCHRAN, W. G. (1954): Some Methods for Strengthening the Common χ^2 Tests, in: Biometrics, 10. Jg., Heft 4, S. 417-451.

Coff, R. W./ Laverty, K. J. (2001): Real Options on Knowledge Assets: Panacea or Pandora's Box?, in: Business Horizons, 44. Jg., Heft 6, S. 73-79.

Cohen, J. (1988): Statistical Power Analysis for the Behavioral Sciences, 2. Aufl., Hillsdale 1988.

Cohen, J./ Cohen, P./ West, S. G./ Aiken, L. S. (2003): Applied Multiple Regression/ Correlation Analysis for the Behavioral Sciences, 3. Aufl., Mahwah 2003.

Conlon, D. E./ Garland, H. (1993): The Role of Project Completion Information in Resource Allocation Decisions, in: Academy of Management Journal, 36. Jg., Heft 2, S. 402-413.

Conlon, E. J./ Wolf, G. (1980): The Moderating Effects of Strategy, Visibility, and Involvement on Allocation Behavior: An Extension of Staw's Escalation Paradigm, in: Organizational Behavior and Human Performance, 26. Jg., Heft 2, S. 172-192.

Conlon, E. J./ Parks, J. M. (1987): Information Requests in the Context of Escalation, in: Journal of Applied Psychology, 72. Jg., Heft 3, S. 344-350.

Copeland, T./ Tufano, P. (2004): A Real-World Way to Manage Real Options, in: Harvard Business Review, 82. Jg., Heft 3, S. 90-99.

Copeland, T. E./ Antikarov, V. (2001): Real Options: A Practitioner's Guide, New York 2001.

Copeland, T. E./ Koller, T./ Murrin, J. (2000): Valuation: Measuring and Managing the Value of Companies, 3. Aufl., New York 2000.

Cortina, J. M. (1993): What is Coefficient Alpha? An Examination of Theory and Applications, in: Journal of Applied Psychology, 78. Jg., Heft 1, S. 98-104.

Cox, J. C./ Ross, S. A./ Rubinstein, M. (1979): Option Pricing: A Simplified Approach, in: Journal of Financial Economics, 7. Jg., Heft 3, S. 229-263.

Crampton, S. M./ Wagner, J. A. (1994): Percept-Percept Inflation in Microorganizational Research: An Investigation of Prevalence and Effect, in: Journal of Applied Psychology, 79. Jg., Heft 1, S. 67-76.

Crano, W. D./ Brewer, M. B. (1975): Einführung in die sozialpsychologische Forschung, Köln 1975.

Crasselt, N./ Tomaszewski, C. (2002): Realoptionen: Systematisierung und typische Anwendungsfelder, in: M&A Review, Heft 3 (2002), S. 131-137.

Cronbach, L. J. (1951): Coefficient Alpha and the Internal Structure of Tests, in: Psychometrika, 16. Jg., Heft 3, S. 297-334.

Crook, T. R./ Shook, C. L./ Morris, M. L./ Madden, T. M. (2010): Are We There Yet?: An Assessment of Research Design and Construct Measurement Practices in Entrepreneurship Research, in: Organizational Research Methods, 13. Jg., Heft 1, S. 192-206.

Cusin, J./ Passebois-Ducros, J. (2015): Appropriate Persistence in a Project: The Case of the Wine Culture and Tourism Centre in Bordeaux, in: European Management Journal, 33. Jg., Heft 5, S. 341-353.

Cyert, R. M./ DeGroot, M. H./ Holt, C. A. (1978): Sequential Investment Decisions with Bayesian Learning, in: Management Science, 24. Jg., Heft 7, S. 712-718.

Dalziel, M. (2009): Forgoing the Flexibility of Real Options: When and Why Firms Commit to Investment Decisions, in: British Journal of Management, 20. Jg., Heft 3, S. 401-412.

Damaraju, N. L./ Barney, J. B./ Makhija, A. K. (2015): Real Options in Divestment Alternatives, in: Strategic Management Journal, 36. Jg., Heft 5, S. 728-744.

Damodaran, A. (2000): The Promise of Real Options, in: Journal of Applied Corporate Finance, 13. Jg., Heft 2, S. 29-44.

Dangl, T./ Kopel, M. O. (2003): Die Bedeutung vollständiger Märkte für die Anwendung des Realoptionsansatzes, in: Hommel, U./ Scholich, M./ Baecker, P. N. (Hrsg.): Reale Optionen – Konzepte, Praxis und Perspektiven strategischer Unternehmensfinanzierung, Berlin, S. 37-62.

Davis, M. A./ Bobko, P. (1986): Contextual Effects on Escalation Processes in Public Sector Decision Making, in: Organizational Behavior and Human Decision Processes, 37. Jg., Heft 1, S. 121-138.

De Bondt, W. F. M./ Thaler, R. H. (1995): Financial Decision-Making in Markets and Firms: A Behavioral Perspective, in: Jarrow, R./ Maksimovic, V./ Ziemba, W. T. (Hrsg.): Finance: Handbooks in Operations Research and Management Science, Amsterdam, S. 385-410.

DeNicolis Bragger, J. L./ Bragger, D./ Hantula, D. A./ Kirnan, J. (1998): Hysteresis and Uncertainty: The Effect of Uncertainty on Delays to Exit Decisions, in: Organizational Behavior and Human Decision Processes, 74. Jg., Heft 3, S. 229-253.

DeNicolis Bragger, J. L./ Hantula, D. A./ Bragger, D./ Kirnan, J./ Kutcher, E. (2003): When Success Breeds Failure: History, Hysteresis, and Delayed Exit Decisions, in: Journal of Applied Psychology, 88. Jg., Heft 1, S. 6-14.

Denison, C. A. (2009): Real Options and Escalation of Commitment: A Behavioral Analysis of Capital Investment Decisions, in: The Accounting Review, 84. Jg., Heft 1, S. 133-155.

Denison, C. A./ Farrell, A. M./ Jackson, K. E. (2012): Managers' Incorporation of the Value of Real Options into Their Long-Term Investment Decisions: An Experimental Investigation, in: Contemporary Accounting Research, 29. Jg., Heft 2, S. 590-620.

Dermer, J. D. (1973): Cognitive Characteristics and the Perceived Importance of Information, in: The Accounting Review, 48. Jg., Heft 3, S. 511-519.

DeVellis, R. F. (2012): Scale Development: Theory and Applications, 3. Aufl., Los Angeles 2012.

Devers, C. E./ McNamara, G./ Wiseman, R. M./ Arrfelt, M. (2008): Moving Closer to the Action: Examining Compensation Design Effects on Firm Risk, in: Organization Science, 19. Jg., Heft 4, S. 548-566.

Diamantopoulos, A./ Sarstedt, M./ Fuchs, C./ Wilczynski, P./ Kaiser, S. (2012): Guidelines for Choosing between Multi-Item and Single-Item Scales for Construct Measurement: A Predictive Validity Perspective, in: Journal of the Academy of Marketing Science, 40. Jg., Heft 3, S. 434-449.

Dittrich, D. A./ Güth, W./ Maciejovsky, B. (2005): Overconfidence in Investment Decisions: An Experimental Approach, in: The European Journal of Finance, 11. Jg., Heft 6, S. 471-491.

Dixit, A. K. (1989): Entry and Exit Decisions under Uncertainty, in: Journal of Political Economy, 97. Jg., Heft 3, S. 620-638.

Dixit, A. K. (1992): Investment and Hysteresis, in: The Journal of Economic Perspectives, 6. Jg., Heft 1, S. 107-132.

Dixit, A. K./ Pindyck, R. S. (1994): Investment under Uncertainty, Princeton 1994.

Dixit, A. K./ Pindyck, R. S. (1995): The Options Approach to Capital Investment, in: Harvard Business Review, 73. Jg., Heft 3, S. 105-115.

Dixit, A. K./ Skeath, S./ Reiley, D. (2009): Games of Strategy, 3. Aufl., New York 2009.

Dos Santos, B. L. (1991): Justifying Investments in New Information Technologies, in: Journal of Management Information Systems, 7. Jg., Heft 4, S. 71-89.

Dranikoff, L./ Koller, T./ Schneider, A. (2002): Divestiture: Strategy's Missing Link, in: Harvard Business Review, 80. Jg., Heft 5, S. 74-83.

Driouchi, T./ Bennett, D. J. (2012): Real Options in Management and Organizational Strategy: A Review of Decision-Making and Performance Implications, in: International Journal of Management Reviews, 14. Jg., Heft 1, S. 39-62.

Drummond, H. (1994): Too Little Too Late: A Case Study of Escalation in Decision Making, in: Organization Studies, 15. Jg., Heft 4, S. 591-607.

Drummond, H. (1998): Is Escalation Always Irrational?, in: Organization Studies, 19. Jg., Heft 6, S. 911-929.

Drummond, H. (2002): Living in a Fool's Paradise: The Collapse of Barings' Bank, in: Management Decision, 40. Jg., Heft 3, S. 232-238.

Drummond, H. (2014): Escalation of Commitment: When To Stay the Course?, in: The Academy of Management Perspectives, 28. Jg., Heft 4, S. 430-446.

Dunn, S. C./ Seaker, R. F./ Waller, M. A. (1994): Latent Variables in Business Logistics Research: Scale Development and Validation, in: Journal of Business Logistics, 15. Jg., Heft 2, S. 145-172.

Duxbury, D. (2012): Sunk Costs and Sunk Benefits: A Re-Examination of Re-Investment Decisions, in: The British Accounting Review, 44. Jg., Heft 3, S. 144-156.

Dyckman, T. R. (1966): On the Effects of Earnings – Trend, Size and Inventory Valuation Procedures in Evaluating a Business Firm, in: Jaedicke, R. K./ Ijiri, Y./ Nielsen, O. (Hrsg.): Research in Accounting Measurement, Sarasota, S. 175-185.

Dziuban, C. D./ Shirkey, E. C. (1974): When Is a Correlation Matrix Appropriate for Factor Analysis? Some Decision Rules, in: Psychological Bulletin, 81. Jg., Heft 6, S. 358-361.

Dzuranin, A. C. (2009): Mitigating Escalation of Commitment: An Investigation of the Effects of Priming and Decision-Making Setting in Capital Project Continuation Decisions, zugänglich über: usf.sobek.ufl.edu/content/SF/S0/02/72/59/00001/E14-SFE0002942.pdf (abgerufen am: 10.09.2015).

Eberl, M. (2006): Formative und reflektive Konstrukte und die Wahl des Strukturgleichungsverfahrens: Eine statistische Entscheidungshilfe, in: Die Betriebswirtschaft, 66. Jg., Heft 6, S. 651-688.

Ebert, H./ Piwinger, M. (2007): Impression Management: Die Notwendigkeit der Selbstdarstellung, in: Piwinger, M./ Zerfaß, A. (Hrsg.): Handbuch Unternehmenskommunikation, Wiesbaden, S. 205-225.

Edwards, J. R./ Bagozzi, R. P. (2000): On the Nature and Direction of Relationships Between Constructs and Measures, in: Psychological Methods, 5. Jg., Heft 2, S. 155-174.

Edwards, W. (1954): The Theory of Decision Making, in: Psychological Bulletin, 51. Jg., Heft 4, S. 380-417.

Eisenführ, F./ Weber, M./ Langer, T. (2010): Rationales Entscheiden, 5. Aufl., Berlin/Heidelberg 2010.

Eisenhardt, K. M. (1989): Agency Theory: An Assessment and Review, in: Academy of Management Review, 14. Jg., Heft 1, S. 57-74.

Elfenbein, D. W./ Knott, A. M. (2014): Time to Exit: Rational, Behavioral, and Organizational Delays, in: Strategic Management Journal, 36. Jg., Heft 7, S. 957-975.

Ellermeier, W./ Bösche, W. (2010): Experimentelle Versuchspläne, in: Holling, H./ Schmitz, B. (Hrsg.): Handbuch Statistik, Methoden und Evaluation, Göttingen, S. 37-48.

Ellis, P. D. (2010): The Essential Guide to Effect Sizes: Statistical Power, Meta-Analysis, and the Interpretation of Research Results, 2010.

Engelkamp, P. (1980): Entscheidungsverhalten unter Risikobedingungen: Die Erwartungsnutzentheorie, Freiburg 1980.

Etcheverry, P. E./ Le, B. (2005): Thinking about Commitment: Accessibility of Commitment and Prediction of Relationship Persistence, Accommodation, and Willingness to Sacrifice, in: Personal Relationships, 12. Jg., Heft 1, S. 103-123.

Fabrigar, L. R./ Wegener, D. T./ MacCallum, R. C./ Strahan, E. J. (1999): Evaluating the Use of Exploratory Factor Analysis in Psychological Research, in: Psychological Methods, 4. Jg., Heft 3, S. 272-299.

Fairchild, R. (2010): Behavioural Corporate Finance: Existing Research and Future Directions, in: International Journal of Behavioural Accounting and Finance, 1. Jg., Heft 4, S. 277-293.

Farsani, F. A. (2012): Investigation of the Relationship Between Real Option Method and Escalation of Commitment in Capital Budgeting, in: Life Science Journal, 9. Jg., Heft 3, S. 2094-2099.

Fazio, R. H./ Williams, C. J. (1986): Attitude Accessibility as a Moderator of the Attitude-Perception and Attitude-Behavior Relations: An Investigation of the 1984 Presidential Election, in: Journal of Personality and Social Psychology, 51. Jg., Heft 3, S. 505-514.

Fazio, R. H./ Powell, M. C./ Herr, P. M. (1983): Toward a Process Model of the Attitude-Behavior Relation: Accessing One's Attitude Upon Mere Observation of the Attitude Object, in: Journal of Personality and Social Psychology, 44. Jg., Heft 4, S. 723-735.

Fazio, R. H./ Sanbonmatsu, D. M./ Powell, M. C./ Kardes, F. R. (1986): On the Automatic Activation of Attitudes, in: Journal of Personality and Social Psychology, 50. Jg., Heft 2, S. 229-238.

Feather, N. T. (1962): The Study of Persistence, in: Psychological Bulletin, 59. Jg., Heft 2, S. 94-115.

Feinstein, S. P./ Lander, D. M. (2002): A Better Understanding of Why NPV Undervalues Managerial Flexibility, in: The Engineering Economist, 47. Jg., Heft 4, S. 418-435.

Feldt, L. S./ Brennan, R. L. (1989): Reliability, in: Linn, R. L. (Hrsg.): Educational Measurement, 3. Aufl., New York, S. 105-146.

Fellner, G./ Güth, W./ Maciejovsky, B. (2004): Illusion of Expertise in Portfolio Decisions: An Experimental Approach, in: Journal of Economic Behavior & Organization, 55. Jg., Heft 3, S. 355-376.

Festinger, L. (1957): A Theory of Cognitive Dissonance, Stanford 1957.

Fichman, R. G./ Keil, M./ Tiwana, A. (2005): Beyond Valuation: "Options Thinking" in IT Project Management, in: California Management Review, 47. Jg., Heft 2, S. 74-96.

Fincham, F./ Hewstone, M. (2002): Attributionstheorie und -forschung – Von den Grundlagen zur Anwendung, in: Stroebe, W./ Jonas, K./ Hewstone, M. (Hrsg.): Sozialpsychologie – Eine Einführung, 4. Aufl., Berlin, S. 215-263.

FINK, R. (2001): Reality Check for Real Options: Applying Black-Scholes Analysis to Capital Spending Projects Has One Big Flaw, in: CFO Magazine, 17. Jg., Heft 11, S. 85-86.

FISCHER, T. R./ HAHNENSTEIN, L./ HEITZER, B. (1999): Kapitalmarkttheoretische Ansätze zur Berücksichtigung von Handlungsspielräumen in der Unternehmensbewertung, in: Zeitschrift für Betriebswirtschaft, 69. Jg., Heft 10, S. 1207-1231.

FISCHHOFF, B./ SLOVIC, P./ LICHTENSTEIN, S. (1977): Knowing with Certainty: The Appropriateness of Extreme Confidence, in: Journal of Experimental Psychology: Human Perception and Performance, 3. Jg., Heft 4, S. 552-564.

FLYVBJERG, B. (2014): What You Should Know about Megaprojects and Why: An Overview, in: Project Management Journal, 45. Jg., Heft 2, S. 6-19.

FOLTA, T. B./ O'BRIEN, J. P. (2004): Entry in the Presence of Dueling Options, in: Strategic Management Journal, 25. Jg., Heft 2, S. 121-138.

FORD, D. N./ GARVIN, M. J. (2010): Barriers to Real Options Adoption and Use in Architecture, Engineering, and Construction Project Management Practice, in: Black Nembhard, H./ Aktan, M. (Hrsg.): Real Options in Engineering Design, Operations, and Management, Boka Raton, S. 53-73.

FORD, D. N./ LANDER, D. M. (2011): Real Option Perceptions Among Project Managers, in: Risk Management, 13. Jg., Heft 3, S. 122-146.

FOX, F. V./ STAW, B. M. (1979): The Trapped Administrator: Effects of Job Insecurity and Policy Resistance Upon Commitment to a Course of Action, in: Administrative Science Quarterly, 24. Jg., Heft 3, S. 449-471.

FOX, S./ HOFFMAN, M. (2002): Escalation Behavior as a Specific Case of Goal-Directed Activity: A Persistence Paradigm, in: Basic and Applied Social Psychology, 24. Jg., Heft 4, S. 273-285.

FOX, S./ SCHMIDA, A./ YINON, Y. (1995): Escalation Behavior in Domains Related and Unrelated to Decision Makers' Academic Background, in: Journal of Business and Psychology, 10. Jg., Heft 2, S. 245-259.

FOX, S./ BIZMAN, A./ HUBERMAN, O. (2009): Escalation of Commitment: The Effect of Number and Attractiveness of Available Investment Alternatives, in: Journal of Business and Psychology, 24. Jg., Heft 4, S. 431-439.

FRANK, U. (2003): Einige Gründe für eine Wiederbelebung der Wissenschaftstheorie, in: Die Betriebswirtschaft, 63. Jg., Heft 3, S. 278-292.

FRANKE, G./ HAX, H. (2009): Finanzwirtschaft des Unternehmens und Kapitalmarkt, 6. Aufl., Berlin 2009.

FRENKEL-BRUNSWIK, E. (1949): Intolerance of Ambiguity as an Emotional and Perceptual Personality Variable, in: Journal of Personality, 18. Jg., Heft 1, S. 108-143.

FRIEDL, G. (2003): Bewertung von Investitionen in der Entwicklung neuer Produkte mit Hilfe des Realoptionsansatzes, in: Hommel, U./ Scholich, M./ Baecker, P. N. (Hrsg.): Reale Optionen – Konzepte, Praxis und Perspektiven strategischer Unternehmensfinanzierung, Berlin, S. 378-397.

FRIEDMAN, D./ POMMERENKE, K./ LUKOSE, R./ MILAM, G./ HUBERMAN, B. A. (2007): Searching for the Sunk Cost Fallacy, in: Experimental Economics, 10. Jg., Heft 1, S. 79-104.

FÜLBIER, R. U. (2004): Wissenschaftstheorie und Betriebswirtschaftslehre, in: Wirtschaftswissenschaftliches Studium, 33. Jg., Heft 5, S. 266-271.

FURNHAM, A./ RIBCHESTER, T. (1995): Tolerance of Ambiguity: A Review of the Concept, Its Measurement and Applications, in: Current Psychology, 14. Jg., Heft 3, S. 179-199.

GARLAND, H. (1990): Throwing Good Money After Bad: The Effect of Sunk Costs on the Decision to Escalate Commitment to an Ongoing Project, in: Journal of Applied Psychology, 75. Jg., Heft 6, S. 728-731.

GARLAND, H./ NEWPORT, S. (1991): Effects of Absolute and Relative Sunk Costs on the Decision to Persist with a Course of Action, in: Organizational Behavior and Human Decision Processes, 48. Jg., Heft 1, S. 55-69.

GARLAND, H./ CONLON, D. E. (1998): Too Close to Quit: The Role of Project Completion in Maintaining Commitment, in: Journal of Applied Social Psychology, 28. Jg., Heft 22, S. 2025-2048.

GARLAND, H./ SANDEFUR, C. A./ ROGERS, A. C. (1990): De-Escalation of Commitment in Oil Exploration: When Sunk Costs and Negative Feedback Coincide, in: Journal of Applied Psychology, 75. Jg., Heft 6, S. 721-727.

GERBING, D. W./ ANDERSON, J. C. (1988): An Updated Paradigm for Scale Development Incorporating Unidimensionality and Its Assessment, in: Journal of Marketing Research, 25. Jg., Heft 2, S. 186-192.

GERVAIS, S. (2010): Capital Budgeting and Other Investment Decisions, in: Baker, H. K./ Nofsinger, J. R. (Hrsg.): Behavioral Finance, New Jersey, S. 413-434.

GERVAIS, S./ HEATON, J. B./ ODEAN, T. (2011): Overconfidence, Compensation Contracts, and Capital Budgeting, in: The Journal of Finance, 66. Jg., Heft 5, S. 1735-1777.

GESKE, R. (1979a): A Note on an Analytical Valuation Formula for Unprotected American Call Options on Stocks with Known Dividends, in: Journal of Financial Economics, 7. Jg., Heft 4, S. 375-380.

GESKE, R. (1979b): The Valuation of Compound Options, in: Journal of Financial Economics, 7. Jg., Heft 1, S. 63-81.

GHOSH, D. (1997): De-Escalation Strategies: Some Experimental Evidence, in: Behavioral Research in Accounting, 9. Jg., S. 88-112.

GHOSH, S./ TROUTT, M. D. (2012): Complex Compound Option Models – Can Practitioners Truly Operationalize Them?, in: European Journal of Operational Research, 222. Jg., Heft 3, S. 542-552.

GIOIA, D. A./ PITRE, E. (1990): Multiparadigm Perspectives on Theory Building, in: Academy of Management Review, 15. Jg., Heft 4, S. 584-602.

GIRANDOLA, F./ GAUTHIER, E. (2001): Organizational Decision Making: Effects of Accountability on Escalation of Commitment, in: European Review of Applied Psychology, 51. Jg., Heft 1-2, S. 111-119.

GLAESMER, H./ HOYER, J./ KLOTSCHE, J./ HERZBERG, P. Y. (2008): Die deutsche Version des Life-Orientation-Tests (LOT-R) zum dispositionellen Optimismus und Pessimismus, in: Zeitschrift für Gesundheitspsychologie, 16. Jg., Heft 1, S. 26-31.

GNUTEK, D. (2014): Behavioral Biases in Capital Budgeting: An Experimental Study of the Effects on Escalation of Commitment Given Different Capital Budgeting Methods, zugänglich über: gupea.ub.gu.se/bitstream/2077/36512/1/gupea_2077_36512_1.pdf (abgerufen am: 04.07.2015).

GOEL, A. M./ THAKOR, A. V. (2008): Overconfidence, CEO Selection, and Corporate Governance, in: The Journal of Finance, 63. Jg., Heft 6, S. 2737-2784.

GOFFMAN, E. (1959): The Presentation of Self in Everyday Life, New York 1959.

GOLDBERG, J./ VON NITZSCH, R. (2000): Behavioral Finance: Gewinnen mit Kompetenz, 3. Aufl., München 2000.

GOLDEN, W./ POWELL, P. (2000): Towards a Definition of Flexibility: In Search of the Holy Grail?, in: Omega, 28. Jg., Heft 4, S. 373-384.

GOLTZ, S. M. (1992): A Sequential Learning Analysis of Decisions in Organizations to Escalate Investments Despite Continuing Costs or Losses, in: Journal of Applied Behavior Analysis, 25. Jg., Heft 3, S. 561-574.

GOLTZ, S. M. (1993): Examining the Joint Roles of Responsibility and Reinforcement History in Recommitment, in: Decision Sciences, 24. Jg., Heft 5, S. 977-994.

GORDON, M. E./ SLADE, L. A./ SCHMITT, N. (1986): The “Science of the Sophomore” Revisited: From Conjecture to Empiricism, in: Academy of Management Review, 11. Jg., Heft 1, S. 191-207.

GORDON, M. E./ SLADE, L. A./ SCHMITT, N. (1987): Student Guinea Pigs: Porcine Predictors and Particularistic Phenomena, in: Academy of Management Review, 12. Jg., Heft 1, S. 160-163.

GORT, C./ WANG, M. (2010): Overconfidence and Active Management, in: Bruce, B. (Hrsg.): Handbook of Behavioral Finance, Cheltenham, S. 241-263.

GRABLE, J. E. (2000): Financial Risk Tolerance and Additional Factors That Affect Risk Taking in Everyday Money Matters, in: Journal of Business and Psychology, 14. Jg., Heft 4, S. 625-630.

Graham, J. R./ Harvey, C. R. (2001): The Theory and Practice of Corporate Finance: Evidence from the Field, in: Journal of Financial Economics, 60. Jg., Heft 2, S. 187-243.

Gul, F. A. (1986): Tolerance for Ambiguity, Auditors' Opinions and Their Effects on Decision Making, in: Accounting and Business Research, 16. Jg., Heft 62, S. 99-105.

Gunia, B. C./ Sivanathan, N./ Galinsky, A. D. (2009): Vicarious Entrapment: Your Sunk Costs, My Escalation of Commitment, in: Journal of Experimental Social Psychology, 45. Jg., Heft 6, S. 1238-1244.

Guttman, L. (1954): Some Necessary Conditions for Common-Factor Analysis, in: Psychometrika, 19. Jg., Heft 2, S. 149-161.

Hallahan, T. A./ Faff, R. W./ McKenzie, M. D. (2004): An Empirical Investigation of Personal Financial Risk Tolerance, in: Financial Services Review, 13. Jg., Heft 1, S. 57-78.

Hantula, D. A./ DeNicolis Bragger, J. L. (1999): The Effects of Feedback Equivocality on Escalation of Commitment: An Empirical Investigation of Decision Dilemma Theory, in: Journal of Applied Social Psychology, 29. Jg., Heft 2, S. 424-444.

Harrell, A./ Harrison, P. D. (1994): An Incentive to Shirk, Privately Held Information, and Managers' Project Evaluation Decisions, in: Accounting, Organizations and Society, 19. Jg., Heft 7, S. 569-577.

Harrison, P. D./ Harrell, A. (1993): Impact of “Adverse Selection” on Managers' Project Evaluation Decisions, in: Academy of Management Journal, 36. Jg., Heft 3, S. 635-643.

Hartig, J./ Frey, A./ Jude, N. (2012): Validität, in: Moosbrugger, H./ Kelava, A. (Hrsg.): Testtheorie und Fragebogenkonstruktion, 2. Aufl., Heidelberg, S. 143-171.

Hartung, J./ Elpelt, B./ Klösener, K.-H. (2012): Statistik: Lehr-und Handbuch der angewandten Statistik, München 2012.

Harvey, P./ Victoravich, L. M. (2009): The Influence of Forward-Looking Antecedents, Uncertainty, and Anticipatory Emotions on Project Escalation, in: Decision Sciences, 40. Jg., Heft 4, S. 759-782.

Hattie, J. (1985): Methodology Review: Assessing Unidimensionality of Tests and Items, in: Applied Psychological Measurement, 9. Jg., Heft 2, S. 139-164.

Haug, S. (2003): Wissenschaftstheoretische Problembereiche empirischer Wirtschafts- und Sozialforschung. Induktive Forschungslogik, naiver Realismus, Instrumentalismus, Relativismus, in: Frank, U. (Hrsg.): Wissenschaftstheorie in Ökonomie und Wirtschaftsinformatik, Koblenz, S. 77-97.

Haunschild, P. R./ Davis-Blake, A./ Fichman, M. (1994): Managerial Overcommitment in Corporate Acquisition Processes, in: Organization Science, 5. Jg., Heft 4, S. 528-540.

He, X./ Mittal, V. (2007): The Effect of Decision Risk and Project Stage on Escalation of Commitment, in: Organizational Behavior and Human Decision Processes, 103. Jg., Heft 2, S. 225-237.

Heath, C. (1995): Escalation and De-Escalation of Commitment in Response to Sunk Costs: The Role of Budgeting in Mental Accounting, in: Organizational Behavior and Human Decision Processes, 62. Jg., Heft 1, S. 38-54.

Heaton, J. B. (2002): Managerial Optimism and Corporate Finance, in: Financial Management, 31. Jg., Heft 2, S. 33-45.

Heigl, J. (2014): Qualität vertriebsseitiger Marktforschungsinformationen: Messung und Einflussfaktoren, Hamburg 2014.

Heinrich-Heine-Universität (2015): Studierendenstatistik als Fachfälle im Sommersemester 2015, zugänglich über: mitarbeiter.hhu.de/fileadmin/redaktion/ZUV/Dezernat_5/Statistiken/Allgemeine_Statistik/Sommersemester/SS_2015_3_Fachfaelle.pdf (abgerufen am: 10.07.2015).

Hempel, C. G./ Oppenheim, P. (1948): Studies in the Logic of Explanation, in: Philosophy of Science, 15. Jg., Heft 2, S. 135-175.

Herche, J./ Engelland, B. (1996): Reversed-Polarity Items and Scale Unidimensionality, in: Journal of the Academy of Marketing Science, 24. Jg., Heft 4, S. 366-374.

Higgins, E. T. (1996): Knowledge Activation: Accessibility, Applicability, and Salience, in: Higgins, E. T./ Kruglanski, A. W. (Hrsg.): Social Psychology: Handbook of Basic Principles, New York, S. 133-168.

Higgins, E. T./ Chaires, W. M. (1980): Accessibility of Interrelational Constructs: Implications for Stimulus Encoding and Creativity, in: Journal of Experimental Social Psychology, 16. Jg., Heft 4, S. 348-361.

Higgins, E. T./ King, G. A. (1981): Accessibility of Social Constructs: Information Processing Consequences of Individual and Contextual Variability, in: Cantor, N./ Kihlstrom, J. F. (Hrsg.): Personality, Cognition, and Social Interaction, Hillsdale, S. 69-121.

Higgins, E. T./ King, G. A./ Mavin, G. H. (1982): Individual Construct Accessibility and Subjective Impressions and Recall, in: Journal of Personality and Social Psychology, 43. Jg., Heft 1, S. 35-47.

Hildebrandt, L./ Temme, D. (2006): Probleme der Validierung mit Strukturgleichungsmodellen, in: Die Betriebswirtschaft, 66. Jg., Heft 6, S. 618-639.

Hilpisch, Y. (2006): Options Based Management: Vom Realoptionsansatz zur optionsbasierten Unternehmensführung, Wiesbaden 2006.

Hmieleski, K. M./ Baron, R. A. (2009): Entrepreneurs' Optimism and New Venture Performance: A Social Cognitive Perspective, in: Academy of Management Journal, 52. Jg., Heft 3, S. 473-488.

Hodder, J. E./ Riggs, H. E. (1985): Pitfalls in Evaluating Risky Projects, in: Harvard Business Review, 63. Jg., Heft 1, S. 128-135.

Hoelzl, E./ Loewenstein, G. (2005): Wearing out Your Shoes to Prevent Someone Else from Stepping into Them: Anticipated Regret and Social Takeover in Sequential Decisions, in: Organizational Behavior and Human Decision Processes, 98. Jg., Heft 1, S. 15-27.

Hofstedt, T. R. (1972): Some Behavioral Parameters of Financial Analysis, in: The Accounting Review, 47. Jg., Heft 4, S. 679-692.

Homburg, C./ Giering, A. (1996): Konzeptualisierung und Operationalisierung komplexer Konstrukte: Ein Leitfaden für die Marketingforschung, in: Marketing: Zeitschrift für Forschung und Praxis, 18. Jg., Heft 1, S. 5-24.

Homburg, C./ Klarmann, M. (2003): Empirische Controllingforschung – Anmerkungen aus der Perspektive des Marketing, in: Weber, J./ Hirsch, B. (Hrsg.): Zur Zukunft der Controllingforschung: Empirie, Schnittstellen und Umsetzung in der Lehre, 9. Band, Wiesbaden, S. 65-88.

Hommel, U. (1999): Der Realoptionsansatz: Das neue Standardverfahren der Investitionsrechnung, in: M&A Review, Heft 1 (1999), S. 22-29.

Hommel, U./ Pritsch, G. (1999): Marktorientierte Investitionsbewertung mit dem Realoptionsansatz: Ein Implementierungsleitfaden für die Praxis, in: Finanzmarkt und Portfolio Management, 13. Jg., Heft 2, S. 121-144.

Hommel, U./ Lehmann, H. (2001): Die Bewertung von Investitionsprojekten mit dem Realoptionsansatz – Ein Methodenüberblick, in: Hommel, U./ Scholich, M./ Vollrath, R. (Hrsg.): Realoptionen in der Unternehmenspraxis – Wert schaffen durch Flexibilität, Berlin, S. 113-129.

Howell, S. D./ Jägle, A. J. (1997): Laboratory Evidence on How Managers Intuitively Value Real Growth Options, in: Journal of Business Finance & Accounting, 24. Jg., Heft 7-8, S. 915-935.

Hsieh, K.-Y./ Tsai, W./ Chen, M.-J. (2015): If They Can Do It, Why Not Us? Competitors as Reference Points for Justifying Escalation of Commitment, in: Academy of Management Journal, 58. Jg., Heft 1, S. 38-58.

Huang, J.-B./ Tan, N./ Zhong, M.-R. (2014): Incorporating Overconfidence Into Real Option Decision-Making Model of Metal Mineral Resources Mining Project, in: Discrete Dynamics in Nature and Society, Jg. 2014, S. 1-11.

Huber, O. (2013): Das psychologische Experiment: Eine Einführung, Bern 2013.

Hull, J. C. (2015): Optionen, Futures und andere Derivate, 9. Aufl., München 2015.

Humphrey, S. E./ Moon, H./ Conlon, D. E./ Hofmann, D. A. (2004): Decision-Making and Behavior Fluidity: How Focus on Completion and Emphasis on Safety Changes over the Course of Projects, in: Organizational Behavior and Human Decision Processes, 93. Jg., Heft 1, S. 14-27.

HUTCHINSON, M./ NITE, C./ BOUCHET, A. (2015): Escalation of Commitment in United States Collegiate Athletic Departments: An Investigation of Social and Structural Determinants of Commitment, in: Journal of Sport Management, 29. Jg., Heft 1, S. 57-75.

INMAN, J. J./ ZEELENBERG, M. (2002): Regret in Repeat Purchase versus Switching Secisions: The Attenuating Role of Decision Justifiability, in: Journal of Consumer Research, 29. Jg., Heft 1, S. 116-128.

JACKSON, D. N. (1994): Jackson Personality Inventory – Revised, Port Huron 1994.

JACOBS-LAWSON, J. M./ HERSHEY, D. A. (2005): Influence of Future Time Perspective, Financial Knowledge, and Financial Risk Tolerance on Retirement Saving Behaviors, in: Financial Services Review, 14. Jg., Heft 4, S. 331-344.

JANI, A. (2008): An Experimental Investigation of Factors Influencing Perceived Control Over a Failing IT Project, in: International Journal of Project Management, 26. Jg., Heft 7, S. 726-732.

JANI, A. (2011): Escalation of Commitment in Troubled IT Projects: Influence of Project Risk Factors and Self-Efficacy on the Perception of Risk and the Commitment to a Failing Project, in: International Journal of Project Management, 29. Jg., Heft 7, S. 934-945.

JANIS, I. L. (1971): Groupthink, in: Psychology Today, 5. Jg., Heft 6, S. 84-90.

JANIS, I. L. (1972): Victims of Groupthink: A Psychological Study of Foreign Decisions and Fiascoes, Boston 1972.

JANIS, I. L. (1982): Groupthink: Psychological Studies of Policy Decisions and Fiascoes, 2. Aufl., Boston 1982.

JANNEY, J. J./ DESS, G. G. (2004): Can Real-Options Analysis Improve Decision-Making? Promises and Pitfalls, in: The Academy of Management Executive, 18. Jg., Heft 4, S. 60-75.

JARVIS, C. B./ MACKENZIE, S. B./ PODSAKOFF, P. M. (2003): A Critical Review of Construct Indicators and Measurement Model Misspecification in Marketing and Consumer Research, in: Journal of Consumer Research, 30. Jg., Heft 2, S. 199-218.

JEFFREY, C. (1992): The Relation of Judgment, Personal Involvement, and Experience in the Audit of Bank Loans, in: Accounting Review, 67. Jg., Heft 4, S. 802-819.

JENSEN, J. M./ CONLON, D. E./ HUMPHREY, S. E./ MOON, H. (2011): The Consequences of Completion: How Level of Completion Influences Information Concealment by Decision Makers, in: Journal of Applied Social Psychology, 41. Jg., Heft 2, S. 401-428.

JENSEN, M. C./ MECKLING, W. H. (1976): Theory of the Firm: Managerial Behavior, Agency Costs and Ownership Structure, in: Journal of Financial Economics, 3. Jg., Heft 4, S. 305-360.

JERUSALEM, M./ SCHWARZER, R. (1986): Selbstwirksamkeit, in: Schwarzer, R. (Hrsg.): Skalen zur Befindlichkeit und Persönlichkeit, Berlin, S. 15-28.

JONES, E. E./ PITTMAN, T. S. (1982): Toward a General Theory of Strategic Self-Presentation, in: Suls, J. (Hrsg.): Psychological Perspectives on the Self, 1. Band, New York, S. 231-262.

JUDGE, T. A./ EREZ, A./ BONO, J. E. (1998): The Power of Being Positive: The Relation Between Positive Self-Concept and Job Performance, in: Human Performance, 11. Jg., Heft 2-3, S. 167-187.

JULIUSSON, A. (2006): Optimism as Modifier of Escalation of Commitment, in: Scandinavian Journal of Psychology, 47. Jg., Heft 5, S. 345-348.

KADOUS, K./ SEDOR, L. M. (2004): The Efficacy of Third-Party Consultation in Preventing Managerial Escalation of Commitment: The Role of Mental Representations, in: Contemporary Accounting Research, 21. Jg., Heft 1, S. 55-82.

KAHNEMAN, D./ TVERSKY, A. (1979): Prospect Theory: An Analysis of Decision Under Risk, in: Econometrica, 47. Jg., Heft 2, S. 263-291.

KAHNEMAN, D./ TVERSKY, A. (1982): The Psychology of Preferences, in: Scientific American, 246. Jg., Heft 1, S. 136-142.

KAHNEMAN, D./ TVERSKY, A. (1984): Choices, Values, and Frames, in: American Psychologist, 39. Jg., Heft 4, S. 341-350.

KAHNEMAN, D./ MILLER, D. T. (1986): Norm Theory: Comparing Reality to Its Alternatives, in: Psychological Review, 93. Jg., Heft 2, S. 136-153.

KAISER, H. F. (1960): The Application of Electronic Computers to Factor Analysis, in: Educational and Psychological Measurement, 20. Jg., Heft 1, S. 141-151.

KAISER, H. F. (1970): A Second Generation Little Jiffy, in: Psychometrika, 35. Jg., Heft 4, S. 401-415.

KAISER, H. F./ RICE, J. (1974): Little Jiffy, Mark IV, in: Educational and Psychological Measurement, 34. Jg., S. 111-117.

KAMEDA, T./ SUGIMORI, S. (1993): Psychological Entrapment in Group Decision Making: An Assigned Decision Rule and a Groupthink Phenomenon, in: Journal of Personality and Social Psychology, 65. Jg., Heft 2, S. 282-292.

KANODIA, C./ BUSHMAN, R./ DICKHAUT, J. W. (1989): Escalation Errors and the Sunk Cost Effect: An Explanation Based on Reputation and Information Asymmetries, in: Journal of Accounting Research, 27. Jg., Heft 1, S. 59-77.

KAPLAN, S. N./ RUBACK, R. S. (1995): The Valuation of Cash Flow Forecasts: An Empirical Analysis, in: The Journal of Finance, 50. Jg., Heft 4, S. 1059-1093.

KARAMI, M./ FARSANI, F. A. (2011): Real Option Method and Escalation of Commitment in the Evaluation of Investment Projects, in: American Journal of Economics and Business Administration, 3. Jg., Heft 3, S. 473-478.

KAREVOLD, K. I./ TEIGEN, K. H. (2010): Progress Framing and Sunk Costs: How Managers' Statements About Project Progress Reveal Their Investment Intentions, in: Journal of Economic Psychology, 31. Jg., Heft 4, S. 719-731.

KARLSSON, N./ JULIUSSON, Á./ GÄRLING, T. (2005): A Conceptualisation of Task Dimensions Affecting Escalation of Commitment, in: European Journal of Cognitive Psychology, 17. Jg., Heft 6, S. 835-858.

KARLSSON, N./ GÄRLING, T./ BONINI, N. (2005): Escalation of Commitment with Transparent Future Outcomes, in: Experimental Psychology, 52. Jg., Heft 1, S. 67-73.

KARLSSON, N./ JULIUSSON, Á./ GRANKVIST, G./ GÄRLING, T. (2002): Impact of Decision Goal on Escalation, in: Acta Psychologica, 111. Jg., Heft 3, S. 309-322.

KATZ, D./ KAHN, R. L. (1966): The Social Psychology of Organizations, New York 1966.

KEIL, M. (1995): Escalation of Commitment in Information Systems Development: A Comparison of Three Theories, in: Moore, D. P. (Hrsg.): Academy of Management Proceedings, Vancouver, S. 348-352.

KEIL, M./ FLATTO, J. (1999): Information Systems Project Escalation: A Reinterpretation Based on Options Theory, in: Accounting, Management and Information Technologies, 9. Jg., Heft 2, S. 115-139.

KEIL, M./ TRUEX III, D. P./ MIXON, R. (1995): The Effects of Sunk Cost and Project Completion on Information Technology Project Escalation, in: IEEE Transactions on Engineering Management, 42. Jg., Heft 4, S. 372-381.

KEIL, M./ MANN, J./ RAI, A. (2000): Why Software Projects Escalate: An Empirical Analysis and Test of Four Theoretical Models, in: MIS Quarterly, 24. Jg., Heft 4, S. 631-664.

KEIL, M./ WALLACE, L./ TURK, D./ DIXON-RANDALL, G./ NULDEN, U. (2000a): An Investigation of Risk Perception and Risk Propensity on the Decision to Continue a Software Development Project, in: Journal of Systems and Software, 53. Jg., Heft 2, S. 145-157.

KEIL, M./ TAN, B. C./ WEI, K.-K./ SAARINEN, T./ TUUNAINEN, V./ WASSENAAR, A. (2000b): A Cross-Cultural Study on Escalation of Commitment Behavior in Software Projects, in: MIS Quarterly, 24. Jg., Heft 2, S. 299-325.

KELLEY, H. H. (1973): The Processes of Causal Attribution, in: American Psychologist, 28. Jg., Heft 2, S. 107-128.

KEMNA, A. G. Z. (1993): Case Studies on Real Options, in: Financial Management, 22. Jg., Heft 3, S. 259-270.

KESTER, W. C. (1984): Today's Options for Tomorrow's Growth, in: Harvard Business Review, 62. Jg., Heft 2, S. 153-160.

KHERA, I. P./ BENSON, J. D. (1970): Are Students Really Poor Substitutes for Businessmen in Behavioral Research?, in: Journal of Marketing Research, 7. Jg., Heft 4, S. 529-532.

KIESLER, C. A. (1971): The Psychology of Commitment, San Diego 1971.

KING, J. L./ SCHREMS, E. L. (1978): Cost-Benefit Analysis in Information Systems Development and Operation, in: Computing Surveys, 10. Jg., Heft 1, S. 19-34.

KING, M. F./ BRUNER, G. C. (2000): Social Desirability Bias: A Neglected Aspect of Validity Testing, in: Psychology and Marketing, 17. Jg., Heft 2, S. 79-103.

KIRBY, S. L./ DAVIS, M. A. (1998): A Study of Escalating Commitment in Principal-Agent Relationships: Effects of Monitoring and Personal Responsibility, in: Journal of Applied Psychology, 83. Jg., Heft 2, S. 206-217.

KLAYMAN, J./ SOLL, J. B./ GONZÁLEZ-VALLEJO, C./ BARLAS, S. (1999): Overconfidence: It Depends on How, What, and Whom You Ask, in: Organizational Behavior and Human Decision Processes, 79. Jg., Heft 3, S. 216-247.

KLEINBAUM, D./ KUPPER, L./ NIZAM, A./ ROSENBERG, E. (2013): Applied Regression Analysis and Other Multivariable Methods, 5. Aufl., Boston 2013.

KNUDSEN, T. S./ MEISTER, B./ ZERVOS, M. (1999): On the Relationship of the Dynamic Programming Approach and the Contingent Claim Approach to Asset Valuation, in: Finance and Stochastics, 3. Jg., Heft 4, S. 433-449.

KOELLINGER, P./ MINNITI, M./ SCHADE, C. (2007): "I Think I Can, I Think I Can": Overconfidence and Entrepreneurial Behavior, in: Journal of Economic Psychology, 28. Jg., Heft 4, S. 502-527.

KOGUT, B./ KULATILAKA, N. (1994): Options Thinking and Platform Investments: Investing in Opportunity, in: California Management Review, 36. Jg., Heft 2, S. 52-71.

KOGUT, B./ KULATILAKA, N. (2001): Capabilities as Real Options, in: Organization Science, 12. Jg., Heft 6, S. 744-758.

KOGUT, B./ KULATILAKA, N. (2004): Real Options Pricing and Organizations: The Contingent Risks of Extended Theoretical Domains, in: Academy of Management Review, 29. Jg., Heft 1, S. 102-110.

KOPALLE, P. K./ LEHMANN, D. R. (1997): Alpha Inflation? The Impact of Eliminating Scale Items on Cronbach's Alpha, in: Organizational Behavior and Human Decision Processes, 70. Jg., Heft 3, S. 189-197.

KORNMEIER, M. (2007): Wissenschaftstheorie und wissenschaftliches Arbeiten: Eine Einführung für Wirtschaftswissenschaftler, Heidelberg 2007.

KORZAAN, M./ MORRIS, S. A. (2009): Individual Characteristics and the Intention to Continue Project Escalation, in: Computers in Human Behavior, 25. Jg., Heft 6, S. 1320-1330.

Krauth, J. (2000): Experimental Design: A Handbook and Dictionary for Medical and Behavioral Research, 14. Aufl., Amsterdam 2000.

Krolle, S./ Oßwald, U. (2001): Wertorientierte Strategieberatung mit Real Option Valuation™, in: Finanz Betrieb, 3. Jg., Heft 4, S. 233-239.

Kruschwitz, L. (2014): Investitionsrechnung, 14. Aufl., München 2014.

Ku, G. (2008a): Learning to De-Escalate: The Effects of Regret in Escalation of Commitment, in: Organizational Behavior and Human Decision Processes, 105. Jg., Heft 2, S. 221-232.

Ku, G. (2008b): Before Escalation: Behavioral and Affective Forecasting in Escalation of Commitment, in: Personality and Social Psychology Bulletin, 34. Jg., Heft 11, S. 1477-1491.

Ku, G./ Malhotra, D./ Murnighan, J. K. (2005): Towards a Competitive Arousal Model of Decision-Making: A Study of Auction Fever in Live and Internet Auctions, in: Organizational Behavior and Human Decision Processes, 96. Jg., Heft 2, S. 89-103.

Kühberger, A. (1998): The Influence of Framing on Risky Decisions: A Meta-Analysis, in: Organizational Behavior and Human Decision Processes, 75. Jg., Heft 1, S. 23-55.

Kulatilaka, N./ Perotti, E. C. (1998): Strategic Growth Options, in: Management Science, 44. Jg., Heft 8, S. 1021-1031.

Kunda, Z. (1987): Motivated Inference: Self-Serving Generation and Evaluation of Causal Theories, in: Journal of Personality and Social Psychology, 53. Jg., Heft 4, S. 636-647.

Kunz, J. (2013a): Escalation of Commitment, in: Wirtschaftswissenschaftliches Studium, 42. Jg., Heft 11, S. 650-652.

Kunz, J. (2013b): Die psychologische und ökonomische Perspektive in der BWL: Eine Diskussion am Beispiel der Literatur zum Escalation of Commitment, in: Die Betriebswirtschaft, 73. Jg., Heft 3, S. 205-219.

Kwong, J. Y. Y./ Wong, K. F. E. (2014): Reducing and Exaggerating Escalation of Commitment by Option Partitioning, in: Journal of Applied Psychology, 99. Jg., Heft 4, S. 697-712.

Lance, C. E./ Butts, M. M./ Michels, L. C. (2006): The Sources of Four Commonly Reported Cutoff Criteria: What Did They Really Say?, in: Organizational Research Methods, 9. Jg., Heft 2, S. 202-220.

Lander, D. M./ Pinches, G. E. (1998): Challenges to the Practical Implementation of Modeling and Valuing Real Options, in: The Quarterly Review of Economics and Finance, 38. Jg., Heft 3, S. 537-567.

Landman, J. (1987): Regret and Elation Following Action and Inaction: Affective Responses to Positive versus Negative Outcomes, in: Personality and Social Psychology Bulletin, 13. Jg., Heft 4, S. 524-536.

LANGE, E. C. (1993): Abbruchentscheidung bei F&E-Projekten, Wiesbaden 1993.

LANGER, E. J. (1975): The Illusion of Control, in: Journal of Personality and Social Psychology, 32. Jg., Heft 2, S. 311-328.

LANKTON, N./ LUFT, J. (2008): Uncertainty and Industry Structure Effects on Managerial Intuition about Information Technology Real Options, in: Journal of Management Information Systems, 25. Jg., Heft 2, S. 203-240.

LARRICK, R. P. (1993): Motivational Factors in Decision Theories: The Role of Self-Protection, in: Psychological Bulletin, 113. Jg., Heft 3, S. 440-450.

LATCHEVA, R./ DAVIDOV, E. (2014): Skalen und Indizes, in: Baur, N./ Blasius, J. (Hrsg.): Handbuch Methoden der empirischen Sozialforschung, Wiesbaden, S. 745-756.

LAUX, H. (1971): Flexible Investitionsplanung: Einführung in die Theorie der sequentiellen Entscheidungen bei Unsicherheit, Opladen 1971.

LAUX, H. (2006): Wertorientierte Unternehmensführung und Kapitalmarkt: Fundierung von Unternehmenszielen und Anreize für ihre Umsetzung, 2. Aufl., Berlin 2006.

LAUX, H./ GILLENKIRCHEN, R. M./ SCHENK-MATHES, H. Y. (2014): Entscheidungstheorie, 9. Aufl., Berlin/Heidelberg 2014.

LAY, C. H. (1988): The Relationship of Procrastination and Optimism to Judgments of Time to Complete an Essay and Anticipation of Setbacks, in: Journal of Social Behavior and Personality, 3. Jg., Heft 3, S. 201-214.

LEATHERWOOD, M. L./ CONLON, E. J. (1987): Diffusibility of Blame: Effects on Persistence in a Project, in: Academy of Management Journal, 30. Jg., Heft 4, S. 836-847.

LECHLER, T. G./ THOMAS, J. L. (2015): Examining New Product Development Project Termination Decision Quality at the Portfolio Level: Consequences of Dysfunctional Executive Advocacy, in: International Journal of Project Management, 33. Jg., Heft 7, S. 1452-1463.

LEE, D. Y./ TSANG, E. W. K. (2001): The Effects of Entrepreneurial Personality, Background and Network Activities on Venture Growth, in: Journal of Management Studies, 38. Jg., Heft 4, S. 583-602.

LEE, J. S./ KEIL, M./ KASI, V. (2012): The Effect of an Initial Budget and Schedule Goal on Software Project Escalation, in: Journal of Management Information Systems, 29. Jg., Heft 1, S. 53-78.

LEONHART, R. (2008): Psychologische Methodenlehre Statistik, München 2008.

LESLIE, K. J./ MICHAELS, M. P. (1997): The Real Power of Real Options, in: The McKinsey Quarterly, 33. Jg., Heft 3, S. 4-22.

LEWICKI, R. (1980): Bad Loan Psychology: Entrapment in Financial Lending, präsentiert bei: Academy of Management Annual Meeting, Detroit.

Li, Y./ James, B. E./ Madhavan, R./ Mahoney, J. T. (2007): Real Options: Taking Stock and Looking Ahead, in: Reuer, J. J./ Tong, T. W. (Hrsg.): Advances in Strategic Management: Real Options Theory, 24. Band, Oxford, S. 31-66.

Liebler, H. (1996): Strategische Optionen: Eine kapitalmarktorientierte Bewertung von Investitionen unter Unsicherheit, Konstanz 1996.

Lin, L./ Kulatilaka, N. (2007): Strategic Growth Options in Network Industries, in: Reuer, J. J./ Tong, T. W. (Hrsg.): Advances in Strategic Management: Real Options Theory, 24. Band, Oxford, S. 177-198.

Loewenstein, G. F./ Weber, E. U./ Hsee, C. K./ Welch, N. (2001): Risk as Feelings, in: Psychological Bulletin, 127. Jg., Heft 2, S. 267-286.

Longstaff, F. A./ Schwartz, E. S. (2001): Valuing American Options by Simulation: A Simple Least-Squares Approach, in: Review of Financial Studies, 14. Jg., Heft 1, S. 113-147.

Loomes, G./ Sugden, R. (1982): Regret Theory: An Alternative Theory of Rational Choice under Uncertainty, in: The Economic Journal, 92. Jg., Heft 368, S. 805-824.

Lord, C. G./ Ross, L./ Lepper, M. R. (1979): Biased Assimilation and Attitude Polarization: The Effects of Prior Theories on Subsequently Considered Evidence, in: Journal of Personality and Social Psychology, 37. Jg., Heft 11, S. 2098-2109.

Luehrman, T. A. (1998): Investment Opportunities as Real Options: Getting Started on the Numbers, in: Harvard Business Review, 76. Jg., Heft 4, S. 51-67.

Luomala, H. T./ Laaksonen, M. (2000): Contributions from Mood Research, in: Psychology and Marketing, 17. Jg., Heft 3, S. 195-233.

Machina, M. J. (1989): Dynamic Consistency and Non-Expected Utility Models of Choice under Uncertainty, in: Journal of Economic Literature, 27. Jg., Heft 4, S. 1622-1668.

Magee, J. F. (1964): How to Use Decision Trees in Capital Investment, in: Harvard Business Review, 42. Jg., Heft 5, S. 79-96.

Mahlendorf, M. D. (2015): Allowance for Failure: Reducing Dysfunctional Behavior by Innovating Accountability Practices, in: Journal of Management & Governance, 19. Jg., Heft 3, S. 655-686.

Mahlendorf, M. D./ Wallenburg, C. M. (2013): Public Justification and Investment in Failing Projects: The Moderating Effect of Optimistic Outcome Expectations, in: Journal of Applied Social Psychology, 43. Jg., Heft 11, S. 2271-2286.

Majd, S./ Pindyck, R. S. (1987): Time to Build, Option Value, and Investment Decisions, in: Journal of Financial Economics, 18. Jg., Heft 1, S. 7-27.

Malmendier, U./ Tate, G. (2005): CEO Overconfidence and Corporate Investment, in: The Journal of Finance, 60. Jg., Heft 6, S. 2661-2700.

Mangold, S. (2013): Optionspreistheoretische Modellierung betrieblicher Ausbildungsinvestitionen, Düsseldorf 2013.

March, J. G./ Shapira, Z. (1987): Managerial Perspectives on Risk and Risk Taking, in: Management Science, 33. Jg., Heft 11, S. 1404-1418.

Margrabe, W. (1978): The Value of an Option to Exchange One Asset for Another, in: The Journal of Finance, 33. Jg., Heft 1, S. 177-186.

Markowitz, H. (1952): Portfolio Selection, in: The Journal of Finance, 7. Jg., Heft 1, S. 77-91.

Mason, S. P./ Merton, R. C. (1985): The Role of Contingent Claims Analysis in Corporate Finance, in: Altman, E. I./ Subrahmanyam, M. G. (Hrsg.): Recent Advances in Corporate Finance, Homewood, S. 7-54.

McAfee, R. P./ Mialon, H. M./ Mialon, S. H. (2010): Do Sunk Costs Matter?, in: Economic Inquiry, 48. Jg., Heft 2, S. 323-336.

McCain, B. E. (1986): Continuing Investment under Conditions of Failure: A Laboratory Study of the Limits to Escalation, in: Journal of Applied Psychology, 71. Jg., Heft 2, S. 280-284.

McCarthy, A. M./ Schoorman, F. D./ Cooper, A. C. (1993): Reinvestment Decisions by Entrepreneurs: Rational Decision-Making or Escalation of Commitment?, in: Journal of Business Venturing, 8. Jg., Heft 1, S. 9-24.

McClelland, D. (1980): Motive Dispositions: The Merits of Operant and Respondent Measures, in: Wheeler, L. (Hrsg.): Review of Personality and Social Psychology, 1. Aufl., New York, S. 10-41.

McCrae, R. R./ Costa, P. T. (1994): The Stability of Personality: Observations and Evaluations, in: Current Directions in Psychological Science, 3. Jg., Heft 6, S. 173-175.

McDonald, R. L. (2006): The Role of Real Options in Capital Budgeting: Theory and Practice, in: Journal of Applied Corporate Finance, 18. Jg., Heft 2, S. 28-39.

McDonald, R. L./ Siegel, D. (1986): The Value of Waiting to Invest, in: Quarterly Journal of Economics, 101. Jg., Heft 4, S. 707-727.

McDonald, R. P. (1981): The Dimensionality of Tests and Items, in: British Journal of Mathematical and Statistical Psychology, 34. Jg., Heft 1, S. 100-117.

McDougall, W. (1908): An Introduction to Social Psychology, London 1908.

McGrath, R. G. (1997): A Real Options Logic for Initiating Technology Positioning Investments, in: Academy of Management Review, 22. Jg., Heft 4, S. 974-996.

McGrath, R. G. (1999): Falling Forward: Real Options Reasoning and Entrepreneurial Failure, in: Academy of Management Review, 24. Jg., Heft 1, S. 13-30.

McNamara, G./ Moon, H./ Bromiley, P. (2002): Banking on Commitment: Intended and Unintended Consequences of an Organization's Attempt to Attenuate Escalation of Commitment, in: Academy of Management Journal, 45. Jg., Heft 2, S. 443-452.

Meffert, H./ Burmann, C./ Kirchgeorg, M. (2015): Marketing – Grundlagen marktorientierter Unternehmensführung: Konzepte – Instrumente – Praxisbeispiele, 12. Aufl., Wiesbaden 2015.

Meier, G./ Albrecht, M. H. (2003): The Persistence Process: Development of a Stage Model for Goal-Directed Behavior, in: Journal of Leadership & Organizational Studies, 10. Jg., Heft 2, S. 43-54.

Meise, F. (1998): Realoptionen als Investitionskalkül: Bewertung von Investitionen unter Unsicherheit, München 1998.

Merton, R. C. (1973): Theory of Rational Option Pricing, in: The Bell Journal of Economics and Management Science, 4. Jg., Heft 1, S. 141-183.

Merton, R. C. (1976): Option Pricing when Underlying Stock Returns are Discontinuous, in: Journal of Financial Economics, 3. Jg., Heft 1-2, S. 125-144.

Mielke, R. (1982): Locus of Control – Ein Überblick über den Forschungsgegenstand, in: Mielke, R. (Hrsg.): Interne/Externe Kontrollüberzeugung: Theoretische und empirische Arbeiten zum Locus of Control-Konstrukt, Stuttgart, S. 15-42.

Miller, D./ De Vries, M. F. K./ Toulouse, J.-M. (1982): Top Executive Locus of Control and Its Relationship to Strategy-Making, Structure, and Environment, in: Academy of Management Journal, 25. Jg., Heft 2, S. 237-253.

Miller, D. T./ Ross, M. (1975): Self-Serving Biases in the Attribution of Causality: Fact or Fiction?, in: Psychological Bulletin, 82. Jg., Heft 2, S. 213-225.

Miller, K. D./ Shapira, Z. (2004): An Empirical Test of Heuristics and Biases Affecting Real Option Valuation, in: Strategic Management Journal, 25. Jg., Heft 3, S. 269-284.

Mock, T. J. (1969): Comparative Values of Information Structures, in: Journal of Accounting Research, 7. Jg., S. 124-159.

Mölls, S. H./ Schild, K.-H. (2006): Einfluss der minimalen Investitionsrate in sequentiellen Projekten, in: Zeitschrift für Betriebswirtschaft, 76. Jg., Heft 7-8, S. 735-757.

Moon, H. (2001): Looking Forward and Looking Back: Integrating Completion and Sunk-Cost Effects within an Escalation-of-Commitment Progress Decision, in: Journal of Applied Psychology, 86. Jg., Heft 1, S. 104-113.

Moosbrugger, H./ Schermelleh-Engel, K. (2012): Exploratorische (EFA) und Konfirmatorische Faktorenanalyse (CFA), in: Moosbrugger, H./ Kelava, A. (Hrsg.): Testtheorie und Fragebogenkonstruktion, 2. Aufl., Heidelberg, S. 325-343.

Moscovici, S./ Zavalloni, M. (1969): The Group as a Polarizer of Attitudes, in: Journal of Personality and Social Psychology, 12. Jg., Heft 2, S. 125-135.

Moser, K. (1996): Commitment in Organisationen, Bern 1996.

Moser, K./ Hahn, T./ Galais, N. (2000): Expertentum und eskalierendes Commitment, in: Gruppendynamik und Organisationsberatung, 31. Jg., Heft 4, Gruppendynamik und Organisationsberatung, S. 439-449.

Moser, K./ Wolff, H.-G./ Kraft, A. (2013): The De-Escalation of Commitment: Predecisional Accountability and Cognitive Processes, in: Journal of Applied Social Psychology, 43. Jg., Heft 2, S. 363-376.

Müller, D. (2004): Realoptionsmodelle und Investitionscontrolling im Mittelstand: Eine Analyse am Beispiel unweltfokussierter Investitionen, Wiesbaden 2004.

Müller, H. J./ Krummenacher, J./ Schubert, T. (2015): Aufmerksamkeit und Handlungssteuerung, Berlin/Heidelberg 2015.

Müller, R. (2008): Finanzcontrolling – Eine verhaltensorientierte Analyse der Rationalitätsdefizite und Rationalitätssicherung im Finanzmanagement, Wiesbaden 2008.

Murphy, R. O./ Knaus, S. D. (2011): Real Options in the Laboratory: An Experimental Study of Sequential Investment Decisions, präsentiert bei: The 2011 Annual Meeting of the Academy of Behavioral Finance & Economics, Los Angeles.

Myers, S. C. (1968): A Time-State-Preference Model of Security Valuation, in: Journal of Financial and Quantitative Analysis, 3. Jg., Heft 1, S. 1-33.

Myers, S. C. (1977): Determinants of Corporate Borrowing, in: Journal of Financial Economics, 5. Jg., Heft 2, S. 147-175.

Myers, S. C. (1984): Finance Theory and Financial Strategy, in: Interfaces, 14. Jg., Heft 1, S. 126-137.

Myers, S. C. (1996): Fischer Black's Contributions to Corporate Finance, in: Financial Management, 25. Jg., Heft 4, S. 95-103.

Myers, S. C./ Majd, S. (1990): Abandonment Value and Project Life, in: Fabozzi, F. J. (Hrsg.): Advances in Futures an Options: A Research Annual, 4. Aufl., Greenwich, S. 1-21.

Mynatt, C. R./ Doherty, M. E./ Tweney, R. D. (1977): Confirmation Bias in a Simulated Research Environment: An Experimental Study of Scientific Inference, in: The Quarterly Journal of Experimental Psychology, 29. Jg., Heft 1, S. 85-95.

N'gbala, A./ Branscombe, N. R. (1997): When Does Action Elicit More Regret than Inaction and Is Counterfactual Mutation the Mediator of This Effect?, in: Journal of Experimental Social Psychology, 33. Jg., Heft 3, S. 324-343.

Nathanson, S./ Brockner, J./ Brenner, D./ Samuelson, C./ Countryman, M./ Lloyd, M./ Rubin, J. Z. (1982): Toward the Reduction of Entrapment, in: Journal of Applied Social Psychology, 12. Jg., Heft 3, S. 193-208.

Newman, M./ Sabherwal, R. (1996): Determinants of Commitment to Information Systems Development: A Longitudinal Investigation, in: MIS Quarterly, 20. Jg., Heft 1, S. 23-54.

Nippel, P. (1994): Stellungnahme zu: Die Behandlung von Optionen in der betrieblichen Investitionsrechnung, von Stefan Eble und Rainer Völker, in: Die Unternehmung, 48. Jg., Heft 2, S. 149-152.

North, D. C. (1990): Institutions, Institutional Change and Economic Performance, Cambridge 1990.

Northcraft, G. B./ Wolf, G. (1984): Dollars, Sense, and Sunk Costs: A Life Cycle Model of Resource Allocation Decisions, in: Academy of Management Review, 9. Jg., Heft 2, S. 225-234.

Northcraft, G. B./ Neale, M. A. (1986): Opportunity Costs and the Framing of Resource Allocation Decisions, in: Organizational Behavior and Human Decision Processes, 37. Jg., Heft 3, S. 348-356.

Norton, R. W. (1975): Measurement of Ambiguity Tolerance, in: Journal of Personality Assessment, 39. Jg., Heft 6, S. 607-619.

Nosic, A./ Weber, M. (2010): How Riskily Do I Invest? The Role of Risk Attitudes, Risk Perceptions, and Overconfidence, in: Decision Analysis, 7. Jg., Heft 3, S. 282-301.

Nunnally, J. C. (1967): Psychometric Theory, New York 1967.

Nunnally, J. C. (1978): Psychometric Theory, 2. Aufl., New York 1978.

Nunnally, J. C./ Bernstein, I. H. (1994): Psychometric Theory, 3. Aufl., New York 1994.

O'Brien, J./ Folta, T. (2009): Sunk Costs, Uncertainty and Market Exit: A Real Options Perspective, in: Industrial and Corporate Change, 18. Jg., Heft 5, S. 1-27.

O'Neill, O. A. (2009): Workplace Expression of Emotions and Escalation of Commitment, in: Journal of Applied Social Psychology, 39. Jg., Heft 10, S. 2396-2424.

Obermaier, R./ Saliger, E. (2013): Betriebswirtschaftliche Entscheidungstheorie: Einführung in die Logik individueller und kollektiver Entscheidungen, München 2013.

Odean, T. (1998): Are Investors Reluctant to Realize Their Losses?, in: The Journal of Finance, 53. Jg., Heft 5, S. 1775-1798.

Ojiako, U./ Chipulu, M./ Gardiner, P./ Williams, T./ Mota, C./ Maguire, S./ Shou, Y./ Stamati, T. (2014): Effect of Project Role, Age and Gender Differences on the Formation and Revision of Project Decision Judgements, in: International Journal of Project Management, 32. Jg., Heft 4, S. 556-567.

Olsson, H. (2014): Measuring Overconfidence: Methodological Problems and Statistical Artifacts, in: Journal of Business Research, 67. Jg., Heft 8, S. 1766-1770.

Osterloh, M. (2007): Psychologische Ökonomik: Integration statt Konfrontation. Die Bedeutung der psychologischen Ökonomik für die BWL, in: Zeitschrift für betriebswirtschaftliche Forschung, 56. Jg., Sonderheft, S. 82-111.

Oswald, M. E./ Grosjean, S. (2004): Confirmation Bias, in: Pohl, R. F. (Hrsg.): Cognitive Illusions: A Handbook on Fallacies and Biases in Thinking, Judgement and Memory, New York, S. 79-96.

Ott, S. H./ Thompson, H. E. (1996): Uncertain Outlays in Time-to-Build Problems, in: Managerial and Decision Economics, 17. Jg., Heft 1, S. 1-16.

Pacini, R./ Epstein, S. (1999): The Relation of Rational and Experiential Information Processing Styles to Personality, Basic Beliefs, and the Ratio-Bias Phenomenon, in: Journal of Personality and Social Psychology, 76. Jg., Heft 6, S. 972-987.

Panayi, S./ Trigeorgis, L. (1998): Multi-Stage Real Options: The Cases of Information Technology Infrastructure and International Bank Expansion, in: The Quarterly Review of Economics and Finance, 38. Jg., Heft 3, S. 675-692.

Parayre, R. (1995): The Strategic Implications of Sunk Costs: A Behavioral Perspective, in: Journal of Economic Behavior & Organization, 28. Jg., Heft 3, S. 417-442.

Parks, J. M./ Conlon, E. J. (1990): Justification and the Processing of Information, in: Journal of Applied Social Psychology, 20. Jg., Heft 9, S. 703-723.

Pedhazur, E. J./ Schmelkin, L. P. (1991): Measurement, Design, and Analysis: An Integrated Approach, New York 1991.

Peemöller, V. H./ Beckmann, C. (2005): Der Realoptionsansatz, in: Peemöller, V. H. (Hrsg.): Praxishandbuch der Unternehmensbewertung, Berlin, S. 797-811.

Percy, A./ McCrystal, P./ Higgins, K. (2008): Confirmatory Factor Analysis of the Adolescent Self-Report Strengths and Difficulties Questionnaire, in: European Journal of Psychological Assessment, 24. Jg., Heft 1, S. 43-48.

Peske, T. (2002): Eignung des Realoptionsansatzes für die Unternehmensführung, Köln 2002.

Peter, J. P. (1979): Reliability: A Review of Psychometric Basics and Recent Marketing Practices, in: Journal of Marketing Research, 16. Jg., Heft 1, S. 6-17.

Peter, J. P./ Churchill, G. A. (1986): Relationships Among Research Design Choices and Psychometric Properties of Rating Scales: A Meta-Analysis, in: Journal of Marketing Research, 23. Jg., Heft 1, S. 1-10.

Peterson, R. A. (1994): A Meta-Analysis of Cronbach's Coefficient Alpha, in: Journal of Consumer Research, 21. Jg., Heft 2, S. 381-391.

Pfeiffer, F./ Schönborn, S./ Mojzisch, A./ Schulz-Hardt, S. (2007): Der Einfluss einer uneindeutigen Informationslage auf eskalierendes Commitment: Ein Test der "Decision Dilemma Theory", in: Zeitschrift für Arbeits-und Organisationspsychologie, 51. Jg., Heft 4, S. 168-179.

PFNÜR, A./ SCHAEFER, C. (2001): Realoptionen als Instrument des Investitionscontrollings, in: Wirtschaftswissenschaftliches Studium, 30. Jg., Heft 5, S. 248-252.

PHILLIPS, L. D. (1982): Requisite Decision Modelling: A Case Study, in: Journal of the Operational Research Society, 33. Jg., Heft 4, S. 303-311.

PICOT, A. (1977): Bemerkungen zu Standort und Ergänzungsbedürftigkeit von Helmut Kochs "Betriebswirtschaftslehre als Wissenschaft vom Handeln", in: Köhler, R. (Hrsg.): Empirische und handlungstheoretische Forschungskonzeptionen in der Betriebswirtschaftslehre, Stuttgart, S. 143-152.

PINDYCK, R. S. (1988): Irreversible Investment, Capacity Choice, and the Value of the Firm, in: American Economic Review, 78. Jg., Heft 5, S. 696-985.

PODDIG, T./ BRINKMANN, U./ SEILER, K. (2005): Portfolio Management: Konzepte und Strategien, Bad Soden 2005.

PODSAKOFF, P. M./ ORGAN, D. W. (1986): Self-Reports in Organizational Research: Problems and Prospects, in: Journal of Management, 12. Jg., Heft 4, S. 531-544.

PODSAKOFF, P. M./ MACKENZIE, S. B./ PODSAKOFF, N. P. (2012): Sources of Method Bias in Social Science Research and Recommendations on How to Control It, in: Annual Review of Psychology, 63. Jg., S. 539-569.

PODSAKOFF, P. M./ MACKENZIE, S. B./ LEE, J.-Y./ PODSAKOFF, N. P. (2003): Common Method Biases in Behavioral Research: A Critical Review of the Literature and Recommended Remedies, in: Journal of Applied Psychology, 88. Jg., Heft 5, S. 879-903.

POERINK, W. (2013): Real Options and the Bias of Commitment Escalation, zugänglich über: thesis.eur.nl/pub/14747 (abgerufen am: 04.07.2015).

POLMAN, E./ RUSSO, J. E. (2012): Commitment to a Developing Preference and Predecisional Distortion of Information, in: Organizational Behavior and Human Decision Processes, 119. Jg., Heft 1, S. 78-88.

POPPER, K. R. (1994): Logik der Forschung, 10. Aufl., Tübingen 1994.

POSAVAC, S. S./ SANBONMATSU, D. M./ FAZIO, R. H. (1997): Considering the Best Choice: Effects of the Salience and Accessibility of Alternatives on Attitude-Decision Consistency, in: Journal of Personality and Social Psychology, 72. Jg., Heft 2, S. 253-261.

PRITSCH, G. (2000): Realoptionen als Controlling-Instrument: Das Beispiel pharmazeutische Forschung und Entwicklung, Wiesbaden 2000.

PRITSCH, G./ WEBER, J. (2001): Die Bedeutung des Realoptionsansatzes aus Controlling-Sicht, in: Hommel, U./ Scholich, M./ Vollrath, R. (Hrsg.): Realoptionen in der Unternehmenspraxis – Wert schaffen durch Flexibilität, Berlin, S. 13-43.

PRYOR, J. B./ KRISS, M. (1977): The Cognitive Dynamics of Salience in the Attribution Process, in: Journal of Personality and Social Psychology, 35. Jg., Heft 1, S. 49-55.

Quigg, L. (1993): Empirical Testing of Real Option-Pricing Models, in: The Journal of Finance, 48. Jg., Heft 2, S. 621-640.

Raab-Steiner, E./ Benesch, M. (2012): Der Fragebogen: Von der Forschungsidee zur SPSS-Auswertung, 3. Aufl., Wien 2012.

Ratneshwar, S./ Warlop, L./ Mick, D. G./ Seeger, G. (1997): Benefit Salience and Consumers' Selective Attention to Product Features, in: International Journal of Research in Marketing, 14. Jg., Heft 3, S. 245-259.

Rauch, A./ Frese, M. (2007): Let's Put the Person Back into Entrepreneurship Research: A Meta-Analysis on the Relationship between Business Owners' Personality Traits, Business Creation, and Success, in: European Journal of Work and Organizational Psychology, 16. Jg., Heft 4, S. 353-385.

Rauchs, A./ Willinger, M. (1996): Experimental Evidence on the Irreversebility Effect, in: Theory and Decision, 40. Jg., Heft 1, S. 51-78.

Ravenscraft, D. J./ Scherer, F. M. (1991): Divisional Sell-Off: A Hazard Function Analysis, in: Managerial and Decision Economics, 12. Jg., Heft 6, S. 429-438.

Remenyi, D./ Williams, B./ Money, A./ Swartz, E. (1998): Doing Research in Business and Management: An Introduction to Process and Method, London 1998.

Ricciardi, V./ Simon, H. K. (2000): What is Behavioral Finance?, in: Business, Education & Technology Journal, 2. Jg., Heft 2, S. 26-34.

Richard, R./ Pligt, J./ Vries, N. (1996): Anticipated Regret and Time Perspective: Changing Sexual Risk-Taking Behavior, in: Journal of Behavioral Decision Making, 9. Jg., Heft 3, S. 185-199.

Riecken, H. W./ Boruch, R. F. (1974): Social Experimentation: A Method for Planning and Evaluating Social Interventions, New York 1974.

Rigopoulos, G. (2015): A Review on Real Options Utilization in Capital Budgeting Practice, in: International Journal of Information, Business and Management, 7. Jg., Heft 2, S. 1-16.

Ritov, I./ Baron, J. (1995): Outcome Knowledge, Regret, and Omission Bias, in: Organizational Behavior and Human Decision Processes, 64. Jg., Heft 2, S. 119-127.

Roberts, I. (1995): Financial Analysis of Licensing Opportunities, in: Drug News and Perspectives, 8. Jg., Heft 8, S. 509-513.

Roberts, K./ Weitzman, M. L. (1981): Funding Criteria for Research, Development, and Exploration Projects, in: Econometrica, 49. Jg., Heft 5, S. 1261-1288.

Roberts, R. P. (2013): The Impact of Authentic Leadership and Adverse Selection Conditions on Escalation of Commitment, zugänglich über: idea.library.drexel.edu/ islandora/object/idea%3A3992 (abgerufen am: 11.09.2015).

ROBICHEK, A. A./ HORNE, J. C. (1967): Abandonment Value and Capital Budgeting, in: The Journal of Finance, 22. Jg., Heft 4, S. 577-589.

ROBSON, C./ MCCARTAN, K. (2016): Real World Research: A Resource for Users of Social Research Methods in Applied Settings, 4. Aufl., West Sussex 2016.

ROCCAS, S./ SAGIV, L./ SCHWARTZ, S. H./ KNAFO, A. (2002): The Big Five Personality Factors and Personal Values, in: Personality and Social Psychology Bulletin, 28. Jg., Heft 6, S. 789-801.

ROCKE, R. (2003): Realoptionsbasiertes Investitionsmanagement, Köln 2003.

ROGERS, W. M. (2002): Theoretical and Mathematical Constraints of Interactive Regression Models, in: Organizational Research Methods, 5. Jg., Heft 3, S. 212-230.

ROHWER, G./ PÖTTER, U. (2002): Methoden sozialwissenschaftlicher Datenkonstruktion, Weinheim 2002.

ROLL, R. (1977): An Analytic Valuation Formula for Unprotected American Call Options on Stocks with Known Dividends, in: Journal of Financial Economics, 5. Jg., Heft 2, S. 251-258.

ROSENBERG, M. (1979): Conceiving the Self, New York 1979.

ROSS, J./ STAW, B. M. (1986): Expo 86: An Escalation Prototype, in: Administrative Science Quarterly, 31. Jg., Heft 2, S. 274-297.

ROSS, S. A. (1995): Uses, Abuses, and Alternatives to the Net-Present-Value Rule, in: Financial Management, 24. Jg., Heft 3, S. 96-102.

ROST-SCHAUDE, E. (1982): Untersuchungen zu einer deutschen Form des IEC-Fragebogens von Rotter, in: Mielke, R. (Hrsg.): Interne/Externe Kontrollüberzeugung: Theoretische und empirische Arbeiten zum Locus of Control-Konstrukt, Stuttgart, S. 156-177, 253-257.

ROTTER, J. B. (1966): Generalized Expectancies for Internal versus External Control of Reinforcement, in: Psychological Monographs: General and Applied, 80. Jg., Heft 1, S. 1-28.

RÓZSA, A. (2015): Real Option as a Potential Link between Financial and Strategic Decision-Making, in: Procedia Economics and Finance, 32. Jg., S. 316-323.

RUBIN, J. Z./ BROCKNER, J. (1975): Factors Affecting Entrapment in Waiting Situations: The Rosencrantz and Guildenstern Effect, in: Journal of Personality and Social Psychology, 31. Jg., Heft 6, S. 1054-1063.

RUBIN, J. Z./ BROCKNER, J./ SMALL-WEIL, S./ NATHANSON, S. (1980): Factors Affecting Entry into Psychological Traps, in: Journal of Conflict Resolution, 24. Jg., Heft 3, S. 405-426.

Ruchala, L. V./ Hill, J. W./ Dalton, D. (1996): Escalation and the Diffusion of Responsibility: A Commercial Lending Experiment, in: Journal of Business Research, 37. Jg., Heft 1, S. 15-26.

Rudolph, B./ Schäfer, K. (2010): Derivative Finanzmarktinstrumente: Eine anwendungsbezogene Einführung in Märkte, Strategien und Bewertung, 2. Aufl., Berlin/Heidelberg 2010.

Russo, J. E./ Schoemaker, P. J. H. (1992): Managing Overconfidence, in: Sloan Management Review, 33. Jg., Heft 2, S. 7-17.

Russo, J. E./ Schoemaker, P. J. H. (2002): Winning Decisions: How to Make the Right Decision the First Time, London 2002.

Ryan, P. A./ Ryan, G. P. (2002): Capital Budgeting Practices of the Fortune 1000: How Have Things Changed?, in: Journal of Business and Management, 8. Jg., Heft 4, S. 355-364.

Sabherwal, R./ Sein, M. K./ Marakas, G. M. (2003): Escalating Commitment to Information System Projects: Findings from Two Simulated Experiments, in: Information & Management, 40. Jg., Heft 8, S. 781-798.

Salancik, G. R. (1977): Commitment and the Control of Organizational Behavior and Belief, in: Staw, B. M./ Salancik, G. R. (Hrsg.): New Directions in Organizational Behavior, Chicago, S. 1-54.

Saunders, D. R. (1956): Moderator Variables in Prediction, in: Educational and Psychological Measurement, 16. Jg., Heft 2, S. 209-222.

Saunders, M./ Lewis, P./ Thornhill, A. (2011): Research Methods for Business Students, 5. Aufl., Harlow 2011.

Savage, L. J. (1972): The Foundations of Statistics, 2. Aufl., New York 1972.

Schäfer, H. (1999): Unternehmensinvestitionen: Grundzüge in Theorie und Management, Heidelberg 1999.

Schaubroeck, J./ Williams, S. (1993): Type A Behavior Pattern and Escalating Commitment, in: Journal of Applied Psychology, 78. Jg., Heft 5, S. 862-867.

Schaubroeck, J./ Davis, E. (1994): Prospect Theory Predictions When Escalation Is Not the Only Chance to Recover Sunk Costs, in: Organizational Behavior and Human Decision Processes, 57. Jg., Heft 1, S. 59-82.

Schauenberg, B. (2005): Gegenstand und Methoden der Betriebswirtschaftslehre, in: Bitz, M./ Domsch, M./ Ewert, R./ Wagner, F. W. (Hrsg.): Vahlens Kompendium der Betriebswirtschaftslehre, Band 1, 5. Aufl., München, S. 1-56.

Scheier, M. F./ Carver, C. S. (1985): Optimism, Coping, and Health: Assessment and Implications of Generalized Outcome Expectancies, in: Health Psychology, 4. Jg., Heft 3, S. 219-247.

Scheier, M. F./ Carver, C. S./ Bridges, M. W. (1994): Distinguishing Optimism from Neuroticism (and Trait Anxiety, Self-Mastery, and Self-Esteem): A Reevaluation of the Life Orientation Test, in: Journal of Personality and Social Psychology, 67. Jg., Heft 6, S. 1063-1078.

Scherer, A. G. (2003): Modes of Explanation in Organization Theory, in: Tsoukas, H./ Knudsen, C. (Hrsg.): The Oxford Handbook of Organization Theory, Oxford, S. 310-344.

Schermelleh-Engel, K./ Werner, C. S. (2012): Methoden der Reliabilitätsbestimmung, in: Moosbrugger, H./ Kelava, A. (Hrsg.): Testtheorie und Fragebogenkonstruktion, 2. Aufl., Heidelberg, S. 119-141.

Schierenbeck, H./ Wöhle, C. B. (2012): Grundzüge der Betriebswirtschaftslehre, 18. Aufl., München 2012.

Schirmeister, R. (1981): Modell und Entscheidung, Stuttgart 1981.

Schirmeister, R. (1990): Theorie finanzmathematischer Investitionsrechnungen bei unvollkommenem Kapitalmarkt, München 1990.

Schirmeister, R. (1995): Finanzwirtschaft der Unternehmung – Leitbilder und Perspektiven, Düsseldorf 1995.

Schmidt, J. B./ Calantone, R. J. (2002): Escalation of Commitment During New Product Development, in: Journal of the Academy of Marketing Science, 30. Jg., Heft 2, S. 103-118.

Schneider, D. (2011): Betriebswirtschaftslehre als Einzelwirtschaftstheorie der Institutionen, Wiesbaden 2011.

Schneider, E. (1969): Einführung in die Wirtschaftstheorie, Teil I: Theorie des Wirtschaftskreislaufs, 14. Aufl., Tübingen 1969.

Schnell, R./ Hill, P. B./ Esser, E. (2013): Methoden der empirischen Sozialforschung, 10. Aufl., München 2013.

Schoorman, F. D./ Holahan, P. J. (1996): Psychological Antecedents of Escalation Behavior: Effects of Choice, Responsibility, and Decision Consequences, in: Journal of Applied Psychology, 81. Jg., Heft 6, S. 786-794.

Schoorman, F. D./ Mayer, R. C./ Douglas, C. A./ Hetrick, C. T. (1994): Escalation of Commitment and the Framing Effect: An Empirical Investigation, in: Journal of Applied Social Psychology, 24. Jg., Heft 6, S. 509-528.

Schulmerich, M. (2003): Einsatz und Pricing von Realoptionen – Einführung in grundlegende Bewertungsansätze, in: Hommel, U./ Scholich, M./ Baecker, P. N. (Hrsg.): Reale Optionen – Konzepte, Praxis und Perspektiven strategischer Unternehmensfinanzierung, Berlin, S. 63-96.

Schulz-Hardt, S. (1997): Realitätsflucht in Entscheidungsprozessen: Von Groupthink zum Entscheidungsautismus, Bern 1997.

Schulz-Hardt, S./ Thurow-Kröning, B./ Frey, D. (2009): Preference-Based Escalation: A New Interpretation for the Responsibility Effect in Escalating Commitment and Entrapment, in: Organizational Behavior and Human Decision Processes, 108. Jg., Heft 2, S. 175-186.

Schulz, A. K. D./ Cheng, M. M. (2002): Persistence in Capital Budgeting Reinvestment Decisions – Personal Responsibility Antecedent and Information Asymmetry Moderator: A Note, in: Accounting and Finance, 42. Jg., Heft 1, S. 73-86.

Schwartz, B./ Ward, A./ Monterosso, J./ Lyubomirsky, S./ White, K./ Lehman, D. R. (2002): Maximizing versus Satisficing: Happiness Is a Matter of Choice, in: Journal of Personality and Social Psychology, 83. Jg., Heft 5, S. 1178-1197.

Schwartz, E. S./ Trigeorgis, L. (2001): Real Options and Investment under Uncertainty: An Overview, in: Schwartz, E. S./ Trigeorgis, L. (Hrsg.): Real Options and Investment under Uncertainty: Classical Readings and Recent Contributions, Cambridge, S. 1-16.

Schwarzer, R./ Jerusalem, M. (1999): Skalen zur Erfassung von Lehrer- und Schülermerkmalen. Dokumentation der psychometrischen Verfahren im Rahmen der Wissenschaftlichen Begleitung des Modellversuchs Selbstwirksame Schulen, Berlin 1999.

Schwenk, C. R. (1988): Effects of Devil's Advocacy on Escalating Commitment, in: Human Relations, 41. Jg., Heft 10, S. 769-782.

Schwenk, C. R./ Tang, M.-J. (1989): Economic and Psychological Explanations for Strategic Persistence, in: Omega, 17. Jg., Heft 6, S. 559-570.

Sedlmeier, P./ Renkewitz, F. (2013): Forschungsmethoden und Statistik – Ein Lehrbuch für Psychologen und Sozialwissenschaftler, 2. Aufl., München 2013.

Seibert, S. E./ Goltz, S. M. (2001): Comparison of Allocations by Individuals and Interacting Groups in an Escalation of Commitment Situation, in: Journal of Applied Social Psychology, 31. Jg., Heft 1, S. 134-156.

Shapira, Z. (1995): Risk Taking: A Managerial Perspective, New York 1995.

Sharpe, P./ Keelin, T. (1997): How SmithKline Beecham Makes Better Resource-Allocation Decisions, in: Harvard Business Review, 76. Jg., Heft 2, S. 45-57.

Shavit, T./ Sonsino, D./ Benzion, U. (2002): On the Evaluation of Options on Lotteries: An Experimental Study, in: The Journal of Psychology and Financial Markets, 3. Jg., Heft 3, S. 168-181.

Shefrin, H. (2001): Behavioral Corporate Finance, in: Journal of Applied Corporate Finance, 14. Jg., Heft 3, S. 113-126.

Shefrin, H. (2007): Behavioral Corporate Finance: Decisions that Create Value, New York 2007.

Shimanoff, S. B. (1984): Commonly Named Emotions in Everyday Conversations, in: Perceptual and Motor Skills, 58. Jg., Heft 2, S. 514.

SIMON, H. A. (1955): A Behavioral Model of Rational Choice, in: The Quarterly Journal of Economics, 69. Jg., Heft 1, S. 99-118.

SIMON, M./ HOUGHTON, S. M./ AQUINO, K. (2000): Cognitive Biases, Risk Perception, and Venture Formation: How Individuals Decide to Start Companies, in: Journal of Business Venturing, 15. Jg., Heft 2, S. 113-134.

SIMONSON, I. (1992): The Influence of Anticipating Regret and Responsibility on Purchase Decisions, in: Journal of Consumer Research, 19. Jg., Heft 1, S. 105-118.

SIMONSON, I./ STAW, B. M. (1992): Deescalation Strategies: A Comparison of Techniques for Reducing Commitment to Losing Courses of Action, in: Journal of Applied Psychology, 77. Jg., Heft 4, S. 419.

SINGER, M. S./ SINGER, A. E. (1985): Is There Always Escalation of Commitment?, in: Psychological Reports, 56. Jg., Heft 3, S. 816-818.

SINGER, M. S./ SINGER, A. E. (1986): Individual Differences and the Escalation of Commitment Paradigm, in: Journal of Social Psychology, 126. Jg., Heft 2, S. 197-204.

SINGH, D. T. (1998): Incorporating Cognitive Aids into Decision Support Systems: The Case of the Strategy Execution Process, in: Decision Support Systems, 24. Jg., Heft 2, S. 145-163.

SITKIN, S. B. (1992): Learning Through Failure: The Strategy of Small Losses, in: Staw, B. M./ Cummings, L. L. (Hrsg.): Research in Organizational Behavior, 14. Aufl., Greenwich, S. 231-266.

SITKIN, S. B./ WEINGART, L. R. (1995): Determinants of Risky Decision-Making Behavior: A Test of the Mediating Role of Risk Perceptions and Propensity, in: Academy of Management Journal, 38. Jg., Heft 6, S. 1573-1592.

SIVANATHAN, N./ MOLDEN, D. C./ GALINSKY, A. D./ KU, G. (2008): The Promise and Peril of Self-Affirmation in De-Escalation of Commitment, in: Organizational Behavior and Human Decision Processes, 107. Jg., Heft 1, S. 1-14.

SKUDLAREK, G. (2001): Perspektiven und Grenzen des Einsatzes von Realopitonen zur Unternehmensbewertung, Kaiserslautern 2001.

SLEESMAN, D. J./ CONLON, D. E./ MCNAMARA, G./ MILES, J. E. (2012): Cleaning up the Big Muddy: A Meta-Analytic Review of the Determinants of Escalation of Commitment, in: Academy of Management Journal, 55. Jg., Heft 3, S. 541-562.

SLOVIC, P. (1966): Risk-Taking in Children: Age and Sex Differences, in: Child Development, 37. Jg., Heft 1, S. 169-176.

SLOVIC, P./ FINUCANE, M. L./ PETERS, E./ MACGREGOR, D. G. (2004): Risk as Analysis and Risk as Feelings: Some Thoughts About Affect, Reason, Risk, and Rationality, in: Risk Analysis, 24. Jg., Heft 2, S. 311-322.

SMIT, H./ MORAITIS, T. (2010): Playing at Serial Acquisitions, in: California Management Review, 53. Jg., Heft 1, S. 56-89.

SMIT, H./ MORAITIS, T. (2014): Playing at Acquisitions: Behavioral Option Games, Princeton 2014.

SMITH, J. E./ NAU, R. F. (1995): Valuing Risky Projects: Option Pricing Theory and Decision Analysis, in: Management Science, 41. Jg., Heft 5, S. 795-816.

SMITH, J. E./ MCCARDLE, K. F. (1999): Options in the Real World: Lessons Learned in Evaluating Oil and Gas Investments, in: Operations Research, 47. Jg., Heft 1, S. 1-15.

SNIR, R. (1993): The Relation of Escalation to Decision Timing, Interpersonal Rivalry and the Need of Achievement, unveröffentlichte Masterthesis, Bar-Ilan University, Ramat-Gan.

SOMAN, D. (2001): The Mental Accounting of Sunk Time Costs: Why Time Is Not Like Money, in: Journal of Behavioral Decision Making, 14. Jg., Heft 3, S. 169-185.

SOMAN, D. (2004): Framing, Loss Aversion, and Mental Accounting, in: Koehler, D. J./ Harvey, N. (Hrsg.): Blackwell Handbook of Judgment and Decision Making, Oxford, S. 379-398.

SONG, P. (2009): R&D Investment Strategies of Firms: Renewal or Abandonment. A Real Options Perspective, zugänglich über: scholarworks.gsu.edu/managerialsci_diss/17/ (abgerufen am: 08.08.2014).

SPECTOR, P. E. (2006): Method Variance in Organizational Research: Truth or Urban Legend?, in: Organizational Research Methods, 9. Jg., Heft 2, S. 221-232.

STANOVICH, K. E./ WEST, R. F. (2002): Individual Differences in Reasoning: Implications for the Rationality Debate?, in: Gilovich, T./ Griffin, D. W./ Kahneman, D. (Hrsg.): Heuristics and Biases: The Psychology of Intuitive Judgment, New York, S. 421-440.

STATMAN, M. (2014): Behavioral Finance: Finance with Normal People, in: Borsa Istanbul Review, 14. Jg., Heft 2, S. 65-73.

STATMAN, M./ CALDWELL, D. F. (1987): Applying Behavioral Finance to Capital Budgeting: Project Terminations, in: Financial Management, 16. Jg., Heft 4, S. 7-15.

STAW, B. M. (1976): Knee-Deep in the Big Muddy: A Study of Escalating Commitment to a Chosen Course of Action, in: Organizational Behavior and Human Performance, 16. Jg., Heft 1, S. 27-44.

STAW, B. M. (1980): Rationality and Justification in Organizational Life, in: Staw, B. M./ Cummings, L. L. (Hrsg.): Research in Organizational Behavior, 2. Band, Conneticut, S. 45-80.

STAW, B. M. (1981): The Escalation of Commitment to a Course of Action, in: Academy of Management Review, 6. Jg., Heft 4, S. 577-587.

STAW, B. M. (1997): The Escalation of Commitment: An Update and Appraisal, in: Shapira, Z. (Hrsg.): Organizational Decision Making, Cambridge, S. 191-215.

STAW, B. M./ FOX, F. V. (1977): Escalation: The Determinants of Commitment to a Chosen Course of Action, in: Human Relations, 30. Jg., Heft 5, S. 431-450.

STAW, B. M./ ROSS, J. (1978): Commitment to a Policy Decision: A Multi-Theoretical Perspective, in: Administrative Science Quarterly, 23. Jg., Heft 1, S. 40-64.

STAW, B. M./ ROSS, J. (1987a): Behavior in Escalation Situations: Antecedents, Prototypes, and Solutions, in: Cummings, L. L./ Staw, B. M. (Hrsg.): Research in Organizational Behavior, 9. Band, Conneticut, S. 39-78.

STAW, B. M./ ROSS, J. (1987b): Knowing When to Pull the Plug, in: Harvard Business Review, 65. Jg., Heft 2, S. 68-74.

STAW, B. M./ ROSS, J. (1989): Understanding Behavior in Escalation Situations, in: Science, 246. Jg., Heft 4927, S. 216-220.

STAW, B. M./ HOANG, H. (1995): Sunk Costs in the NBA: Why Draft Order Affects Playing Time and Survival in Professional Basketball, in: Administrative Science Quarterly, 40. Jg., Heft 3, S. 474-494.

STAW, B. M./ BARSADE, S. G./ KOPUT, K. W. (1997): Escalation at the Credit Window: A Longitudinal Study of Bank Executives' Recognition and Write-off of Problem Loans, in: Journal of Applied Psychology, 82. Jg., Heft 1, S. 130-142.

STEGMÜLLER, W. (1974): Probleme und Resultate der Wissenschaftstheorie und analytischen Philosophie, Band 1, Berlin 1974.

STEINER, M./ BRUNS, C./ STÖCKL, S. (2012): Wertpapiermanagement: Professionelle Wertpapieranalyse und Portfoliostrukturierung, 10. Aufl., Stuttgart 2012.

STEINKÜHLER, D./ MAHLENDORF, M. D./ BRETTEL, M. (2014): How Self-Justification Indirectly Drives Escalation of Commitment – A Motivational Perspective, in: Schmalenbach Business Review, 66. Jg., Heft 2, S. 191-222.

STONE-ROMERO, E. F./ ALLIGER, G. M./ AGUINIS, H. (1994): Type II Error Problems in the Use of Moderated Multiple Regression for the Detection of Moderating Effects of Dichotomous Variables, in: Journal of Management, 20. Jg., Heft 1, S. 167-178.

STONER, J. A. F. (1961): A Comparison of Individual and Group Decisions Involving Risk, zugänglich über: dspace.mit.edu/bitstream/handle/1721.1/11330/33120544-MIT.pdf?sequence=2.

STREINER, D. L. (2003): Starting at the Beginning: An Introduction to Coefficient Alpha and Internal Consistency, in: Journal of Personality Assessment, 80. Jg., Heft 1, S. 99-103.

STROEBE, W. (2014): Strategien zur Einstellungs- und Verhaltensänderung, in: Jonas, K./ Stroebe, W./ Hewstone, M. (Hrsg.): Sozialpsychologie, 6. Aufl., Berlin, S. 231-268.

SUBRAHMANYAM, A. (2008): Behavioural Finance: A Review and Synthesis, in: European Financial Management, 14. Jg., Heft 1, S. 12-29.

Sull, D. N. (2003): Managing by Commitments, in: Harvard Business Review, 81. Jg., Heft 6, S. 82-95.

Sullivan, K. J./ Chalasani, P./ Jha, S./ Sazawal, V. (1999): Software Design as an Investment Activity: A Real Options Perspective, in: Trigeorgis, L. (Hrsg.): Real Options and Business Strategy: Applications to Decision Making, London, S. 215-262.

Tamada, Y./ Tsai, T.-S. (2014): Delegating the Decision-Making Authority to Terminate a Sequential Project, in: Journal of Economic Behavior & Organization, 99. Jg., S. 178-194.

Tan, H.-T./ Yates, J. F. (1995): Sunk Cost Effects: The Influences of Instruction and Future Return Estimates, in: Organizational Behavior and Human Decision Processes, 63. Jg., Heft 3, S. 311-319.

Tan, H.-T./ Yates, J. F. (2002): Financial Budgets and Escalation Effects, in: Organizational Behavior and Human Decision Processes, 87. Jg., Heft 2, S. 300-322.

Tashakkori, A./ Teddlie, C. (1998): Mixed Methodology: Combining Qualitative and Quantitative Approaches, Thousand Oaks 1998.

Taudes, A. (1998): Software Growth Options, in: Journal of Management Information Systems, 15. Jg., Heft 1, S. 165-185.

Teach, E. (2003): Will Real Options Take Root?, in: CFO Magazine, 19. Jg., Heft 9, S. 73-76.

Teger, A. I. (1980): Too Much Invested to Quit, New York 1980.

Tekçe, B./ Yilmaz, N. (2015): Are Individual Stock Investors Overconfident? Evidence From an Emerging Market, in: Journal of Behavioral and Experimental Finance, 5. Jg., S. 35-45.

Tetens, H. (2013): Wissenschaftstheorie: Eine Einführung, München 2013.

Tetlock, P. E. (1985): Accountability: The Neglected Social Context of Judgment and Choice, in: Cummings, L. L./ Staw, B. M. (Hrsg.): Research in Organizational Behavior, 7. Band, Conneticut, S. 297-332.

Tetlock, P. E. (1992): The Impact of Accountability on Judgment and Choice: Toward a Social Contingency Model, in: Zanna, M. P. (Hrsg.): Advances in Experimental Social Psychology, 25. Band, San Diego, S. 331-376.

Tetlock, P. E. (2000): Cognitive Biases and Organizational Correctives: Do Both Disease and Cure Depend on the Politics of the Beholder?, in: Administrative Science Quarterly, 45. Jg., Heft 2, S. 293-326.

Thaler, R. (1980): Toward a Positive Theory of Consumer Choice, in: Journal of Economic Behavior & Organization, 1. Jg., Heft 1, S. 39-60.

Thaler, R. H. (1999): Mental Accounting Matters, in: Journal of Behavioral Decision Making, 12. Jg., Heft 3, S. 183-206.

Ting, H. (2011): The Effects of Goal Distance and Value in Escalation of Commitment, in: Current Psychology, 30. Jg., Heft 1, S. 93-104.

Tiwana, A./ Keil, M./ Fichman, R. G. (2006): Information Systems Project Continuation in Escalation Situations: A Real Options Model, in: Decision Sciences, 37. Jg., Heft 3, S. 357-391.

Tiwana, A./ Wang, J./ Keil, M./ Ahluwalia, P. (2007): The Bounded Rationality Bias in Managerial Valuation of Real Options: Theory and Evidence from IT Projects, in: Decision Sciences, 38. Jg., Heft 1, S. 157-181.

Tolman, E. C. (1932): Purposive Behavior in Animals and Men, New York 1932.

Tomaszewski, C. (2000): Bewertung strategischer Flexibilität beim Unternehmenserwerb, Frankfurt am Main 2000.

Tong, T. W./ Reuer, J. J. (2007): Real Options in Strategic Management, in: Reuer, J. J./ Tong, T. W. (Hrsg.): Advances in Strategic Management: Real Options Theory, 24. Band, Oxford, S. 3-28.

Triantis, A. (2005): Realizing the Potential of Real Options: Does Theory Meet Practice?, in: Journal of Applied Corporate Finance, 17. Jg., Heft 2, S. 8-16.

Triantis, A./ Borison, A. (2001): Real Options: State of the Practice, in: Journal of Applied Corporate Finance, 14. Jg., Heft 2, S. 8-24.

Trigeorgis, L. (1988): A Conceptual Options Framework for Capital Budgeting, in: Advances in Futures and Options Research, 3. Jg., Heft 3, S. 145-167.

Trigeorgis, L. (1991): A Log-Transformed Binomial Numerical Analysis Method for Valuing Complex Multi-Option Investments, in: Journal of Financial and Quantitative Analysis, 26. Jg., Heft 3, S. 309-326.

Trigeorgis, L. (1993a): The Nature of Option Interactions and the Valuation of Investments with Multiple Real Options, in: Journal of Financial and Quantitative Analysis, 28. Jg., Heft 1, S. 1-20.

Trigeorgis, L. (1993b): Real Options and Interactions with Financial Flexibility, in: Financial Management, 22. Jg., Heft 3, S. 202-224.

Trigeorgis, L. (1996): Real Options: Mangerial Flexibility ans Strategy in Resource Allocation, Cambridge 1996.

Trigeorgis, L. (2005): Making Use of Real Options Simple: An Overview and Applications in Flexible/Modular Decision Making, in: The Engineering Economist, 50. Jg., Heft 1, S. 25-53.

Trigeorgis, L./ Mason, S. P. (1987): Valuing Managerial Flexibility, in: Midland Corporate Finance Journal, 5. Jg., Heft 1, S. 14-21.

Tsai, M.-H./ Young, M. J. (2010): Anger, Fear, and Escalation of Commitment, in: Cognition and Emotion, 24. Jg., Heft 6, S. 962-973.

TSIROS, M./ MITTAL, V. (2000): Regret: A Model of Its Antecedents and Consequences in Consumer Decision Making, in: Journal of Consumer Research, 26. Jg., Heft 4, S. 401-417.

TVERSKY, A./ KAHNEMAN, D. (1981): The Framing of Decisions and the Psychology of Choice, in: Science, 211. Jg., Heft 4481, S. 453-458.

TYEBJEE, T. T. (1987): Behavioral Biases in New Product Forecasting, in: International Journal of Forecasting, 3. Jg., Heft 3, S. 393-404.

VAN DE LOO, K. (2010): Befragung, in: Holling, H./ Schmitz, B. (Hrsg.): Handbuch Statistik, Methoden und Evaluation, Göttingen, S. 131-138.

VAN PUTTEN, A. B./ MACMILLAN, I. C. (2004): Making Real Options Really Work, in: Harvard Business Review, 82. Jg., Heft 12, S. 134-142.

VOLLRATH, R. (2001): Die Berücksichtigung von Handlungsflexibilität bei Investitionsentscheidungen: Eine empirische Untersuchung, in: Hommel, U./ Scholich, M./ Vollrath, R. (Hrsg.): Realoptionen in der Unternehmenspraxis – Wert schaffen durch Flexibilität, Berlin, S. 45-77.

VON HAYEK, F. A. (1972): Die Theorie komplexer Systeme, Tübingen 1972.

VON NEUMANN, J./ MORGENSTERN, O. (1961): Spieltheorie und wirtschaftliches Verhalten, Würzburg 1961.

VROOM, V. H./ PAHL, B. (1971): Relationship Between Age and Risk Taking Among Managers, in: Journal of Applied Psychology, 55. Jg., Heft 5, S. 399-405.

WALLACH, M. A./ KOGAN, N./ BEM, D. J. (1964): Diffusion of Responsibility and Level of Risk Taking in Groups, in: The Journal of Abnormal and Social Psychology, 68. Jg., Heft 3, S. 263-274.

WANG, M./ BERNSTEIN, A./ CHESNEY, M. (2012): An Experimental Study on Real-Options Strategies, in: Quantitative Finance, 12. Jg., Heft 11, S. 1753-1772.

WARREN, J. R./ VAN DIJK, J. N./ JOBING, M. J./ SEELEY, D./ MACRI, R. (1998): The SimView Graphical Simulator for Participatory Decision Support: Evoking Systems Wisdom, in: Larsen, T. J./ McGuire, E. (Hrsg.): Information Systems Innovation and Diffusion: Issues and Directions, Hershey/ London, S. 88-113.

WEBER, E. U./ JOHNSON, E. J. (2009): Decisions under Uncertainty: Psychological, Economic, and Neuroeconomic Explanations of Risk Preference, in: Glimcher, P. W./ Camerer, C. F./ Fehr, E./ Poldrack, R. A. (Hrsg.): Neuroeconomics: Decision Making and the Brain, London, S. 127-144.

WEGENER, D. T./ PETTY, R. E./ KLEIN, D. J. (1994): Effects of Mood on High Elaboration Attitude Change: The Mediating Role of Likelihood Judgments, in: European Journal of Social Psychology, 24. Jg., Heft 1, S. 25-43.

Weiber, R./ Mühlhaus, D. (2014): Strukturgleichungsmodellierung: Eine Anwendungsorienteirte Einführung in die Kausalanalyse mit Hilfe von AMOS, SmartPLS und SPSS, 2. Aufl., Berlin/Heidelberg 2014.

Weijters, B./ Baumgartner, H. (2012): Misresponse to Reversed and Negated Items in Surveys: A Review, in: Journal of Marketing Research, 49. Jg., Heft 5, S. 737-747.

Weinstein, N. D. (1980): Unrealistic Optimism about Future Life Events, in: Journal of Personality and Social Psychology, 39. Jg., Heft 5, S. 806-820.

Welch, B. L. (1947): The Generalization of 'Student's' Problem When Several Different Population Variances Are Involved, in: Biometrika, 34. Jg., Heft 1/2, S. 28-35.

Weller, I./ Matiaske, W. (2009): Persönlichkeit und Personalforschung. Vorstellung einer Kurzskala zur Messung der „Big Five“, in: Zeitschrift für Personalforschung, 23. Jg., Heft 3, S. 258-266.

Welling, A. (2013): Strategien externen Unternehmenswachstums, Wiesbaden 2013.

Welpe, I./ Lutz, S./ Barthel, E. (2007): The Theory of Real Options as Theoretical Foundation for the Assessment of Human Capital in Organizations, in: Zeitschrift für Personalforschung, 21. Jg., Heft 3, S. 274-294.

West, R. L./ Odom, R. D. (1979): Effects of Perceptual Training on the Salience of Information in a Recall Problem, in: Child Development, 50. Jg., Heft 4, S. 1261-1264.

Westerberg, M./ Singh, J./ Häckner, E. (1997): Does the CEO Matter? An Empirical Study of Small Swedish Firms Operating in Turbulent Environments, in: Scandinavian Journal of Management, 13. Jg., Heft 3, S. 251-270.

Westermann, R. (2000): Wissenschaftstheorie und Experimentalmethodik: Ein Lehrbuch zur Psychologischen Methodenlehre, Göttingen 2000.

Westermann, R./ Krohn, J. (2010): Gütekriterien, in: Holling, H./ Schmitz, B. (Hrsg.): Handbuch Statistik, Methoden und Evaluation, Göttingen, S. 71-86.

Whaley, R. E. (1981): On the Valuation of American Call Options on Stocks with Known Dividends, in: Journal of Financial Economics, 9. Jg., Heft 2, S. 207-211.

Whyte, G. (1986): Escalating Commitment to a Course of Action: A Reinterpretation, in: Academy of Management Review, 11. Jg., Heft 2, S. 311-321.

Whyte, G. (1991): Diffusion of Responsibility: Effects on the Escalation Tendency, in: Journal of Applied Psychology, 76. Jg., Heft 3, S. 408-415.

Whyte, G. (1993): Escalating Commitment in Individual and Group Decision Making: A Prospect Theory Approach, in: Organizational Behavior and Human Decision Processes, 54. Jg., Heft 3, S. 430-455.

Whyte, G./ Saks, A. M. (2007): The Effects of Self-Efficacy on Behavior in Escalation Situations, in: Human Performance, 20. Jg., Heft 1, S. 23-42.

WHYTE, G./ SAKS, A. M./ HOOK, S. (1997): When Success Breeds Failure: The Role of Self-Efficacy in Escalating Commitment to a Losing Course of Action, in: Journal of Organizational Behavior, 18. Jg., Heft 5, S. 415-432.

WIELAND-ECKELMANN, R./ CARVER, C. S. (1990): Dispositionelle Bewältigungsstile, Optimismus und Bewältigung: Ein interkultureller Vergleich, in: Zeitschrift für differentielle und diagnostische Psychologie, 11. Jg., Heft 3, S. 167-184.

WILKINSON, L./ TASK FORCE ON STATISTICAL INFERENCE (1999): Statistical Methods in Psychology Journals: Guidelines and Explanations, in: American Psychologist, 54. Jg., Heft 8, S. 594-604.

WILSON, R. (1969): Investment Analysis under Uncertainty, in: Management Science, 15. Jg., Heft 12, S. B-650-B-664.

WIRTSCHAFTSWOCHE (2014): Großprojekte: Deutschlands sündhaft teure Prestigebauten, veröffentlicht im Internet: wiwo.de/politik/deutschland/grossprojekte-deutschlands-suendhaft-teure-prestigebauten/6844028.html (abgerufen am: 21.10.2016).

WITT, P. (2003): Die Bedeutung des Realoptionsansatzes für Gründungsunternehmen, in: Hommel, U./ Scholich, M./ Baecker, P. N. (Hrsg.): Reale Optionen – Konzepte, Praxis und Perspektiven strategischer Unternehmensfinanzierung, Berlin, S. 121-141.

WÖHE, G./ DÖRING, U. (2010): Einführung in die Allgemeine Betriebswirtschaftslehre, 24. Aufl., München 2010.

WOLFF, F. (2003): Verschiedene wissenschaftstheoretische Ansätze in den Wirtschaftswissenschaften – Gedanken zu ihrer sinnvollen Nutzung in der Praxis, in: Frank, U. (Hrsg.): Wissenschaftstheorie in Ökonomie und Wirtschaftsinformatik, Koblenz, S. 118-132.

WOLFF, H.-G./ MOSER, K. (2008): Choice, Accountability, and Effortful Processing in Escalation Situations, in: Journal of Psychology, 216. Jg., Heft 4, S. 235-243.

WONG, K. F. E. (2005): The Role of Risk in Making Decisions under Escalation Situations, in: Applied Psychology, 54. Jg., Heft 4, S. 584-607.

WONG, K. F. E./ KWONG, J. Y. Y. (2007): The Role of Anticipated Regret in Escalation of Commitment, in: Journal of Applied Psychology, 92. Jg., Heft 2, S. 545-554.

WONG, K. F. E./ YIK, M./ KWONG, J. Y. Y. (2006): Understanding the Emotional Aspects of Escalation of Commitment: The Role of Negative Affect, in: Journal of Applied Psychology, 91. Jg., Heft 2, S. 282-297.

WONG, K. F. E./ KWONG, J. Y. Y./ NG, C. K. (2008): When Thinking Rationally Increases Biases: The Role of Rational Thinking Style in Escalation of Commitment, in: Applied Psychology, 57. Jg., Heft 2, S. 246-271.

YAO, K./ CUI, X. (2010): Study on Commitment Escalation Based on the Self-Esteem Level of Decision-Makers and the Sunk Cost of a Program, in: Asian Social Science, 6. Jg., Heft 6, S. 21-32.

Yates, J. F. (1990): Judgment and Decision Making, Englewood Cliffs 1990.

Yavas, A./ Sirmans, C. (2005): Real Options: Experimental Evidence, in: The Journal of Real Estate Finance and Economics, 31. Jg., Heft 1, S. 27-52.

Yeo, K. T./ Qiu, F. (2003): The Value of Management Flexibility – A Real Option Approach to Investment Evaluation, in: International Journal of Project Management, 21. Jg., Heft 4, S. 243-250.

Yin, P./ Fan, X. (2000): Assessing the Reliability of Beck Depression Inventory Scores: Reliability Generalization Across Studies, in: Educational and Psychological Measurement, 60. Jg., Heft 2, S. 201-223.

Zapkau, F. B./ Schwens, C./ Kabst, R. (2010): Die Wirkung ausländischer Direktinvestitionen auf die Beschäftigung im Heimatmarkt: Eine empirische Analyse des deutschen Mittelstands, in: Zeitschrift für Betriebswirtschaft, 80. Jg., Heft 7-8, S. 797-819.

Zapkau, F. B./ Schwens, C./ Steinmetz, H./ Kabst, R. (2015): Disentangling the Effect of Prior Entrepreneurial Exposure on Entrepreneurial Intention, in: Journal of Business Research, 68. Jg., Heft 3, S. 639-653.

Zardkoohi, A. (2004): Do Real Options Lead to Escalation of Commitment?, in: Academy of Management Review, 29. Jg., Heft 1, S. 111-119.

Zeelenberg, M. (1999): Anticipated Regret, Expected Feedback and Behavioral Decision Making, in: Journal of Behavioral Decision Making, 12. Jg., Heft 2, S. 93-106.

Zeelenberg, M./ van Dijk, W. W./ Manstead, A. S. (1998): Reconsidering the Relation between Regret and Responsibility, in: Organizational Behavior and Human Decision Processes, 74. Jg., Heft 3, S. 254-272.

Zeelenberg, M./ Beattie, J./ van der Pligt, J./ de Vries, N. K. (1996): Consequences of Regret Aversion: Effects of Expected Feedback on Risky Decision Making, in: Organizational Behavior and Human Decision Processes, 65. Jg., Heft 2, S. 148-158.

Zeelenberg, M./ van den Bos, K./ van Dijk, E./ Pieters, R. (2002): The Inaction Effect in the Psychology of Regret, in: Journal of Personality and Social Psychology, 82. Jg., Heft 3, S. 314-327.

Zerbe, W. J./ Paulhus, D. L. (1987): Socially Desirable Responding in Organizational Behavior: A Reconception, in: Academy of Management Review, 12. Jg., Heft 2, S. 250-264.

Zhang, L./ Baumeister, R. F. (2006): Your Money or Your Self-Esteem: Threatened Egotism Promotes Costly Entrapment in Losing Endeavors, in: Personality and Social Psychology Bulletin, 32. Jg., Heft 7, S. 881-893.

Zuber, J. A./ Crott, H. W./ Werner, J. (1992): Choice Shift and Group Polarization: An Analysis of the Status of Arguments and Social Decision Schemes, in: Journal of Personality and Social Psychology, 62. Jg., Heft 1, S. 50-61.

ZUCKERMAN, M. (1979): Attribution of Success and Failure Revisited, or: The Motivational Bias Is Alive and Well in Attribution Theory, in: Journal of Personality, 47. Jg., Heft 2, S. 245-287.